Sprungbock № 246. Czernahora.

Lith.Anst.v W Loeillot in Berlin

Die Grundsätze

der

Schafzüchtung.

Mit besonderer Berücksichtigung

der deutschen Merinozucht.

Von

Dr. Heinrich Janke.

Inhaber der k. k. österreichischen goldenen Medaille für Kunst und Wissenschaft und der k. sächsischen großen
goldenen Medaille „virtuti et ingenio".

Mit einem Titelbilde.

1867

Springer-Verlag Berlin Heidelberg GmbH

ISBN 978-3-642-49499-4   ISBN 978-3-642-49785-8 (eBook)
DOI 10.1007/978-3-642-49785-8

Softcover reprint of the hardcover 1st edition 1867

»The Arabs believe that Europeans *know nothing of* **blood,**
which with them is the first consideration.«

Layard' Discoveries of Nineveh and Babylon. Second expedition.
Seite 329.

„Die Araber haben die Meinung, daß die Europäer nichts von
Blut verstehen, was nach ihren Begriffen grade das allererste
Erforderniß bei jeder Züchtung ist.“

Beschreibung des Titelbildes.

Stammschäferei Czernahora.

Oestreich. — Markgrafschaft Mähren. — Bahnstation Raitz an der Brünn-Prager Eisenbahn. — Besitzer: August Graf von Fries.

Diese Original-Negretti-Heerde wurde 1831 durch den bekannten Züchter, Herrn Baron von Geißlern zu Hoschtitz, Besitzer von Hoschtitz und Czernahora, (S. 10 und S. 123) durch Uebersiedlung eines Theiles seiner Hoschtitzer Heerde nach Czernahora gegründet. Von seinem Erben, dem Freiherrn von Türkheim, erkaufte Graf Fries die Domaine Czernahora und zugleich die Stammschäferei im Jahre 1857. Seit Gründung der Heerde wurde sie in sich fortgezüchtet, nur wurde nach Bedarf von Zeit zu Zeit das Blut durch Original Hoschtitzer Böcke aufgefrischt. Namentlich die verdoppelte Sorgfalt der letzten zehn Jahre hat die Heerde sehr rasch und weit in der neusten modernen Züchtungsrichtung vorwärts gebracht. Schöne breite Körper mit niederen Beinen, reichliche aber edle Wolle und vorzüglicher Besatz mit gesunder Konstitution vereint waren das Ziel, welches angestrebt wurde. Heute ist 3 Pfund 29 Loth das Durchschnitts-Schurgewicht der Mütter und 5 Pfund das der Böcke. Dabei erzielt die Wolle einen Preis von 100—110 Thaler Pr. Cour. — Muttern, die 5 Pfund scheeren, kommen häufig vor, ja sogar 6 Pfund 1 Loth wurden von einer Mutter No. 161 bereits geschoren. Es kommen 100 Stück zweijährige Böcke jährlich zum Verkauf.

Aus dieser Heerde stammt

der Bock Nr. 246

jetzt zwei Jahre alt, welcher bereits als Jährling ein Schurgewicht von 13 Pfund 3 Loth Wolle besaß, von dem Vater Nr. 196, einem Original-Hoschtitzer Bock, und der Mutter Nr. 56 aus der eignen Heerde, die auf der landwirthschaftlichen Ausstellung zu Wien im Jahre 1866 mit dem höchsten Preise, welcher ausgetheilt wurde, einer goldenen Medaille prämiirt worden ist. Für diesen Bock Nr. 246 sind dem jetzigen Besitzer Herrn August Graf Fries schon wiederholt 2000 österr. Gulden Silber geboten worden. Seine Vererbungskraft verspricht Außerordentliches. — Wir verweisen übrigens auf Seite 18 und Seite 153.

In dem vorliegenden Werke werden dem größeren landwirthschaftlichen Publikum die Resultate mehrjähriger und ziemlich umfassender Studien vorgelegt, welchen abermals der tiefere Zweck zum Grunde liegt, die allgemeinen Interessen unsres großen deutschen und speziell des preußischen Vaterlandes grade auf dem so bedeutungsvollen Gebiete der Viehzucht fördern zu helfen. Wer nämlich mit unbefangenem Umblick besonders auf diesen Zweig des landwirthschaftlichen Betriebes und vornehmlich dabei auf das eigentliche Züchtungsverfahren bei uns zu Lande sein Augenmerk richtet, dem wird, zumal im Vergleiche mit dem darin so weit vorgeschrittenen England, allmälig der Eindruck sich überzeugend herausbilden, daß doch im Ganzen und Großen mit Ausnahme der immerhin ziemlich kleinen Anzahl der besonders begabten und namhafteren Züchter eine auffallende Unbekanntschaft mit den Züchtungsgrundsätzen unter unsren deutschen Landwirthen vorherrscht, und daß bei dem Fortzüchten der einzelnen Heerden meist nach alt überkommener Gewohnheit und bestimmt hergebrachtem Brauche in mehr empirischer Weise verfahren wird, ohne daß die einzelnen Heerdenbesitzer sich über die inneren Ursachen ihres Verfahrens klare und genaue Rechenschaft zu geben im Stande wären. Allein in neuster Zeit hat sich auch dies geändert. Von allen Seiten macht sich gegenwärtig das Streben geltend, wohin die moderne Auffassung, die Landwirthschaft lediglich als ein industrielles Gewerbe auszubeuten, mit Nothwendigkeit führen mußte, daß man auch in Bezug auf die so wichtige Viehzucht auf möglichste Vervollkommnung hinzuwirken bemüht ist, um auch diesen Theil der Landwirthschaft den Anforderungen der Neuzeit entsprechend in möglichst gewinnbringender Weise nutzbar zu machen, und es wird denn auch zur Erreichung dieses Zweckes auf die Verbesserung der vorhandenen Nutzthierracen mit lebhafter Energie hingearbeitet. Allein damit ist auch zugleich die Nothwendigkeit wie von selbst vorgeschrieben, nach rationellem und folgerechten Züchtungssysteme vorzugehen, um eben durchweg befriedigende Resultate zu erreichen, vollends wo solche Verbesserung durch die sogenannte Kreuzungsmethode mit fremden Gattungen derselben Thierart vermittelt wird.

Die nachfolgende Ausarbeitung hat sich nun die Lösung dieser freilich schwierigen Aufgabe vorgesteckt, die Züchtungslehre nach ihren auf praktischen Erfahrungen begründeten Grundsätzen auf dem speziellen Gebiete der Schafzüchtung in systematischer Darstellung in der bestimmten Absicht zusammenzustellen, ein ganz neues Material, welches bisher noch nicht als ein geschlossenes Ganzes verarbeitet worden, den deutschen Landwirthen damit vorzuführen. Zur Erreichung dieses Zweckes erschien aber wieder die besondere Erforschung der englischen Züchtungsmethoden unerläßlich geboten, weil grade in der Viehzüchtung die englische Nation es zu so außerordentlichen Erfolgen gebracht und ihre einheimischen Nutzthierracen aller Art in wirklich großartiger Weise vervollkommnet hat, was eben nur durch streng systematische Fortzüchtung und Verbesserung zu erreichen möglich war, und weil andrerseits grade hier sich besondere leitende Züchtungsgrundsätze allmälig heraus gebildet haben. So lag es denn sehr nahe noch einmal sich nach England zu begeben, um hier an Ort und Stelle die einzelnen Thierracen zu studiren und namentlich durch mündlichen Austausch mit den Erfahrungen der hervorragenderen englischen Züchter speziell über die Schafzucht sich vertraut zu machen. Das Glück sollte sich diesmal unsren Absichten besonders günstig erweisen. Durch das hohe Wohlwollen des Kronprinzen Friedrich Wilhelm von Preußen K. Hoh. mit einem Kabinetsschreiben an den preußischen Botschafter in England beehrt, unsren Bestrebungen nachdrücklich förderlich zu sein, und gleicher Weise in wohlwollendem Sinne durch den Herrn Minister der landwirthschaftlichen Angelegenheiten von Selchow empfohlen, überdies aber auch noch mit mehrfachen einflußreichen Privatempfehlungen diesmal ausgestattet, hatten wir es während eines fünfwöchentlichen Aufenthaltes in England erreicht, nicht nur eine große Reihe von Landwirthschaften und Heerden aller Art genauer zu besichtigen son=dern namentlich auch von den Besitzern und Züchtern dieser Heerden deren Züchtungsmaximen in ihrer praktischen Anwendung vorgeführt kennen zu lernen. Es ist nun aber einmal eine bevorzugte Eigenschaft im englischen Charakter, daß wo die Engländer wohlmeinend sind, sie dies durch ein bis zum höchsten Maße liebenswürdiges Entgegenkommen bewähren, und es ist ihnen ferner eigen, daß sie überall da, wo sie ein ernstes und reges Interesse vor sich sehen, mit einer gewissen leb=hafteren Bereitwilligkeit Alles aufbieten, solchem Interesse nach besten Kräften förderlich zu sein. Das beides haben wir denn auch hierbei in erfreulicher Weise erfahren und überall einen so wohlwollend unsre Zwecke fördernden und dabei ehrenden Empfang erfahren, daß wir die Pflicht lebhaft empfundener Erkenntlichkeit mit besondrer Freudigkeit erfüllen, öffentlich unsren Dank für diese wohlwollende Förderung so=wohl den englischen Gastfreunden wie allen den genannten höchsten und hohen Gönnern tief bewegt hiermit abzustatten!

Und in der That war es ungemein interessant und lehrreich zu=gleich, mit jenen klugen und vom klarsten Verständnisse ihrer bestimm=ten Züchtungszwecke durchdrungenen englischen Heerdenbesitzern zusam=men ihre Heerden näher durchzugehen, die Vorelternschaft von den einzelnen hervorragenden Thieren Grad für Grad von Angesicht zu Angesicht zu verfolgen und dabei von diesen praktischen Züchtern die bestimmt von ihnen angestrebten Züchtungstendenzen an den einzelnen Thieren vorgezeigt und nachgewiesen zu sehen, eine Schule des prak=tischen Verständnisses von dieser ganzen Lehre, wie sie kaum nütz=licher und gewinnbringender für die Vervollkommnung auf dem speziellen Gebiete der Thierzüchtung gedacht werden kann! Wir müssen hierbei indessen bekennen, daß es uns gradezu unmöglich blieb, uns etwa ausschließlich nur auf die Schafe zu beschränken, weil sowohl die Pferdezucht wie ebenso die Rindviehzucht und nicht minder in ihrer Art auch die Schweinezucht, — zumal auch die tieferen Züchtungs=prinzipien bei allen Nutzthierarten auf Eins hinauslaufen, — eine jede für sich dermaßen das Interesse der Beschauer der einzelnen englischen Racen von ihnen fesseln und die Resultate, die sich durch intelligentes und konsequent durchgeführtes Züchten erreichen lassen, in so prägnanter

Weise vor Augen führen, daß man unwillkürlich mit Bewunderung davon erfüllt wird, was Alles doch dem menschlichen Geiste zu er= streben von der höheren Vorsehung gestattet ist.

Wer aber einmal einen solchen gleichsam praktischen Kursus der Viehzüchtung durchgemacht hat, der gewinnt dadurch gleichzeitig auch ein ganz andres Verständniß der englischen Litteratur über die Thier= züchtungslehre. Auch das haben die englischen Landwirthe unstreitig vor unsren voraus, daß sie in ihren zahlreichen Vereinen weit prak= tischer zu Werke gehen, und daß sich namentlich an diesen Vereinen gleichmäßig Hoch und Gering und die größten Kapazitäten ihres Fachs viel lebhafter betheiligen, als dies leider bei uns im Allgemeinen jetzt der Fall ist. Die landwirthschaftlichen Fachzeitungen dort sind voll von Mittheilungen aus solchen Vereinen. In der Regel wird in letztren eine be= stimmte Frage von weiter reichendem Interesse zunächst in einer größeren Abhandlung von einem hervorragenden Mitgliede vorgetragen, und daran knüpft sich regelmäßig eine rege Erörterung, bei welcher häufig die wichtigsten individuellen Erfahrungen der einzelnen Mitglieder zu Tage treten. Vollends ist nun aber grade die Züchtung der verschie= denen Nutzthiere ein gern beliebtes, hundertfach wiederkehrendes Thema, allein so oft und vielfach diese Frage auch immer in jenen Zusammen= künften behandelt wird, immer finden sich doch wieder neue und wich= tigere und zwar stets auf praktischer Erfahrung der Einzelnen begrün= dete Gesichtspunkte dabei vor, welche die jedesmal vorliegende spezielle Erörterung als nicht ohne Werth erscheinen lassen. Dazu kommen dann noch die mannigfachen alljährlichen Preisthierschauen in England, die alle jene besprochenen Erfahrungen gleichsam lebendig zu veran= schaulichen und zu verwerthen bestimmt sind.

Aus diesen verschiedenen zahlreichen Vorträgen über die mannig= fachen Arten der Thierzüchtung und im Besonderen über die Schaf= züchtung sind denn auch eine Reihe von Erfahrungen von uns auf= genommen und allmälig gesammelt worden, welche in der nachfolgenden Darstellung, an den geeigneten Stellen wiedergegeben worden sind. Dann sind es aber auch die verschiedenen englischen Schriften und zwar theils größere Werke, theils kleinere Monographien, aus denen wir spezielle Belehrung gefunden haben, und die alle, so wenig man freilich eine systematische Durchführung, was überhaupt nicht in der englischen Bildung liegt, bei ihnen anzutreffen erwarten darf, doch immer auffallend voll von lehrreichen praktischen Erfahrungen und Maximen speziell auch für das Gebiet der Thierzüchtung sind.

Allein eine vornehmliche Bedeutung haben in dieser Richtung doch vor allem noch die Schriften des Nordamerikaners Henry S. Randall, und zwar nicht sowohl seine kleineren Vorträge und Abhandlungen als namentlich sein größeres Werk »The practical shepherd«, welches gegenwärtig bereits zweiundzwanzig Auflagen erlebt hat und in Nord-Amerika in Händen von fast allen intelligenten Schafheerdenbesitzern ist. Wenn man von den Engländern gewöhnlich zu sagen pflegt, daß sie „praktisch" sind, so gilt von den Nordamerikanern das erweiterte Wort, daß sie „durch und durch praktisch" sind, und dieses sichere praktische Verständniß speziell für die Merinoschaf-Züchtung wird von Randall in seiner in dem zuletzt erwähnten Buche dargestellten besonderen Züchtungslehre mit anerkennenswerther Klarheit durchgeführt, so daß wir gleichsam mit Nothwendigkeit auf die von ihm vorgetragenen Züchtungsgrundsätze wiederholt zurückzukommen uns veranlaßt finden werden.

So übergeben wir denn dieses neue Werk, wir bekennen, diesmal mit besonders gehobenem, freudigem Muthe der Oeffentlichkeit, und zwar das Letztere deshalb, weil uns doch mindestens so viel geglückt scheint, daß wir die uns vorgestellte, so sehr schwierige Züchtungslehre als ein bestimmtes abgerundetes Ganzes in ein System gebracht haben, und wenn als „wissenschaftlich" die systematische Herleitung aus einem bestimmten Prinzipe bezeichnet wird, diese Züchtungslehre auch zur Wissenschaft erhoben, das heißt wissenschaftlich in der nachfolgenden Darstellung durchgeführt zu haben glauben. Dieses bestimmte Prinzip aber, wir wiederholen es und stellen es als das A. und O., als Anfang und Ende aller Züchtungsmaximen hin, ist die **„Reinheit" des Blutes**, die sich in der möglichst hohen Konstanz der Race und in treuer nachhaltiger Vererbung der Eigenschaften offenbart. Wohl verstanden also, **nicht Vollblut** ist es, was wir als das Ideal des Erreichbaren für den Züchter jeder Art und so auch bei der Schafzucht hinstellen zu müssen uns gedrungen fühlen, — wiewohl der Züchter freilich nur zu oft und namentlich grade bei der Schafhaltung sich begnügen lassen muß, auf bloßes Vollblut bei den Heerden sich zu beschränken, — sondern vielmehr die **Blutreinheit** ist das Panier, welches ein jeder Züchter, der es zu befriedigenden Resultaten bringen will, hoch und beständig hoch bei seinen Züchtungsunternehmungen halten und als erstes und größtes Bedingniß anzustreben bemüht sein muß. Und wenn es durch die vorliegende Darstellung erreicht werden könnte, daß ein jeder Heerdenbesitzer in unsrem deutschen Vaterlande von dieser Maxime durchdrungen wird, daß er die Reinheit des Blutes in seiner einzelnen Heerde als das höchste Ziel aller seiner Bestrebungen hinstellt und nichts überhaupt anerkennt, was über diese höchste von allen bei der Thierzüchtung zu erfordernden Eigenschaften gestellt werden könnte, dann und nur dann allein wäre der schönste Zweck, den diese Darstellung anstrebt, in glücklichster Weise erreicht!

Dr. Heinrich Janke.

Inhalt.

Verbesserungen.

———

Seite 18 Zeile 8 von oben lies: Züchter Sünder Mahler Statt Züchter der S. M.
„ 21 „ 16 „ „ „ : seit einem Paar Jahren „ seit ein Paar Jahren.
„ 82 „ 17 „ „ „ : Thiere „ Thieren.
„ 101 „ 16 „ „ „ : ihrer „ seiner.
„ 108 „ 17 „ „ „ : erstreckten „ erstreckte.
„ 117 „ 20 „ „ „ : das „ da.
„ 124 „ 14 „ „ „ : verband er „ er verband.
„ 153 „ 9 „ „ „ : hervorgegangen „ gekreuzt.
„ 173 „ 8 „ unten „ : Entfettung „ Entfaltung.
„ 174 „ 16 „ „ „ : Fleischschafzucht „ Fleischafzucht.
„ 178 „ 10 „ oben „ : Wolle „ Wocke.
„ 181 „ 20 „ „ „ : Herdwickrace „ Herdwickraec.
„ 180 „ 1 „ unten fällt das Wort „wieder" fort.

———

Eingang.

———

Seitdem sich die sogenannte Wollmassenzüchtung zur herrschenden Richtung in unsrer modernen deutschen Schafzucht herausgebildet hat und sonach in naturgemäßer Verbindung damit das Streben nach möglichst großen Figuren und reichlichstem Wollbesatz aller Körpertheile als das leitende Prinzip bei den Züchtungen in den Vordergrund getreten ist, finden wir bei näherem Forschen nach den bis jetzt dabei gewonnenen Resultaten, daß doch grade die namhafteren und hervorragendsten unter den Heerdenbesitzern und Schafzüchtern mit dem Stande der neusten Schafzucht und den in den einzelnen Schäfereien erzielten Erfolgen sich nicht befriedigt erklären wollen, ja daß diese Resultate im Gegentheile sogar ihnen wohlbegründete Besorgnisse erwecken. Es ist hauptsächlich die schlechte Vererbung, welche diese Bedenken in ihnen hervorruft, und die damit verbundene allerdings bedenkliche Wahrnehmung, daß die in den bedeutenderen Heerden durch die langen Jahrzehnte hindurch fortgesetzte rationelle frühere Feinheitszüchtung mühsam erreichte Konstanz und Homogenität in entschiedener und sichtlicher Abnahme sich befinden, was dann wieder zur Folge haben muß, daß zwar die bisher in den Heerden hervorgezüchtete Hochfeinheit der Wollvließe sicher eingebüßt wurde und bei der modernen Züchtungsrichtung sich verloren hatte, der neu angestrebte Charakter in den Heerden aber bis jetzt trotz der oft bereits mehrere Jahre hindurch verfolgten neuen Prinzipien noch lange nicht in der erwarteten entsprechenden Weise sich hatte herausbilden lassen und zum Vorschein kommen wollen. Und freilich ist grade diese letztere Erfahrung ein sicherer Beweis dafür, daß dieser schnelle Uebergang von der Feinheitszüchtung auf die Wollmassenrichtung, welcher durch die modernen Zeitverhältnisse hervorgerufen worden war, sich in seiner praktischen Durchführung in einer großen Anzahl von Heerden zum mindesten als nicht grade vortheilhaft, wenn nicht gradezu als nachtheilig erwiesen hat, und zwar nachtheilig, sofern wir mit diesem Ausdrucke das Verschwinden der doch immer nur mühsam bisher errungenen Konstanz und Homogenität in den Heerden charakterisiren wollen.

Ganz besonders sind es nun aber die schlesischen Edelheerden, auf welche die so eben gemachte Bemerkung Anwendung findet, und es ist grade bei ihnen in Folge davon doch jetzt in allerneuster Zeit der Gedanke aufgetaucht und in Anregung gebracht worden, ob nicht die Rückkehr zu der früher gewohnten Feinheitszüchtung für sie der geeignetste Weg sei, allen den beregten Uebelständen und Gefahren in ebenso sicherer wie auch dem Klima entsprechender Weise zu entgehen, ein Gedanke, zu welchem die auf den jüngsten Breslauer Wollmärkten hin und wieder lebhafter wie sonst zuvor hervorgetretene Nachfrage nach den feineren Wollen die nächste äußere Veranlassung geboten hat. Wir wollen vorweg hierbei bemerken, daß überall im Auslande und so namentlich in London als der Centralstätte des großen heutigen Weltwollmarktes, wie auch in dem fernen Amerika die feinen deutschen Merinowollen unter dem Namen der „schlesischen“ Wollen technisch bezeichnet werden und bekannt sind, daß also unter diesem Ausdrucke alle die verschiedenen Edelheerden Norddeutschlands und sonach speziell auch die Edelheerden in Sachsen und den übrigen preußischen Provinzen mit inbegriffen werden, und es sei uns zur Erleichterung gestattet, in der nachfolgenden Betrachtung diesen Sprachgebrauch auch unsrerseits zu adoptiren und die Ausdrücke „schlesische“ und „deutsche Edelwollen“ in gleichbedeutendem Sinne zu gebrauchen.

Die Beantwortung jener letzten Frage, ob es für die feine schlesische Edelzucht zweckmäßig und gerathen sei, an der Feinheitszüchtung wenn auch selbstverständlich unter beständiger Berücksichtigung der Erzielung möglichster Wollmengen wiederum als Züchtungszweck festzuhalten, ist aber eine so schwierige und nur aus den Verhältnissen des actuellen Weltwollmarkts und der modernen Wollen-Industrie zu beantworten mögliche, und sie ist andrerseits zugleich wieder eine unsre neuste deutsche Schafzucht so charakteristisch bezeichnende, daß wir es der Sache entsprechend erachten nochmals am Schlusse von unsrer allgemeinen Vorbetrachtung auf sie näher einzugehen und sie gleichsam zum Ausgangspunkt der zunächst vorhabenden Darstellung zu machen. Wir werden indessen dies Ziel wieder am besten erreichen, wenn wir uns vorweg des geschichtlichen Entwicklungs-

ganges unsrer neusten deutschen Schafzüchtung in kurzen Zügen be=
wußt werden und danach uns mit dem Stand des heutigen modernen
Weltwollmarktes und zwar speziell mit der Stellung vertraut machen,
welche auf ihm die schlesische Edelwolle thatsächlich einnimmt, und
auch die Verwerthung genauer kennen lernen, welche sie in der gegen=
wärtigen Wollenindustrie vornehmlich findet. Wenn wir aber dadurch
den Schlüssel und die Lösung zu dieser Frage gefunden haben werden,
dann werden wir zugleich damit zu der Ueberzeugung geführt werden,
daß der innere Grund zu den im Eingange hervorgehobenen Uebel=
ständen in unsren deutschen Schafheerden doch tiefer liegt und wohl
darin herauserkannt werden muß, daß unsre Schafheerdenbesitzer und
Schafzüchter mit den praktischen Züchtungsgrundsätzen, wie solche seit
der Mitte des vorigen Jahrhunderts in England ausgebildet und be=
folgt worden sind und neuerdings namentlich in den australischen
Kolonien und in Amerika mit so erstaunlichen Erfolgen hauptsächlich
grade auch bei der Schafzucht angewendet werden, noch nicht diejenige
vollkommene Vertrautheit erlangt haben, welche nun einmal unerläßlich
ist, um die gleichen Resultate wie in den beiden letztgenannten Welt=
theilen auch unsrerseits zu erzielen. Es scheint deshalb denn auch
wohl geeignet und am Orte zu der allgemeinen Erreichung dieses
letzteren Zieles beizutragen und die richtigen leitenden Grundsätze einer
rationellen und systematischen Schafzüchtung allen Züchtern und Heerden=
besitzern geläufig zu machen. Dies soll daher auch der Zweck der
vorliegenden Darstellung sein, welche in gemeinnütziger Weise jene
englischen Züchtungsgrundsätze namentlich in Bezug auf die moderne
Merino=Schafzucht aus den unmittelbaren Quellen zusammenstellen
und in einer anschaulichen Uebersicht vorführen soll. Ist es doch
grade der schöne Vorzug des deutschen Charakters in seinem Zusammen=
halte mit dem der übrigen Nationen unsrer modernen civilisirten
Welt, daß ihm in Folge der systematischen und schulgerechten Erziehung
und Ausbildung seines geistigen Wesens zwar der durchdrungen praktische
Sinn der Engländer und namentlich der Nordamerikaner im allgemei=
nen nicht eigen ist, womit jene das Richtige und Zweckmäßige in
prompter Geistesgegenwart sofort herauserkennen, daß er aber dafür
es versteht, die Erfahrungen jener gleichwie die eigen gemachten geistig
in sich gründlich zu verarbeiten und demnächst als ein wohl durch=
dachtes System zu reproduziren, um dann diese so gewonnenen Grund=
sätze in der Praxis wieder zu verwerthen und nachhaltig auszubeuten,
ein Vorzug, welcher ihm jenen Nationen gegenüber immer eine gewisse

besondere geistige Ueberlegenheit trotz aller ihrer praktischen Lebens=
klugheit schließlich sichert. Gewiß wird es dann auch auf diesem Ge=
biete der Schafzüchtung nicht fehlen, daß die richtigen Züchtungs=
grundsätze, sobald sie eben nur von unsren Heerdenbesitzern und
Züchtern klar erfaßt worden sind, zur vollen Geltung gelangen und
es erreichen lassen werden, der zur Zeit wahrgenommenen mangelnden
Vererbung in den Heerden allmälig durch das Einschlagen des hierzu
benöthigten richtigen Züchtungsverfahrens abzuhelfen und die früher
in den besseren Heerden bereits erreichte Konstanz und Gleichartigkeit
wieder in dieselben zurück= und hineinzubringen, ein Ziel, welches freilich
vor allem anderen und mit ganzem Nachhalte angestrebt werden muß.

I. Allgemeine Vorbetrachtung.

———

A. Der neuste Entwicklungsgang der deutschen Schafzucht.

1. Die deutsche Feinwollzüchtung.

Mit dem Ende der dreißiger Jahre unsres Jahrhunderts war
auch die Glanz- und Blütheperiode der sächsischen Elektoralwolle für
immer zu Grabe gegangen, und es war für sie der plötzliche tiefe
Herabgang der bisher dafür bezahlten unverhältnißmäßig hohen Preise,
welcher in der zum Durchbruch gelangten veränderten Richtung der
Mode und damit zugleich auch der Wollenindustrie seinen Anlaß hatte
und zufällig grade auch mit dem ersten massenhaften Auftreten der
australischen Kolonialwollen auf dem englischen Wollmarkt zusammen-
trifft, der schlagendste Beweis für die zu Ungunsten dieser superfeinen
Wollen veränderten Zeitrichtung. Wer aber heutzutage die Abbildungen von den hervorragenderen und in damaliger Zeit für das vollkommenste Produkt von aller Edelschafzucht betrachteten sächsischen
Elektoralschafen aus jener ihrer Blüthezeit näher beschaut, dem drängt
sich doch unwillkürlich die Betrachtung auf, wie es wohl hat geschehen
und überhaupt möglich sein können, daß ein so verzüchtetes und ver-
zärteltes Thier mit seinen langen kahlen Beinen und seinem unbesetzten
Bauche und dazu noch mit solch schmaler Brust, kleiner Figur und dem
nach vorn und hinten spitz zulaufenden Körper, wie das Elektoralschaf
jener Zeit es war, durch mehrere Jahrzehnte als das Musterbild vollendeter Züchtung hat allgemein erklärt werden können! Und in der
That finden wir denn auch in den Schriften von Engländern und
Amerikanern aus unsrer Gegenwart das unverhohlene Befremden
über diese Verbildung in jener früheren Zeit fast durchgängig ausgesprochen, eine Kritik, welche die Rückkehr zu solchen Züchtungsextremen
jedenfalls für lange Zeit unmöglich macht. Die Amerikaner aber,

welche in richtiger Erkenntniß von dem hohen Werthe, den grade das Merinoschaf für die Veredlung ordinairer Landschafheerden hat, vornehmlich seit den vierziger Jahren die Hebung der Schafzucht in den Vereinigten Staaten durch Einführung der Merinozucht anstrebten, nahmen hierbei, nachdem diese Zeit der sächsischen Elektorals vorbei war, theils zu den Originalheerden aus Spanien selbst ihre Zuflucht, die aber freilich inzwischen dermaßen heruntergekommen waren, daß sich kein sonderlich geeignetes Züchtungsmaterial dort mehr finden lassen wollte,*) theils aber bezogen sie ihre Sprungböcke aus unsren schlesischen Edelheerden, und zum gewissen Theil endlich züchteten sie die französische sogenannte Rambouillet-Merinorace in Nord-Amerika fort, und wir erfahren hierbei, daß im Auslande die schlesischen Edelschafe als die Nachfolger und späteren Repräsentanten in der hochfeinen spanischen Merino-Schafzucht betrachtet werden, was noch heutzutage ganz ungeändert die vorherrschende Meinung im Auslande ist.**)

Inzwischen züchtete man in Schlesien in dieser hochfeinen Merinorichtung seitdem und vornehmlich in den vierziger und fünfziger Jahren ungeändert fort, und es sind insbesondere die Edelheerden von Borutin und Kuchelna (Fürst Lichnowski oder vielmehr deren Züchter, Hofrath von Dedovic), Liptin, Chrzelitz 2c., und so auch Möglin (Amtsrath Thaer †) in der Mark, welche den höchsten Adel dieser schlesischen Schafzucht vertraten. Allmälig machte sich indeß doch auch hier der langsame aber sichere Preisherabgang in ziemlich empfindlicher und die hohen Kosten einer solchen hochedlen Schafhaltung kaum mehr deckenden Weise grade für diese feinsten Wollen geltend, und es begann den Besitzern jener edlen Merinoheerden dieses Aufhören der Rentirbarkeit je länger je unangenehmer fühlbar zu werden.

Während aber so die schlesische Schafzucht sich im Kulminationspunkte ihrer Veredlung bewegte, begann jetzt nachgrade auch das Eintreten der übrigen östlichen Provinzen Preußens durch ihren Uebergang von der Haltung von ordinairen Landschafen ebenfalls zur Merinozucht sich bemerkbar zu machen, und es ist in dieser Hinsicht in der That unglaublich und gar nicht hoch genug anzuschlagen, welche Verdienste dieses ursprünglich spanische Merinoschaf für die Hebung und Förderung der Schafzucht wie über der ganzen civilisirten Erde so speziell auch im östlichen Preußen und in Deutschland errungen hat, indem

---

*) Randall, The practical shepherd, S. 78.
**) Randall, a. a. O. S. 39.

in langsamem Uebergange durch die fortgesetzte konstante Kreuzung mit
edlen Merinoböcken die überall im Lande vorhandenen Landschafe zu
halb veredelten Mestizheerden umgewandelt wurden, woraus dann im
Laufe der Zeiten eine durchgängig verbesserte Schafrace erzielt worden
ist, während gleichzeitig auf den größeren Gütern die reine Merino=
schafzucht eingeführt wurde, und die große Reihe von Stammschäfe=
reien, welche gegenwärtig in den Provinzen Preußen, Posen, Pommern
und der Mark bestehen, geben den glänzendsten Belag für die Erfolge,
welche in dieser Beziehung durch die Merinoschafzucht grade in diesen
Provinzen herbeigeführt worden sind, und welche auch die neusten
großen Schafschauen bewährten. Wie durchgreifend aber dieser Ein=
fluß der Merinorace auf die Vermehrung von reinen und halbver=
edelten Schafheerden in den östlichen Provinzen hingewirkt hat,
dafür geben die Zusammenstellungen des preußischen statistischen Bü=
reaus über die Viehhaltung Preußens den besten Einblick,*) indem aus
den Uebersichten der Schafzahlen in den einzelnen östlichen, jedoch nicht
in Westphalen und den Rhein=Provinzen, wo man das Schaf haupt=
sächlich nur der Mastung halber hält, seit dem Jahre 1816 sich
deutlich entnehmen läßt, wie nicht nur die Anzahl der ganz veredelten
Schafe eine im Verhältniß höchst beträchtliche Vermehrung erfahren
sondern auch die Anzahl der Landschafe sich sichtlich von Jahrzehnt
zu Jahrzehnt verringert und dafür die der halb veredelten Schafe
sich in großartigem Maßstabe vermehrt hat. Da nun aber heut=
zutage die Vorliebe für die Merinoschafzucht im östlichen Preußen
eine allgemein verbreitete ist und es andrerseits der selbstverständliche
Beruf der verschiedenen Stammschäfereien dieser Provinzen bleibt, die
Heerdenbesitzer in ihrer Nachbarschaft jeweilig mit dem Bedarf von
Sprungböcken zu versehen, so ist die natürliche Folge davon, daß der
gesammte Schafstand in diesen Landestheilen seiner durchgängigen Ver=
edlung je länger je vollkommener entgegensieht.

2. Die Mecklenburger Negrettizucht.

Allein nicht in allen diesen Gegenden sind die gleichen günstigen
Voraussetzungen für die edle Schafzucht vorhanden, und es ist nament=
lich eine bekannte Sache, daß grade die durch ihre schönen Weide=

---

*) Zeitschrift des preußischen statistischen Büreaus. Jahrg. I. S. 220 ff.
und Jahrg. III. S. 53.

triften ausgezeichnete Provinz Schleſien die feinſten Schafheerden hervor=
bringt und ſchon lange Jahrhunderte vorher, ehe überhaupt noch an die
Einführung der Merinoſchafzucht bei uns zu denken war, durch ſeine
feinen Wollen, die es produzirte, weit und breit berühmt war.
Andrerſeits wirkt aber doch wieder das Klima nachhaltig und ent=
ſcheidend auf den Charakter der Wollen ein. So iſt das rings vom
Meere umſpülte Großbritannien ſchon von Alters her und bis auf
den heutigen Tag durch ſeine Erzeugung von den als den ſchönſten
der Erde anerkannten Kammwollen ausgezeichnet geblieben. Gleichwie
nun aber die dortige beſtändig mit den ſalzhaltigen Ausdünſtungen
des Meeres geſchwängerte Atmoſphäre einen ganz unglaublich ſtarken
Graswuchs hervorruft und dadurch wieder ſowohl auf die Fleiſch=
entwicklung von allem Vieh im Allgemeinen hinwirkt als grade auch
die Entwicklung des größeren Wollreichthums bei den engliſchen Schaf=
heerden veranlaßt: ſo finden wir bei uns im nördlichen Deutſchland,
daß das von der Oſtſeeküſte im Norden begrenzte Mecklenburg und
ſo auch die Provinz Pommern aus ähnlichen klimatiſchen Urſachen
grade ebenfalls für die Kammwollenzucht und die Entwicklung von
größeren Wollmaſſen ſich als vorzüglich geeignet erweiſen. Kein
Wunder, daß zu einer Zeitperiode, wo die Richtung in der Schaf=
zucht auf Erzielung von möglichſt großen Wollmaſſen hindrängte, um
die Schafhaltung rentabel zu machen, dieſe Länder berufen ſein konnten,
eine Rolle zu ſpielen. Und ſo ſollte es denn auch mit Mecklenburg
in Wirklichkeit ſich ereignen. Den eigentlichen Anlaß dazu waren
jedoch die als Schafzüchter wohl verdienten Gebrüder Kunitz zu
geben berufen.

Es ſei an dieſer Stelle geſtattet die Bemerkung einzuſchalten,
daß wenn die durchgängige Verbreitung der Merinoſchafzucht und die
allgemeine Veredlung der Schafheerden im nördlichen und öſtlichen
Deutſchland und Preußen von uns als ein hoher Vorzug hervorgehoben
worden iſt, das Verdienſt hierbei hauptſächlich und entſcheidend den
hervorragenderen deutſchen Schafzüchtern unſrer Neuzeit gebührt, deren
Namen denn auch vielfach und oft ſogar über die ganze Erde hin mit
beſondrer Achtung genannt werden, wie von deſſen Lobe z. B. die
meiſten amerikaniſchen und engliſchen Bücher über die Merinozucht
auch voll ſind.

Wir müſſen darunter mit beſonderer Anerkennung hervorheben:
die bereits ſo ehrenvoll erwähnten Gebrüder Kunitz, den ſchon ge=
dachten Hofrath von Dedovic zu Schweidnitz, den Direktor Mayer

zu Groß-Herrlitz und A. Körte zu Breslau, den Verfasser des lesens=
werthen Buches „das deutsche Merinoschaf"*) und Mitherausgeber
des „Jahrbuchs der deutschen Viehzucht", ferner den Oekonomierath
Elsner, der durch seine zahlreichen Schriften seiner Zeit so mächtig
und nachdrücklich zur Hebung der Schafzucht gewirkt hat, die Schäferei=
Direktoren Schmidt, die Gebrüder Heyne, C. Schultz, Stutz=
bach und Kunicke, und ebenso unter den Heerdenbesitzern obenan
der Baron Mundy auf Drnowitz in Mähren, sodann Lübbert sen.
(Zweibrodt), von Rudczinsky (das berühmte Liptin) in Schlesien,
Graf Wallis (Kolleschowitz) in Böhmen, A. Steiger (Leutewitz)
im Königreich Sachsen, die berühmten Gebrüder Nathusius in der
Provinz Sachsen, Lehmann (Nitsche) in Posen, von Eichborn
(Güttmannsdorf) in Schlesien und noch Andre mehr.

Zum richtigen Verständniß der in der deutschen Merinoschaf=
haltung seit der neueren Zeit herausentwickelten Züchtungsrichtung wird
es nöthig mit kurzem Rückblick sich zu vergegenwärtigen, daß während
die sächsische Elektoralschafzucht die höchste Verfeinerung des Wollvließes
ohne Rücksicht auf die Verbesserung und Kräftigung des Körpers der
Schafe anstrebte und daher in diesen sächsischen Elektorals eine durch=
gängige Verzärtelung und delikate Konstitution anzutreffen war, man
in Oestreich, wo man die gleichen Original=Merinoracen in den
sechziger Jahren des vorigen Jahrhunderts (1765) eingeführt hat,
nur auf die Vergrößerung der Körperformen und den Wollreichthum
hinzüchtete und dadurch schließlich zur Herauszüchtung einer groben
und unausgeglichenen Wolle gelangt war. Die Rückgänge in den
Preisen der hochedlen Wollen hatten dann ferner doch jedenfalls das
Gute gehabt, daß man jetzt darauf hingeführt wurde, werthvolle und
zugleich dabei auch gewichtige Vließe zu erzielen, und sich in richtigem
Verständniß davon überzeugte, daß das höchste Prinzip bei jeder Züch=
tung jederzeit das sein muß, immer nur solche Thiere auszuwählen
und zusammenzupaaren, welche einen möglichst hohen Grad von Voll=
kommenheit in Bezug auf die angestrebte Züchtungsrichtung wie auch
im Allgemeinen zur Schau tragen, soweit dies irgend erreicht werden
kann. Indem ferner die Begriffe von „reinem Blute" und „Ver=
erbung" geklärt wurden, gelangten allmälig die modernen Züchter zu
der Ueberzeugung, daß selbst das reine Blut für sich allein noch wenig
Nutzen zu bringen vermag, sofern man es nicht jederzeit durch sorg=

---

*) Breslau 1862, bei Urban Kern. 2 Bde.

fältige Auswahl bei der Paarung vor der Entartung zu bewahren ver=
steht, und daß ferner sonach selbst die edelsten Racen nichts fördern,
wenn sie uns nicht stets ein wünschenswerthes Material für neue
Vermischungen vermittelst geringer Variationen an die Hand geben.
Die Schafzüchter lernten es nachgrade begreifen, daß die heutige
deutsche Edelzucht ein zu kostspieliges und zugleich schwieriges Unter=
nehmen ist, als daß es mit Erfolg versucht werden könnte, ohne daß
man es gründlich und mit äußerster Sorgfalt studirte. In dieser
Zeit veröffentlichte Rudolph Wagner seine neue Methode der
„Gruppenzüchtung", bei welcher er ein besonderes Klassificirungs=
system der feineren Tuchwollqualitäten zum ersten Male aufstellte.
Auf ihn folgten nun aber jene bereits erwähnten Gebrüder Friedrich
und Eduard Kunitz, welche mit einem anderen und neuen System
von allgemeinerer Anwendbarkeit hervortraten, in der bestimmten
Tendenz, die Körpergröße und zugleich damit das Bließgewicht
zu vermehren, und es ist wohl eine verdiente Pflicht es anzuerkennen,
daß die deutsche Schafzucht der Geschicklichkeit dieser beiden vollendeten
Meister in der Züchtung sowie ihrer nach ihnen gebildeten Schüler
die schnelle Hebung und nützliche Umwandlung wesentlich verdankt,
welche durch ihre Vermittelung die deutschen Merinos erfuhren.

Wir müssen jetzt einen Blick einige Jahrzehnte zurückrichten, um
den ersten Ursprung von jener heutzutage so allgemein verbreiteten
östreichischen Negrettischafrace kennen zu lernen, welche dazu
bestimmt sein sollte, einen so entscheidenden Einfluß auf so viele her=
vorragendere deutsche Edelheerden in unsrer Zeit auszuüben. Es war
der Baron von Geißlern auf Hoschtitz, ein sich für die Schaf=
züchtung besonders interessirender intelligenter Edelmann, welcher mit
einem kleinen Stamm von zwei Böcken und sechszehn Muttern, alles
spanische Original=Merinos, eine Stammheerde zu begründen begann,
welche er ursprünglich als ein Geschenk von der Kaiserin Maria The=
resia erhalten und später noch durch den Ankauf von einigen hundert
Schafen aus derselben kaiserlichen Mannersdorfer Stammschäferei
vermehrt hatte. So entstand die Stammschäferei von Hoschtitz in
Mähren. Indem nun dieser begabte Züchter konsequent den Plan
durchführte, ein möglichst hohes Schurgewicht von einer kräftigen und
dabei möglichst feinen Mittelwolle auf großen Körperfiguren hervor=
zubilden, züchtete er mit der Zeit eine von den östreichischen Infan=
tado's und sächsischen Elektorals ganz verschiedene Merinorace heraus,
welche weder den östreichischen noch den feinwolligen sächsischen Elektoral=

typus zur Schau stellte sondern zwischen beiden in der Mitte stand. Lange Zeit sollte diese Heerde unbeachtet bleiben, indeß sich mit der Reihe der Jahrzehnte eine vollkommene Ausgeglichenheit in der Qualität dieser Wolle und eine vollendete Konstanz sowohl in den Wollvließen als auch in der Struktur und ihrem Charakter durch Vererbung befestigt hatte. Der Baron von Geißlern benannte seine Heerde mit dem Namen „Negretti's", trotzdem dieselbe gar nicht im entferntesten von der Conde-Nigretti-Cabañe in Spanien abstammte.

Indessen begann in den sächsischen und schlesischen hochfeinen Merinoheerden die Traberkrankheit einzureißen und die Zuchtstäre in den davon heimgesuchten Heerden völlig zu Züchtungszwecken unbrauchbar zu machen. Es war nun aber vornehmlich das Verdienst der Mehrzahl jener vorhin benannten hervorragenden Schafzüchter, daß sie den Mangel an kräftigen Stären mit tiefer Brust und tonnenrundem Leibe, mit kurzem Beingestelle und mit zwar schwereren aber darum nicht minder werthen Tuchwollvließen herauserkannten, womit sie nicht nur jene verzärtelten und durch die erwähnte Traberkrankheit in ihrer Existenz gefährdeten Konstitutionen und wollarmen Vließe verbesserten sondern noch in weit höherem Maße das Blut von diesen zarten und schwächlichen Elektoralschafen wieder kräftig auffrischten. Die Gebrüder Kunitz aber waren es besonders, welche den großen Werth von jenem Hoschtitzer Negrettiblut in seiner wahren Bedeutung damals herauserkannten, und da sie überdies theilweise auch die gleichen Züchtungsprinzipien wie jener erste Schöpfer der Hoschtitzer Edelheerde verfolgten, so begründeten sie einige Stammschäfereien in Mecklenburg und Pommern mit aus Hoschtitz erkauftem Zuchtmateriale, und es gelang ihnen diese Zuchtheerden ziemlich bald auf einen solchen Höhepunkt der Vervollkommnung emporzubringen, daß sie längere Zeit hindurch eben so geschätzt waren wie die Hoschtitzer Originalheerde selbst, bis sie neuerdings leider vernachlässigt wurden und das Züchtungssystem bei ihnen eine Veränderung erlitt. Man kreuzte nämlich nachträglich jene Heerden mit auserlesenen schlesischen Edelböcken, verkürzte dadurch die Wollvließe, und daher kommt es, daß dieselben für die moderne Wollmassenrichtung jetzt lange nicht mehr so werthvoll sind wie in den früheren Jahren. So lieferten also Oestreich, Mecklenburg und Pommern mit diesen Negretti-Edelheerden ein ebenso schätzbares wie in hohem Grade benöthigtes Material, und durch die fortgesetzte Verwendung desselben gelang es den Gebrüdern Kunitz und ihren Schülern allmälig wollreichere und besser bezahlte Vließe hervorzuzüchten, als die Hoschtitzer Originalschafe jemals sie besessen hatten. Ueberdies verbesserten sie auch die Figuren der Schafe und kräftigten ihre Konstitution durch ein sehr verständiges System des Zusammenpaarens. Immer blieben dabei jedoch die schlesischen und sächsischen Merinowollen der feinste und kostbarste Wollartikel auf dem englischen Weltmarkte, und jene zu Negretti's umgebildeten Elektorals wurden eine Schafrace, die sich vortrefflich bezahlt machte, sowohl in Hinsicht ihrer Wollmenge wie ihrer Feinheit.

Während so aber Sachsen und Schlesien sich in der Schafzucht hoben, verloren dagegen Oestreich, Mecklenburg und zum Theil auch Pommern durch die forcirte Feinheitszüchtung bedeutend jene früher erreichte so werthvolle Gedrungenheit und Größe in den Figuren von jenen Heerden. Doch dies blieb indessen auch anderwärts nicht aus. Es verabsäumten jene modernen Negrettizüchter die beharrliche Fort=führung von ihrem ursprünglichen Züchtungsprinzipe, feine und zugleich schwere Bließe zu produziren, und es wurde auch aus dieser Negretti=züchtung ein reines Geschäft gemacht, indem sehr bald dergleichen Thiere aus den modern beliebten Heerden enorme Preise erzielten. Dies lockte denn natürlich eine große Menge von mecklenburgischen und pom=merschen Gutsbesitzern an, sich jenen allgemeinen Ruf von den Heerden ihrer Heimath zu Nutze zu machen, und so geschah es denn, daß im Wetteifer mit dem aus Hoschtitzer Blut rein fortgezüchteten Edelheerden jetzt auf einmal eine Reihe von Stammschäfereien ihre vollblütigen, rein gezüchteten Original=Negrettiböcke und Muttern öffentlich zum Verkaufe ausboten. Wahrlich, es ist zum Erstaunen, wie viele von solchen rein gezüchteten Vollblut= oder sogar spanischen Original=Negrettiheerden, wie sie in den öffentlichen Blättern angepriesen wurden, so auf einmal wie die Pilze an's Tageslicht hervorkamen, die meist, da Mecklenburg niemals spanisches Originalblut importirt hat, aus Kreuzungen von der einheimischen Landrace mit Rambouillet's oder östreichischen Infantado's 2c. hervorgegangen waren und eine merino=ähnliche Mestizrace von allerdings vielfach großen Figuren, aber auch nichts mehr, und Kammwollcharakter (Boldebuck!) darstellten, ein Material also, welches aus den heterogensten Elementen zusammen=gesetzt, in moderner Art mit etwas reinem Negrettiblute vermischt und dann mit einem geeigneten stolzen Geschäftsnamen ausgestattet wurde; und in der That erreichten jene unternehmenden Männer es eine Zeit lang wirklich, daß sie an den so gewinnbringenden Negrettiverkäufen ihres Landes lebhaften Theil nahmen. Indeß es sollte dann doch der geringe Nutzen von jenen Zuchtheerden sehr bald durch ihre auffallende Grobheit des Wollhaares und Unausgeglichenheit des Wollcharakters in der Nachzucht zu Tage treten, und es drohte die so überaus untergeordnete Stapelung der Bließe die deutschen Heerden in ihrer Qualität erheblich herabzubringen, zumal dazu auch noch das System hinzutrat, durch Fütterung mit recht nahrhaften Futterarten, wie Erbsen, Bohnen, Weizen, Hafer und sogar Reismehl rundere Figuren und schwerere aber freilich mit talgigem Fettschweiß beladene Bließe herauszubilden.*) Wir können die Folgen für die daraus erzielten jungen Heerden nicht passender vorführen, als durch die Mittheilung eines am 1. Juni 1859 von dem bereits erwähnten Hofrath von Dedovic als Vertreter der schlesischen feinen Züchtungsrichtung gegen diese mecklenburger Züchtung unter der Bezeichnung: „eine Stimme in der Wüste" veröffentlichten Pamphlets, welches denn auch zu einer gewissen all= gemeinen Berühmtheit gelangt ist, weil der Inhalt desselben recht charakteristisch jenen Zeitabschnitt in der deutschen Merinozüchtung wiedergiebt. Der Verfasser giebt darin von vorn herein zu, daß diese mecklenburger Merino's reichwolliger sind als die schlesischen Schafe, was im Klima und der geographischen Lage seinen Grund habe, wie denn dort die im Bau stärkeren Schafe bezüglich der Fleisch= produktion durch die Seelage unendlich besser als in Schlesien rentiren, ohne jedoch in der Figur, wenigstens die reinblütigen Heerden nicht, größer zu sein als die schlesischen, da das Größeraussehen vielmehr daher komme, daß sie viel längere Wolle tragen. Indem der Ver= fasser dann weiter mit Recht die Züchtung der schlesischen Heerden mit den mecklenburger Heerden von gemischtem Blute nachdrücklich tadelt und im Anschlusse hieran gleichzeitig als maßgebende Maxime für die zukünftige Züchtungsrichtung den Super=Electa=Wollen Valet sagt, stellt er darauf es als die Aufgabe der neusten Schafzucht hin, statt jener an der Electafeinheit festzuhalten, mit der sich bei rich= tiger Züchtung ein Durchschnittsgewicht von zwei und einem halben Pfunde und darüber erreichen lasse, zumal die mecklenburger Kreuzung doch nur eine Prima= und Secundawolle mit drei Pfund Durchschnitts= gewicht erzielen lasse, bei welcher dann die Mittelwollen von Ungarn, Rußland, Australien und dem Kap die Konkurrenten würden, und weist sodann dabei auch noch darauf hin, daß die jetzige Mode

---

*) Dr. Hermann Schmidt in der Australian and New-Zealand Gazette vom 10. Juni 1865 S. 378 u. 379 der Aufsatz: Merino-Breeding.

bald wechseln und die feinen Stoffe wieder aufbringen könne. Schließlich verwirft Herr von Dedovic mit aller Energie die Richtung: Falten, Ringe und Wülste zu züchten und rügt den zu vielen der Wolle anklebenden Schweiß, da solche fettreichen Thiere niemals wirklich haarreich seien, also auch keinen wirklichen Wollreichthum vererben können.

Wir werden auf dieses originelle und in seiner Art merkwürdige Schriftstück im Laufe dieser Betrachtung öfters noch zurückkommen, weil sein Inhalt ein lebendes Denkmal für den übel verhohlenen Kummer eines Vertreters der feinen schlesischen Edelzüchtung bildet, welcher mit schwerem Herzen von diesen ihrer Zeit mit so schönen Erfolgen gekrönten höchsten Feinheitsrichtung Abschied nimmt und nicht ohne eine gewisse tiefere Verstimmung der neuen Wollmassenrichtung entgegentritt, in Betreff deren man ihm natürlich darin Recht geben muß, daß die Feinheit der bisher hochedlen Vließe allerdings über der größeren Reichwolligkeit und dem auffällig vermehrten Fettschweiß in der Nachkommenschaft daran gegeben werden mußte.

3. Die Wollmassenzüchtung, -vornehmlich in Schlesien.

Diese „Stimme in der Wüste" sollte doch nicht, wie der Verfasser es am Schlusse vorherzusehen glaubte, unbeachtet verhallen, denn schon im folgenden Jahre 1860 bildete sich der noch jetzt in voller Blüthe stehende, aus den angesehensten Schafheerdenbesitzern Schlesiens und der Nachbarprovinzen gebildete schlesische Schafzüchterverein, welcher seiner ursprünglichen damals ausgesprochenen Absicht nach „die Ritter des goldenen Vließes", das heißt die Vertreter der Feinheitsrichtung unter den modernen Edelheerdenbesitzern zu gemeinsamem Handeln „behufs Erlangung hinreichenden Wollreichthums bei Beibehaltung des hohen Feinheitsgrades" zu vereinigen bestimmt war, und es bezeichnet treffend die damals und also noch im Jahre 1860 unter den schlesischen Schafheerdenbesitzern vorherrschende Meinung, wenn zur Erläuterung des Wirkungskreises des gedachten schlesischen Schafzüchtervereins hervorgehoben wird:

> „daß die hochfeine Wolle Schlesiens immer ihren höheren Werth, immer dieselbe stärkere Nachfrage von Seiten der Fabrikanten sich bewahren werde, und daß während es feststehe, daß der Bedarf an feinen Wollen bei dem steigenden Luxus sich nicht

schmälere, der Schafzüchterverein nicht übersehen möge, daß seiner hochfeinen Wolle für eine sehr lange Zeitdauer keinerlei den Preis herabdrückende Konkurrenz droht, dagegen die sich alle Jahre bedeutend vermehrenden Massen der mittelfeinen Wollen Australiens, Süd-Amerika's, Polens und Rußlands die Preise dieser in nicht ferner Zeit bedeutend herabdrücken mögen. Schlesiens goldenem Vließe drohe noch lange keine Gefahr ꝛc." *)

Und doch hat selbst dieser durch eine zahlreiche Mitgliedschaft vertretene schlesische Schafzüchterverein der herrschenden Zeitrichtung auch seinerseits Rechnung tragen müssen, indem er jenes nach den angeführten Worten noch im Jahre 1860 so hoch emporgehaltene Banner der hohen Feinheitszüchtung neuerdings eingezogen hat. Denn in seinem unterm 28. November 1864 veröffentlichten Statute finden wir im Eingange des §. 1. als Zweck des Vereins nur die einfache und im Zusammenhalte mit jener ersten begründenden Tendenz bescheiden sich ausnehmende allgemeine Aufgabe hingestellt:

„die schlesische Schafzucht zu fördern und die Interessen der Wollzüchter nach allen Richtungen hin zu schützen." **)

Allein für das größere Publikum konnte die prinzipielle Feinheitsrichtung doch keine Anziehungskraft mehr üben, vollends seitdem die Preise grade für die hochfeinen und feinen Wollqualitäten fort und fort in langsamem aber um so sichrerem Herabgange auf den großen Breslauer Wollmärkten zu sinken fortfuhren und die Heerdenbesitzer dadurch je länger, um so eindringlicher zu der niederschlagenden Ueberzeugung hingeführt wurden, daß diese hochedle Schafhaltung nicht mehr sich verlohne und die hohen darauf verwendeten Kosten und das den Thieren gereichte theure Futter nicht mehr entsprechend und befriedigend verwerthen lasse. Und glücklicher Weise, muß man dabei sagen, sind dergleichen pekuniaire Nackenschläge schließlich die einzigen und wirksamsten Hebel, welche zur Umkehr von einer als nicht mehr zeitgemäß aufzugebenden Ansicht und Richtung noch am dringendsten anrathen. Und so war es auch hierbei der Fall. Eine unbefangene Uebersicht und ein nur oberflächliches Eingehen auf die Preiszusammenstellungen der Breslauer Wollmärkte ließen die Wollzüchter sehr bald

---

*) Schlesische landwirthschaftliche Zeitung, herausgegeben von Wilhelm Janke. Jahrgang 1860 Nr. 22 S. 86.

**) Statut des schlesischen Schafzüchtervereins. Druck von Graß, Barth & Co. in Breslau.

erkennen, daß es eben nur die hochfeinen und die feinen Wollen waren, welche von diesem beständigen Preisherabgange betroffen wurden,*) und daß dagegen die mittelfeinen und ordinairen Wollen trotz aller Besorgnisse der Konkurrenz mit den australischen, den polnischen, russischen und südamerikanischen Wollen die einzigen Wollqualitäten heutzutage noch seien, welche die auf die Schafheerden verwendeten Futtermengen in einigermaßen befriedigender Weise verwerthen lassen. Dazu kam der sehr nahe liegende Ueberschlag, daß es doch offenbar vortheilhafter bleibt Schafe zu halten, die drei Pfund Schurgewicht von einer Wolle scheeren lassen, welche zwischen siebzig bis neunzig Thaler einbringt, als Edelschafe, welche nur zwei, höchstens zwei und ein halb Pfund Schurgewicht ergeben, wobei die Wolle trotz aller Hochfeinheit gleichwohl immer nur mit zwischen achtzig und neunzig Thalern bezahlt wird.

Und merkwürdig, wie auffallend dieser Umschlag in den An= schauungen des großen Schafheerden besitzenden Publikums bei den auf Antrieb des gedachten schlesischen Schafzüchtervereins von zwei zu zwei Jahren veranstalteten großen Schafschauen hervortrat. Auf der ersten Schafschau in Hernstadt im Jahre 1861 waren es unzweifelhaft noch immer die hochfeinen Edelheerden, welche das unbestrittene Uebergewicht sowohl in der Stückzahl der zur Schau geführten Heerden als auch in der öffentlichen Meinung behaupteten, wiewohl sich die Massen= Züchtungsrichtung durch eine Anzahl von damals bereits als Negretti's bezeichneten Heerden schon merklich geltend machte. Auf der Schaf= schau in Brieg im Jahre 1863 hatte dagegen die Wollmassenrichtung schon offenbar das Uebergewicht. Dort aber zeigte sich noch gleichsam das Schwanken der öffentlichen Meinung, indem zwar die Heerden mit hervorragenden Wollmassen und großen Figuren eine sehr lebhafte Beachtung und Durchmusterung erfuhren, zu gleicher Zeit aber dabei die hochfeinen Edelheerden immer noch von Bewunderern dicht um= schaart blieben, so daß nur mit Mühe und Drängen der Zutritt zu ihnen ermöglicht werden konnte.

Wie so ganz anders haben sich aber diese Anschauungen seit der Liegnitzer Schafschau im Jahre 1865 und der Breslauer im Jahre

---

*) Wir verweisen über diese ganze Frage auf unseren jüngsten Aufsatz: „Der Preisherabgang der feinen Wollen und die moderne Feinheitszüchtungs= Richtung" in der volkswirthschaftlichen Vierteljahresschrift von Faucher und Michaelis. Jahrgang III. Band 4. Seite 99 ff.

1867 geſtaltet! Da waren vorherrſchend die Wollmaſſe vertretende Heerden und zwar auf das zahlreichſte zur Schau geſtellt, und nur ſolche Heerden waren es daher auch hauptſächlich, und bei letzteren wieder die franzöſiſchen Rambouillets, welche das Intereſſe der Schafe haltenden Beſucher beſonders zu feſſeln vermochten, die wenigen hochfeinen Heerden aber, welche unbekümmert um die moderne Rich=tung in der althergebrachten Feinheitsrichtung fortgezüchtet hatten, blieben ziemlich leer an Beſchauern und faſt unbeachtet ſich ſelbſt überlaſſen ſtehen. Wir können an dieſer Stelle nicht umhin, hier gleichſam als ſubjektiven Eindruck die kleine Notiz einzuſchalten, daß als wir bei der ſyſtematiſchen Durchmuſterung der zahlreichen Schauſchafe dann auch in den von allem Publikum verlaſſenen Verſchlag einer noch vor wenigen Jahren in höchſtem Anſehen geſtandenen hochedlen Heerde hineinſtiegen, die Beſichtigung dieſer entzückend ſchönen und vollendet feinen Wolle nach den vielen gröberen und ſo manchen mangelhaften Muſtern, die wir die Zeit hindurch zu ſehen bekommen hatten, uns unwillkürlich mit tieferem und wahrem Wohlbehagen durchdrang und gleichſam wie ein Ruhepunkt und eine Erquickung für das Auge wirkte. Wir ſprachen dies denn auch unverhohlen zu dem Schaf=meiſter aus, der betrübt und niedergeſchlagen neben ſeinen Schafen ſtand, und erinnerten ihn an Hernſtadt und Brieg, wo er den An=drang der Schauluſtigen kaum zu bewältigen im Stande geweſen war. Da leuchteten ihm die Augen, aber er meinte dabei doch im richtigen Vorgefühl der veränderten Verhältniſſe, „jetzt merke er wohl, daß die Zeit für dieſe ſchönen Thiere für immer vorbei ſei.“ Er hatte, ſo ſcheint es, ein nur zu wahres Wort geſprochen.

Fragen wir aber jetzt weiter, aus welchen Züchtungsmaterialien denn dieſe neuſten Edelheerden hervorgegangen ſind, welche die mo=dernen Stammſchäfereien repräſentiren, und aus denen dann wieder der regelmäßige Bockbedarf Seitens der einzelnen Schafheerdenbeſitzer heut=zutage entnommen zu werden pflegt, ſo müſſen wir hierbei zunächſt ausdrücklich zwiſchen dieſen Stammſchäfereien und den gewöhnlichen Schaf=haltungen einen Unterſchied machen. Bei den erſteren wird aber theils aus den mecklenburger Vollblut=Merinoheerden rein fortgezüchtet, theils hat man ſich aber auch dazu entſchloſſen aus den durch ihre großen Figuren und ihre wollreichen und doch gleichzeitig dabei feineren Bließe hervorragenden nach dem Vorbilde von Hoſchtitz in neuſter Zeit her=vorgezüchteten öſtreichiſchen Negrettiheerden, aus welchen ja, wie wir ſahen, jene mecklenburger Edelheerden unmittelbar und direkt hervor=

gegangen sind, ganz ebenso auch das Zuchtmaterial direkt zu ent=
nehmen, und es haben in dieser Beziehung, seitdem der Glanz der
berühmten Hoschtitzer Negrettiheerde auf der Liegnitzer Schafschau
vom Jahre 1865 erblichen ist, namentlich die Negrettiheerden von
Kolleschowitz (Graf Wallis), welcher auf den letzten Schafschauen
durch seine schönen und ebenso feinen wie durch reichen Wollbesatz aus=
gezeichneten Thiere sich vortheilhaft hervorthat, Czernahora (Graf
August Fries), Perutz (Graf Franz Thun, Züchter der Sünder=
Mahler), dessen große Figuren besonderes Aufsehen erregten, Zdaunek
und Kwassitz (Gräfin Thun) und andere mehr einen ziemlich lebhaf=
ten Zuspruch nach Zuchtböcken erfahren, während die hochedlen Graf Zichy=
schen, Carolyi'schen und Hunyady'schen Merinoheerden in Ungarn und
die Baron Mundy'schen Heerden in Drnowitz in Mähren, welche auf
der landwirthschaftlichen Ausstellung in Wien im Mai 1866, „das
Schönste, Beste und Edelste, mit einer Dichtheit und Bewachsenheit,
wie sie bei der hohen Güte nur irgend zu ermöglichen sind,“ zur Schau
gestellt hatten, trotz ihrer höchsten Vorzüglichkeit, eben wegen ihres
Festhaltens an dem Elektoral=Charakter einen geringeren Begehr in
Norddeutschland fanden. Daneben sind es dann noch die königlich
sächsischen Heerden, darunter die weltberühmte Leutewitzer Heerde
(Steiger), aus welchen der Bockbedarf mit lebhaftem Andrange entnommen
wird, und in der That hat es dieser eminente Züchter der letzteren zu
erstaunlichen Resultaten grade speziell in Bezug auf große Figuren und
vollendet mustergültigen Körper und namentlich Bauchbesatz gebracht,
wiewohl merkwürdiger Weise freilich trotz aller dieser höchsten Vorzüge
grade bei der Nachzucht aus dieser Heerde so vielfach in den einzelnen
Schäfereien, wo mit Leutewitzer Böcken gezüchtet wird, über die schlechte
Vererbung geklagt wird. Endlich ist aber auch noch ein Bestand von
einheimischen Stammschäfereien vorhanden, welche sämmtlich die neue
Züchtungsrichtung bei Zeiten und im richtigen Momente erfaßt und
durch fortgesetzte Züchtung in derselben seit jetzt länger als einem
Jahrzehnt es zu einem gewissen Grade der Konstanz schon einiger=
maßen gebracht haben, wiewohl natürlich grade sie es sind, aus deren
Bereiche jene Klagen über die mangelnde Vererbung ihren vornehm=
lichen Sitz und Ursprung haben.

Es nehmen nun an dieser letzten Kategorie außer dem altberühm=
ten Schlesien bereits, wie schon angedeutet, die Provinzen Posen,
Pommern und Preußen in ehrenwerther Mitbewerbung Theil, indessen
haben hierbei die letzten großen Schafschauen doch gezeigt, was eine

durch längere Jahrzehnte fortgesetzte Edelzüchtung auf sich hat, indem alle diese letzteren Heerden mit den altgezüchteten schlesischen und östreichischen Edelschafen im Allgemeinen und im großen Durchschnitt zur Zeit sich noch nicht wohl messen können, doch müssen wir hierbei selbstverständlich ausdrücklich einzelne hervorragende Schäfereien ausnehmen, welche, ebenfalls aus lang bestehender Züchtung hervorgegangen, es zu den glücklichsten Resultaten gebracht haben und ebenbürtig mit den renommirten schlesischen Edelheerden rangiren. Dies gilt hauptsächlich von vielen vortrefflich gezüchteten Heerden im Großherzogthum Posen.

Fleischschafe.

4. Southdowns.

Wunderbar ist es dabei doch, daß die Fleischschafhaltung für unser nördliches Deutschland noch immer nicht recht in allgemeine Aufnahme kommen will. Zwar wird dieser spezielle Zweig der Schafzucht schon seit Jahrzehnten mehrfach in einigen berühmten Schäfereien und dies nicht ohne an sich wohl befriedigende Erfolge mit großem Geschick und Umsicht kultivirt, allein so lange doch die Gesammtheit und namentlich die unteren Schichten unsrer Bevölkerung nicht an dem Fleischkonsum als sich von selbst verstehenden und unerläßlichen Bestandtheil ihres Lebensunterhaltes gewöhnt sind, so daß sie also ohne täglich ihr Fleisch beim Mittagessen zu haben nicht würden bestehen können, so lange findet diese Fleischschafhaltung bei uns noch keinen Boden, und alle in Bezug hierauf gemachten Bestrebungen und Unternehmungen müssen vorläufig noch schließlich immer an der geringeren Rentabilität scheitern, von der am Ende doch Alles abhängt. Und wenn auch in allerneuster Zeit die großen Schlächter und die Hotelbesitzer in den Hauptstädten der verschiedenen Provinzen anfangen das nach englischer Art mustergültig gemästete Hammelfleisch von den bei uns fortgezüchteten englischen Fleischschafracen mit höheren Preisen zu bezahlen, so kann doch dieser nur vereinzelt dastehende Anfang von einem zur wahren Geltung Gelangen dieser Fleischschafzucht für sich allein nicht ausreichen, um ihr eine den auf sie verwendeten Kapitalien für die Anschaffungskosten guter Originalzuchtthiere und die höheren Futtermittel, die sie beanspruchen, entsprechende Grundlage zu garantiren.

Irren wir nicht, so ist an den weniger durchgreifenden Erfolgen hauptsächlich der Umstand Schuld, daß man grade die englischen

Southdownschafe zur einheimischen Fleischschafzüchtung auserwählte, die so glücklich sie ihrer ganzen Körperanlage und ihren sonstigen Eigenschaften nach auch sich für die deutschen Fütterungs- und klimatischen Verhältnisse eignen, gleichwohl in Bezug auf ihren Wollreichthum doch noch vieles zu wünschen übrig lassen, ein Umstand, weshalb man in neuster Zeit jetzt auch in England selbst die Southdownzucht einzustellen und mehr die Fleischschafe, die zugleich Kammwollschafe mit großen Bließen sind, also die Leicesters, Cotswolds 2c., vorherrschend zu züchten beginnt. Leider wollte sich im Vergleiche damit bei uns in Deutschland das englische Leicesterschaf nicht bewähren, indem zwar die ersten Kreuzungen mit ihm vortrefflich ausfielen, die späteren dagegen fast durchgängig und vielfach mißglückt sind, so daß die Mehrzahl der Züchter, welche den Versuch mit ihnen durchzuführen unternahmen, über kurz oder lang davon zurückgekommen sind, weil diesem verzärtelten und verwöhnten Thiere nun einmal die im Allgemeinen knapper zugeschnittene Ernährung und die Witterung, welche ihm das nördliche Deutschland bietet, nicht auf die Dauer konveniren will, ein großer Schade, weil diese Schafrace nächst den riesengroßen Cotswolds von allen englischen Schafgattungen diejenige ist, welche das vorzüglichste Fleisch bei großem Reichthum grade von der so gesuchten Kammwolle in sich vereinigt. Wir wollen hierbei nur beiläufig erwähnen, daß die bei uns in Deutschland noch nie gelungene vollendete Kreuzung der Leicesterschafe mit deutschen Merino's neuerdings in der Provinz Aukland in Neu-Seeland erreicht worden ist, wo man sie bis zur vierten Züchtung glücklich durchgeführt und dadurch Bließe von derselben Stapellänge und Schwere wie die Leicesters, gleichzeitig aber auch mit der feinen Kräuselung und Weichheit des Merinohaares erreicht hat.

Hervorgehoben muß zum Schlusse noch in Bezug auf diese in Deutschland begründeten Southdown-Heerden werden, daß die intelligenten Züchter derselben, unter denen namentlich mehrere im Königreiche und in der preußischen Provinz Sachsen ansäßige vortheilhaft sich auszeichnen, die hierzu benöthigten Zuchtthiere ausschließlich aus den berühmtesten englischen Heerden, namentlich von Webb in Babraham und Lord Walsingham in Mertonhall fortgesetzt bezogen und dadurch nur reinblütige Southdown-Heerden begründet haben. Man hat aus ihnen dann aber auch bei uns noch und vornehmlich in der Provinz Sachsen durch Kreuzung Southdown-Merinoheerden gezüchtet, von denen z. B. die auf dem Gute Saldern bereits aus 1250 Köpfen besteht und sehr befriedigend rentiren soll.

So ist also nach Allem die Fleischschafzucht in Norddeutschland noch nicht zu allgemeiner Verbreitung gelangt, und wir glauben auch vorher sagen zu können, daß so lange eben nicht der Fleischkonsum ein Gemeingut und eine Nothwendigkeit unsrer gesammten Bevölkerung und speziell somit auch der unteren Volksschichten wird, dieser Zweig der Schafhaltung auch nicht zur Blüthe und großem Gedeihen gelangen wird. Wir werden übrigens über diese Züchtungen später noch ausführlicher sprechen.

5. Bergamasker Schafe.

Mehr als ein Kuriosum möge hier noch die Notiz Erwähnung finden, daß man hie und da und so auch ein intelligenter Geschäftsherr in Schlesien, der seiner Geburt nach ein Baier die Landwirthschaft als Liebhaberei betreibt, Herr Kießling in Breslau, auf seinem Gute Schwoitsch bei Breslau die Bergamasker Schafe seit ein Paar Jahren eingeführt hat, die er theils rein unter sich fortzüchtet, theils aber auch mit den englischen Oxfordshiredowns gekreuzt hat. Die Wolle dieser Schafe, von kurzer und wergartiger Qualität, wird doch nach der Angabe des Besitzers zwischen fünfzig bis sechszig Thaler der Centner bezahlt, und das Schurgewicht der Schafe beläuft sich dabei auf fünf bis sechs Pfund im Durchschnitt. Gleichwohl haben sich diese 5 Fuß langen, 2 Fuß 9 Zoll großen, dabei aber langbeinigen und spitzbrüstigen, ungefügigen und bis zur Unersättlichkeit gefräßigen Thiere nicht recht bewähren wollen, weshalb Herr Kießling denn auch damit umgeht sie allmälig eingehen zu lassen. Sehr glücklich hat sich aber hier die erwähnte Kreuzung mit den englischen Fleischschafen erwiesen, und es sind daraus Schafe hervorgegangen, ziemlich ähnlich nach dem englischen Typus, von kürzerer aber runderer Figur und überaus günstiger Anlage zum Fleischansatz, welche der Besitzer frühzeitig mästet und begehrten Absatz mit ihnen erzielt. Einer Bemerkung des Herrn Kießling zufolge sind übrigens doch ziemlich viele Stücke aus dieser kleinen Heerde an verschiedene Grundbesitzer der östlichen preußischen Provinzen nicht ohne eine gewisse lebhafte Nachfrage käuflich übergegangen. — Bekanntlich sind diese Schafe in der Ebene des Tessin einheimisch, von wo sie jährlich für den Sommer nach den Engadiner Alpen wandern und mit den größten Beschwerden dort zu kämpfen haben. Daher ihr zähes, sehniges Fleisch, doch wiegen sie gemästet 158 Pfund.

Kammwollschafe.

6. Die französischen Rambouillet-Merino's.

Es konnte nicht fehlen, daß, da die Kammwollenproduktion in unsrer heutigen Gegenwart als der gewinnbringendste Zweig der Schafhaltung von Wollhändlern und Fabrikanten hingestellt wird, und da in Folge der geänderten Zeitrichtung die Heerdenbesitzer einmal bei dieser neusten Wollmassenzüchtung auf möglichst große Körperfiguren und dichten Wollbesatz ihr hauptsächlichstes Augenmerk richteten, sehr naheliegend der Blick auf die französische Merinorace fallen mußte, welche durchgängig Kammwollenschafe von auffallend großer Statur und großer Bewachsenheit im Bließe darstellen. So hat sich denn wirklich diese sogenannte Rambouilletzüchtung auch bei uns und zwar vornehmlich in der Provinz Pommern, welche freilich, wie schon er-wähnt, durch ihre klimatische Lage sich für die Kammwollzucht ausnehmend eignet, und ferner im Großherzogthum Posen und zum geringeren Theile auch in Schlesien heimisch gemacht, die Hundisburger Heerde (Hermann von Nathusius) und die übrigen gleichartigen Heer-den in der Provinz Sachsen nicht zu übergehen. Wir werden später noch Gelegenheit finden auf die Entstehung und Entwicklung von dieser französischen Merinoschafzucht ausführlicher einzugehen. Nur soviel mag hier zum richtigen Verständniß des Charakters dieser Race ge-sagt werden, daß grade bei ihr das Nichtvorhandensein der noth-wendigen Harmonie und Gleichmäßigkeit in den einzelnen Heerden ein Mangel ist, welcher, gleichwie er in der Entstehung dieser Heerden seine historische Erklärung findet, bis auf die neuste Zeit sich in der Mehrzahl der französischen Heerden durch eine gewisse nicht zu ver-kennende Inkonstanz bemerkbar macht. Während nämlich alle die zahlreichen Merino-Edelheerden, welche in der zweiten Hälfte des vori-gen Jahrhunderts von Spanien aus an die verschiedenen europäischen Höfe überwiesen wurden, regelmäßig nur aus einzelnen ganz bestimm-ten von den damals berühmten Cabañen jedesmal entnommen worden waren und also durchgängig immer den speziellen Typus der betref-fenden speziellen Cabañe repräsentirten, — und die Spanier beobachteten bekanntlich strenge den Grundsatz, daß sie niemals die Cabañen unter einander züchteten, — hatten die mit der Auswahl der für den da-maligen König von Frankreich bestimmten spanischen Merino's betrauten

Personen in den achtziger Jahren des vorigen Jahrhunderts recht klug zu handeln geglaubt, daß sie die Heerde nicht aus einer bestimmten Cabañe, sondern daß sie vielmehr aus allen den verschiedenen Cabañen Spaniens einzelne freilich an sich ganz vorzügliche Musterstücke sporadisch entnahmen und auslasen, um damit die Stammzuchtheerden zu begründen. Die Folge von solchem ungewöhnlichen Verfahren war, daß in der Nachkommenschaft von diesen ersten Heerden alle die charakteristischen Eigenthümlichkeiten von den verschiedenen Cabañen einzeln zu Tage traten und dann allmälig in einander verschmolzen, und daß dadurch in der Entwicklung der aus ihnen gebildeten Zuchtheerden und insbesondere vollends bei der Kreuzung mit den einheimischen französischen Landschafen Mischverhältnisse entstanden, welche für die Konstanz und Vererbungsfähigkeit des Nachwuchses nur verhängnißvoll einwirken konnten. Und diese mangelnde Ausprägung eines bestimmten Charaktertypus ist es, welche noch heute die französischen Merinoheerden, wie von verschiedenen Seiten ihnen vorgeworfen wird, charakteristisch kennzeichnet, selbst die eigentlichen kaiserlichen Rambouillet= und Naz'= schen Heerden nicht ausgenommen, da auch nicht einmal diese rein fortgezüchtet sind, wie denn vollends die zahlreichen übrigen französischen Heerden Kreuzungsresultate von oft der heterogensten Art darstellen sollen. Wir folgen hierbei einer nordamerikanischen Autorität,*) welche die aus der ursprünglichen Auswahl jener spanischen Schafe mit der Zeit hervorgegangene Schafgattung. als eine solche bezeichnet, „die wohl keinem einzelnen Originalschafe von den ursprünglichen verschiede= nen Cabañen ihrem Charaktertypus nach gleiche, dennoch aber unbedingt den besten von diesen Cabañen in Bezug auf die Körpergröße, die Konformation und die physische Kraft so wenig wie in Hinsicht auf die Feinheit, die Länge, die Sanftheit und die Kraft und dicht be= standene Fülle des Haarstandes im geringsten nachgebe;" ja dieselbe Autorität erklärt nach sorgsamer, scrupulöser Vergleichung der Ram= bouilletwolle mit der aus neuster Zeit direkt aus Spanien als der höchsten im Preise bezogenen Wolle die erstere als die unbedingt bessere und edlere, sowohl was die Qualität wie die Feinheit anlangt, ein Lob, welches indessen näher bei Lichte besehen noch immer nicht soviel sagen will, weil die modernen spanischen Wollen durchgängig sich nur bis zu einer guten Prima=Qualität erheben, wie denn der

---

*) Henry Randall, The practical shepherd. 22. Ausgabe. Rochester N. Y. 1864. S. 19.

höchste auf dem Londoner Weltmarkte für die feinste Leonesische Wolle bezahlte Preis noch nicht ganz 85 Thaler für den Centner erreicht.

Zu diesem eigenthümlichen Entstehungsverhältniß der französischen Merinoheerden trat dann aber nun noch der Umstand hinzu, daß auch die französischen Schafzüchter durch die hohen Preise der feinen Merinowollen in früherer Zeit verlockt sich bewogen fanden die Feinheitsrichtung bei der Züchtung ihrer Heerden seit den zwanziger Jahren dieses Jahrhunderts obenan zu stellen. Und die Folge von dieser Züchtungsrichtung findet sich daher wie bei den sächsischen Elektoralschafen so auch hier in dem Körperbau der Mehrzahl der französischen Kammwollschafheerden ausgeprägt, indem sie darin durchaus der früher bereits bezeichneten äußeren Gestalt der deutschen Elektoralschafe gleichen.

Im Ganzen läßt sich an sich die Züchtung dieser Rambouilletschafe in denjenigen Gegenden, wo das Klima und die Weiden die Haltung von Kammwollschafen begünstigen, gewiß nicht verwerfen, vorausgesetzt freilich nur, daß reinblütige Thiere erworben werden. Denn diese Rambouillets haben im großen Durchschnitte eine lange und dabei milde und ihrer Qualität nach etwa mittelfeine Wolle mit einer allerdings auffälligen Schweißlosigkeit. Was dagegen aber die Ausgeglichenheit, die Geschlossenheit und Gedrängtheit des Stapels sowie den Bauchbesatz betrifft, so stehen sie darin freilich wie ebenso in Bezug auf den richtigen Stand der Wolle an dem Vorder= und Hinterschenkel den deutschen Negrettischafen entschieden nach, indem letzteres nicht in der Allgemeinheit wie bei diesen angetroffen wird. Dabei läßt es sich auch nicht in Abrede stellen, daß diese Rambouillets ganz gewiß Thiere mit großem Körper sind, wiewohl hierbei nicht ohne Begründung ihnen vorgeworfen wird, daß diese Größe haupt= sächlich in der Länge der Beine ihren Grund hat, und daß ferner der Umfang ihrer nach vorn zugespitzten Brust für ihre Größe nicht angemessen ist, gleichwie sie endlich namentlich auch jene tonnenförmige Wölbung im Rippenbau vermissen lassen.

Es hat nun in allerneuster Zeit zwischen einem Importeur von solchen Rambouillets und dem Besitzer einer schlesischen Negretti= Stammschäferei ein lebhafter Zeitungsstreit, der mit ziemlicher Ani= mosität und Bitterkeit auf beiden Seiten fortgeführt wurde, und zwar darüber stattgefunden, daß diese Rambouillets kein zur Züchtung mit unsren deutschen Negrettiheerden geeignetes Material darbieten sollen, allein es läßt sich aus dem Streite selbst nicht so ohne Weiteres ent=

scheiden, wer darin Recht hat, Herr von Mitschke=Collande, der den Rambouillets alle guten Eigenschaften abspricht, oder Herr Behmer, welcher ihnen alle erdenklichen Vorzüge vindizirt, da Beide ein zu großes eigenes Interesse dabei zur Schau zu tragen scheinen. Von erheblicherem Gewichte in Bezug hierauf stellt sich dagegen allerdings die Ausführung dar, welche jener von uns bereits früher erwähnte schlesische Edelzüchter neuerdings und zwar abermals als „Stimme in der Wüste" bei Gelegenheit der großen Wiener Thierschau im Mai 1866 gegen die Rambouillets vorbringt. Indem er erzählt, daß bei der Schau in Wien die jetzt in Pommern modernen Rambouillets ganz unbeachtet geblieben seien, erklärt er dies damit, „daß die östreichischen Provinzen vor 15 bis 20 Jahren bereits ihr Lehrgeld dieser Merino=Abart bezahlt haben, indem man dort die traurige Erfahrung gemacht hätte, daß sie das zu viele Futter, was sie benöthigen, nicht genügend verwerthen," — ein allerdings sehr schlimmer Vorwurf! „Sie bestechen äußerlich," so fährt Herr v. Dedovic fort, „dadurch, daß man glaubt, sie seien Schafe à deux mains, nämlich, sie gäben viel Wolle und viel Fleisch. Sie lösen aber beide Aufgaben nur in einem beschränkten Grade, denn bei der Mastung muß viel zu viel Ballast, als die enorm starken Knochen und großen Wülste 2c. mit ernährt werden, und bezüglich der Wolle geben sie zwar sehr große, höchst stattliche Bließe, deren Nimbus aber, auf die Wage gebracht, bedeutend schwindet, denn die Rambouillet=Wolle ist eine schwammige Wolle von wenig Nerv, welche durchaus nicht in's Gewicht fällt. Dabei ist ihre Vererbung auf Mestiz=Schafe, worauf sie doch größtentheils verwendet werden, nicht im geringsten eine durchgreifend günstige zu nennen; sie vererben zwar körperlich genügend, die Figuren werden größer, ja selbst die Bewachsenheit der Extremitäten, als: Kopf, Beine, Unterbauch gewinnen sichtlich, nur die Quantität gewinnt bei der Hohlheit des Haares gar zu wenig. Ein ungleich besseres Resultat stellt sich heraus, wenn der Rambouillet=Bock auf wirkliche Rambouillet=Mütter verwendet wird. Hier ist die Vererbung eine bedeutend bessere, was sich wohl daraus erklären läßt, daß das Rambouilletblut durch sein circa sechzigjähriges Bestehen sich doch schon so weit konsolidirt hat, daß eine größere Sicherheit in der Vererbung eingetreten ist; denn daß das Rambouilletblut kein reines Merinoblut ist, darüber sind selbst die französischen Schafzüchter einig. Aber man braucht das Rambouillet nur äußerlich zu sehen, um als Merinozüchter die sichere Ueberzeugung zu erhalten, daß es kein reines Merinoschaf sein kann! Wer also nicht reine Rambouillets zu züchten Willens, dem ist die Benutzung von Rambouillets als sein sollende Wolleverbesserer oder gar Wollebereicherer mit aufgehobenen Händen abzurathen." Schließlich ist die "Stimme in der Wüste" indeß doch verständig genug, daß sie für Pommern, welches am Meere gelegen auf bessere Wolle weniger angewiesen ist, dem Rambouilletschaf, das doch nebenbei als Mastschaf dem reinen Merino vorzuziehen ist, seine Berechtigung nicht abspricht.*)

Und aus dieser letzteren Ausführung dürfen wir denn wohl das Wahre von der Sache entnehmen, welches darin besteht, daß für die "bessere" und das ist doch wohl nichts andres als die "feinere und dabei reichere" Wollzüchtung sich die Rambouilletzüchtung nicht eignet, daß sie dagegen in allen Kammwollgegenden sich als ein sehr brauchbares Züchtungsmaterial erweis't, — das heißt wohl soviel als "Berechtigung haben soll", — eine Ansicht, mit der gewiß auch Herr Behmer einverstanden sein wird, und das umsomehr, als eben in unsrer allerneusten Gegenwart überall, wo man sich auf die Kammwollenzucht gelegt hat, die Feinheit bei der Wollzüchtung nicht sehr in Frage zu kommen pflegt und darum wohl auch schwerlich ein Tuchwoll-Schafzüchter darauf verfallen wird, zur Verbesserung, das ist Verfeinerung des Wollstapels in seiner Heerde diese Rambouilletkreuzung vorzunehmen. Die Frage in Betreff der "Reinblütigkeit" steht freilich auf einem andern Blatte; denn welcher erfahrene Züchter wird mit einem nicht reinblütigen Zuchtmaterial züchten und vollends kreuzen wollen!

Wir werden in der späteren Darstellung auf diese Rambouillet-Züchtung noch mehrfach Gelegenheit haben zurückzukommen.

7. Die amerikanischen Vermont-Merino's.

Auf der großen landwirthschaftlichen Weltausstellung zu Hamburg im Juli 1863 erregte eine ausländische Merino-Kammwollheerde durch die Größe der Körperfiguren, die auffallende Länge des Stapels und den haardichten Stand der ausgeglichenen Vließe die allgemeinste Aufmerksamkeit und Bewunderung. Es waren dies die nordameri-

---

*) Schlesische landwirthschaftliche Zeitung, herausgegeben von Wilh. Janke. Nr. 23 vom 7. Juni 1866. S. 126.

kanischen Vermont=Merino's, von einem Mr. George Camp=
bell von daher ausgestellt, denen denn auch die ungewöhnliche Aus=
zeichnung widerfuhr, daß sie den ersten und zweiten Preis für die
besten Böcke und den ersten Preis für die besten Mutterschafe auf
dieser Schau davontrugen. Diese Heerde, zwölf Stück an der Zahl,
hatte damals ein intelligenter schlesischer Magnat, der Graf Seherr=
Thoß auf Dobrau in Ober=Schlesien, für den allerdings kolossalen
Preis von 5000 Dollars (über 7000 Thlr.) angekauft und damit
ein in der That nicht hoch genug anzuschlagendes Verdienst um die
einheimische Schafzucht sich erworben, weil mit dieser Heerde ein sel=
ten schönes Zuchtmaterial für unsre moderne Massenrichtung und
speciell für die Kammwollenproduktion gewonnen worden ist, wie kaum
ein zweites geschaffen werden konnte. Freilich, keine Rosen ohne Dor=
nen, kein Amerikaner ohne Humbug oder Schwindel! Und so sollte
auch hierbei jener vertrauensvolle Käufer die Enttäuschung erfahren,
daß die kolossale Stapellänge von den Thieren, welche, wie wir von
dem Amerikaner Randall erfahren, der sie im Juni 1863 vor der
Abreise gemessen hatte*), zwischen $3\frac{1}{2}$ Zoll — die längsten — und
$2\frac{5}{8}$ Zoll — die kürzesten — betrug, zweijährige Wolle war, daß
mithin dieser kluge Amerikaner wohl überlegt die Thiere im Jahre
1862 vorher nicht hatte scheeren lassen, um eine recht auffallende
Stapelung für seine Schauthiere zu erzielen. Kein Wunder also, daß
diese Schafe so lange Wolle hatten. Und trotz alledem muß dieser
Kauf gleichwohl, wie gesagt, nur als ein höchst glücklicher bezeichnet
werden. Demselben Autor entnehmen wir nämlich ziemlich vollstän=
dige Quellen über den Ursprung dieser Heerde, und danach ist sie
denn allerdings von durchaus reinem spanischen Blute.
Es erscheint diese Heerde jedenfalls interessant genug, um ihre Ent=
stehungsgeschichte hier ausführlicher wiederzugeben. Man hatte auch
in Nordamerika zu Anfang dieses Jahrhunderts spanische Original=
heerden eingeführt. Und so brachte denn der Obrist David Hum=
phreys, damaliger Gesandter der Vereinigten Staaten in Spanien,
bei seiner Rückkehr von da 21 Böcke und 70 Mutterschafe, höchst
wahrscheinlich aus der Infantado Cabañe, mit nach Amerika herüber,
und züchtete diese Heerde in ihrer Nachkommenschaft strenge unter
sich fort, nur daß er gleichzeitig dahin strebte sie in Bezug auf das
Bließgewicht und ihre Körperform zu vervollkommnen, wie er denn

---

*) Randall, The practical shepherd S. 75.

schon einen Bock darunter erwähnt, welcher über 7¼ Pfund gewaschene Wolle scheeren ließ. Diese Heerde erlangte denn auch sehr bald einen ausgezeichneten Ruf über die ganzen Vereinigten Staaten hin.

Da erkaufte im Jahre 1813 ein gewisser Stephen Atwood aus Woodbury im Staate Connecticut ein Mutterschaf aus dieser Heerde des Obristen Humphreys für 120 Dollars (ca. 165 Thlr.). Er paarte sie und ihre Nachkommen ausschließlich nur mit Böcken von reinem Humphreys'schen Blute bis zum Jahre 1830 hin, von wo ab er nur Böcke aus seiner so gebildeten Heerde verwendete. Dieser in ganz Nordamerika weit und breit berühmte Züchter Atwood züchtete nun durch beständige sorgfältige Paarung immer nur von wohl für einander geeigneten Thieren eine Heerde hervor, welche das allgemeinste Ansehen erlangte und zu den ersten Edelheerden in den Vereinigten Staaten anerkannt gezählt wurde.

Der größte und tonangebende Verbesserer von dieser letzteren Heerde wurde nun aber wieder ein gewisser Edwin Hammond aus Middleburg im Staate Vermont. Er machte drei verschiedene beträchtliche Ankäufe aus der Atwood'schen Heerde ungefähr zwischen dem Anfang 1844 bis zu Ende 1846. Durch richtiges und vollkommenes Züchtungsverständniß und gewandte Benutzung des ihm zu Gebote stehenden Materials, verbunden mit einer ausgezeichneten Pflege und Haltung der Thiere, brachte jener begabte Mann es zu ganz besondrer Vollkommenheit dieser amerikanischen Merino's derartig, daß er mit dem berühmten Hervorzüchter der neuen Leicesterschafrace, Robert Bakewell, von seinen Landsleuten verglichen wird. Er hatte es in solcher Weise allmälig dahin gebracht, daß er die ursprünglich dünnen, leichtbeinigen, kleinen und unvollständig mit Wolle besetzten spanischen Infantado's in große, tonnenrund gewölbte, gedrungene und kräftig in den Knochen gestellte Schafe und in wahre Muster von Kompaktheit sowie in beinahe vollkommene Modelle von Schönheit als feinwollige Schafe umzuzüchten erreichte, deren Körpergewicht sich von 110 Pfund bis auf nahe an 140 Pfund entwickelt hatte, und die dabei ein Schurgewicht von 14¼ bis 27 Pfund ungewaschen ergaben.*)

Und dieses Resultat hat jener begabte Fachkenner nur durch fortgesetzte Züchtung aus der eignen Heerde erreicht, indem er ausschließlich Böcke aus seiner eignen Heerde verwendete und dabei immer nur

---

*) Randall a. a. O. Seite 23. 28. f. — NB. 140 Pfd. ist das durchschnittliche Rambouilletgewicht! (Wenn nur auch hier nicht wieder eine kleine Uebertreibung mit untergelaufen ist!)

auf soliden Werth seiner Schäferei sah und auch nicht ein Partikel=
chen hierbei opferte, um irgend welche Eigenschaften von weniger oder
gar geringerem Werthe in seiner Heerde auszubilden, daher er denn
auch die Faltenentwicklung sorgfältig verhinderte. Aus dieser Ham=
mond'schen Infantadoheerde, und zwar speziell von dem auf der Thier=
schau vom Jahre 1861 in Vermont als ausgezeichnet prämiirten
Bocke „Old Grimes" und dessen berühmtem Abkömmling „Sweep=
stakes" ist diese jetzt in Schlesien heimisch gemachte Vermontheerde
entsprungen*), welche als ein glückliches Produkt von reiner Fort=
züchtung der spanischen Infantado's dargestellt wird. Wir müssen
übrigens dazu noch erwähnen, daß derselbe George Campbell zu vier
verschiedenen Malen in den Jahren 1851 bis 1856 beträchtliche
Ankäufe von schlesischen Edelheerden aus den berühmten Heerden von
Wirchenblatt, dem Herrn Fischer gehörig, und von Beitzsch, Baron
Wiedebach, dessen nächstem Nachbar, gemacht und damit seine Ham=
mond'schen Schafe vervollkommnet hatte.**)

Es geht aus dieser kurzen Darstellung somit einleuchtend hervor,
wie vollständig diese Vermont=Merino's grade mit dem Charakter der
schlesischen Edelschafe aus den hervorragenderen Heerden harmoniren,
und wie viel die rationelle Züchtung aus diesen Vermonts verspricht.
Leider hatte die Nachkommenschaft grade dieser Vermontheerde, welche
auf der Liegnitzer Schafschau im Jahre 1865 selbstverständlich großes
Interesse erweckte, da jeder Kenner gerne sich überzeugen wollte, wie
sich denn der Nachwuchs aus dieser Heerde anließ, einen kritisirenden
Dichter als Beurtheiler finden müssen, der durch seinen unzeitigen
Scherz bedauerlicher Weise nicht ohne Einfluß auf das Urtheil des im
Ganzen und Allgemeinen unselbstständigen großen Publikums geblieben
ist, doch ist der auffallend dichte Stand der Thiere auch damals
allgemein bemerkt und gebührend hervorgehoben worden.***)

Da es sicherlich so manchen Freund der Schafzucht interessiren
wird über den Fortgang Näheres zu hören, welchen diese in Hamburg
zur Schau gestellte kleine Vermontheerde seitdem genommen hat, so
sei es verstattet die kurze Notiz darüber hier anzureihen, welche der
strebsame Züchter Graf Seherr=Thoß auf Dobrau bei Klein=

---

*) Randall a. a. O. S. 438—39, wo noch im Anhange diese nach Ham=
burg gelangte Heerde spezieller beschrieben wird.

**) Randall a. a. O. S. 39 f.

***) Schles. landw. Zeitung. Extrablatt vom 10. März 1865. Die Heerden
Nr. 169 und Nr. 174. Man vergl. auch Heerde Nr. 179.

Strehlitz in Ober=Schlesien auf unsre desfallsige Anfrage uns mitzutheilen so gefällig war.

Von der erkauften kleinen Heerde, welche aus sechs Böcken und sechs Müttern bestand, sind schon sehr bald nach dem Ankaufe der= selben, wahrscheinlich in Folge der beschwerlichen Reise quer über bei= nahe den ganzen Kontinent von Nordamerika und dann wiederum zur See bis nach Hamburg dem Erwerber ein Bock und eine Mutter eingegangen, und es ist dann später noch eine Mutter an dem soge= nannten Blutschlag verendet, so daß der Zuchtstamm schließlich nur fünf Böcke und vier Muttern noch zählte. Das Züchtungssystem nun, welches Graf Seherr mit diesem Material einschlug, bestand darin, daß er aus seiner Rosnochauer Schäferei, welche durchaus edle, feine und haardichte Muttern enthält, einige hundert Mutter= schafe von den Vermont=Böcken decken ließ. Den weiteren Versuch, die Vermont=Originalmuttern mit feinen schlesischen Edelböcken decken zu lassen, gestattete leider die beschränkte Zahl von ihnen nicht, da es wichtiger erschien, sie mit den Original=Vermontböcken zu paaren, um einen vermehrten Stamm von reinem Vermontblut zu erhalten. Die Nachzucht an Mutterschafen ist darauf von dem Züchter ganz separat aufgestellt worden, und sie hat das Resultat ergeben, daß alle diese Thiere in Bezug auf ihre Figuren, den Adel der Wolle, Sanftheit und Besatz überraschend sich entwickelt haben und zugleich damit, was die Hauptsache bleibt, eine erfreuliche Homogenität in ihrer Verer= bung zur Schau tragen, indem der Wollcharakter bei dieser Nachzucht durchgehends mehr nach den Müttern, dagegen die Figur der Thiere, ihre Reichwolligkeit und Besatz nach den Vätern schlagen. Weil nun aber Graf Seherr=Thoß keine reine Kammwolle, sondern nur feine Tuchwolle züchten will, so hat er sich bewogen gefunden, um den Kammwollcharakter dieser Vermont=Nachkömmlinge immer mehr ver= schwinden zu lassen, auf die jetzt bereits dreijährige Nachzucht wieder feine haardichte Böcke aus seinen anderen Edelheerden zu setzen, welche aus einer Kreuzung der Lenschower Heerde mit der Rosnochauer Heerde abstammen und von hohem Adel sind. Auf diesem Wege hofft Graf Seherr zu reüssiren, sehr gesundes Blut, gute Figuren und Woll= reichthum zu erlangen und dabei doch den altbewährten Adel und die besondere Sanftheit der Wolle selbst, welche ihr bisher den hohen Preis sicherten, nicht zu verlieren. Denn grade durch die Paarung der Nachzucht mit edlen Böcken soll auch der bisher erreichte hohe Woll= preis dieser Nachzucht gesichert werden. Dabei beträgt das durch=

schnittliche Schurgewicht allein von den einjährigen Muttern dieser Vermont-Nachzucht reichliche 3½ Pfund rein gewaschener Wolle, ein in der That ganz annehmliches Schurgewicht.

Unsres Dafürhaltens ist für denjenigen Landwirth, welcher sich eine wirklich reinblütige Edelheerde hervorbilden will, mit dieser Vermont-Merinoheerde das seltenste Material geboten, sofern er eben von den rein unter sich fortgezüchteten Originalthieren einige Muttern und wo möglich einen Bock erwirbt und diese rein unter sich weiter züchtet. Dann hat er eine reinblütige Heerde aus reinem Materiale. Der Kammwollcharakter würde sich bei geändertem Klima bald wieder in Tuchwollcharakter verwandeln.

8. Schluß.

Aus allen diesen nach einander aufgeführten Schafgattungen und Typen züchten nun die heerdenbesitzenden Landwirthe des nördlichen Deutschlands in ihren verschiedenen Schafhaltungen in dem letzten Jahrzehnt fort. Wie nun aber immer der Uebergang von einer bestimmten Züchtungsrichtung auf eine andere nicht ohne behutsamste Umsicht und sorgfältigste Beobachtung der der neuen Maxime entsprechend zu paarenden Individualitäten ausführbar ist, sofern man nicht erhebliche Uebelstände in den Charakter solcher neuen Heerde mit aufnehmen und die durch lange Jahre fortgeführte rationelle Züchtung mühsam erreichten guten Eigenschaften in der alten Heerde auf's Spiel setzen will: so sollte auch bei dem jüngsten Uebergange auf die moderne Wollmassenzüchtung dieser eben hingestellte Erfahrungssatz seine Bewahrheitung finden. Es bilden aber bekanntlich unsre deutschen Landwirthe im Ganzen und Großen einen gesellig zusammenhaltenden Stand, und es ist ihnen eine angenehme Gewohnheit sich mit ihren näheren oder ferneren Nachbarn gleicher Lebenslage zu freundschaftlichen Zusammenkünften zu vereinigen, und da sie durchgängig mit Leib und Seele an ihren Wirthschaften hängen und in deutschem Sinne ein immer reges Interesse an allen neuen und nützlichen Erfindungen auf dem Gebiete der Landwirthschaft und Thierzucht bethätigen, so kann es denn auch nicht fehlen, daß in den einzelnen kleineren geselligen Kreisen der eine Landwirth vom andern auch über die Mittel und Wege zur möglichst schnellen Erzielung recht hoher Schurgewichte in der jedesmaligen Heerde sich Raths erholt, oder daß ein in besonderem An-

sehen stehender Berufsgenosse sein Verfahren, welches er zur Er=
reichung dieses Zieles einschlägt, den übrigen Gefährten als das
zweckmäßigste anempfiehlt. Noch andre aber glauben hierbei klüger zu
verfahren wie alle ihre Nachbarn, indem sie zwar der allgemeinen
Strömung folgen und auch ihrerseits ihren Bedarf an Zuchtböcken
aus den in ihrer Gegend beliebten Stammschäfereien beziehen, gleich=
zeitig oder wenigstens doch in den folgenden Jahren aber wieder aus
andren Stammheerden von ganz verschiedenem Charakter ihre Böcke
kaufen, wodurch es denn zu geschehen pflegt, daß schon nach wenigen
Jahren die bei der bisher verfolgten Feinheitsrichtung nicht ohne lange
sorgsame Umsicht erreichte Konstanz und Gleichmäßigkeit, wo solche
überhaupt vorhanden gewesen war, in der einzelnen Heerde verloren
geht und statt dessen die Heerde eine oft wunderliche Mischung von
ziemlich heterogenen Elementen zur Schau trägt.

Es zeigte sich diese eigenthümliche Neigung der Landwirthe aus
allen möglichen und zu dem Charakter ihrer Heerden sehr häufig noch
so verschiedenartigen Stammschäfereien ohne ein fest im Auge gehal=
tenes Züchtungsprinzip ihre benöthigten Böcke anzukaufen, so recht
auffällig bei dem in Aufnahme Kommen der Mecklenburger Negrettis.
Sehr schnell hatte es sich nämlich fast überall in den östlichen Pro=
vinzen Preußens herumgesprochen, daß diese Schafe, wie man sie
schilderte, wahre Musterthiere von großen Figuren und enormem Woll=
reichthum seien. Einzelne Stammschäfereien in diesen Provinzen hatten
den Versuch mit ihnen gemacht und aus den Vollblut=Negrettiheerden
in Mecklenburg Zuchtböcke entnommen, die allerdings ihren Zweck, den
Bauchbesatz und Hosen an dem Nachwuchse und überhaupt eine größere
Reichwolligkeit und einen etwas größeren Körper hervorzubilden —
das Vollblut=Negrettischaf ist nämlich nicht groß — in wohl befrie=
digender Weise lösten, wie denn eine Reihe von den neu in die Ne=
grettirichtung herübergeführten Edelheerden namentlich auch in Schlesien
aus Lenschower, Passower und Medower 2c. Material hervorgezüchtet
ist. Natürlich lockte das zur Nachahmung. Indessen die Böcke aus
den genannten mecklenburger Vollblutheerden waren entsetzlich theuer,
und der einzelne Landwirth schreckte unwillkürlich vor solcher hohen
Ausgabe zurück. Allein, siehe da, es fand sich bald Rath geschafft,
und man konnte zu mecklenburger Negrettiböcken auch billiger gelangen.
Man vernahm, daß der eine und andre Landwirth solche Böcke zwar
auch direkt aus Mecklenburg, aber nicht grade aus den erwähnten
Vollblut=Merino=Stammschäfereien sondern aus ihnen benachbarten

Schäfereien für ein bei weitem Billigeres angekauft hatte, und daß dies ganz ebenso große und reichwollige Thiere waren. Da hatte man denn nichts Eiligeres zu thun, als ebenfalls von diesen Quellen her sich seinen Bedarf an Sprungböcken zu holen, und es wurden die so erworbenen Thiere fleißig zum Springen in der eignen Heerde verwendet und dadurch in der That auch sehr bald der vorhin beschriebene moderne Besatz und eine größre Reichwolligkeit bei vergrößerten Figuren erzielt. Sehr schnell aber sollten andre Folgen daraus hervortreten. Jene Zuchtböcke waren Kreuzungsprodukte von Vollblut-Merinostären mit den mecklenburger Landschafen gewesen, und man mußte sich schon nach nicht zu langer Zeit überzeugen, daß die beschriebenen Vortheile auf Kosten der Feinheit und Ausgeglichenheit und überhaupt des mühsam durch Dezennien in der einzelnen Heerde herausgezüchteten homogenen und konstanten Charakters der Wollvließe erlangt worden waren, mit anderen Worten, daß man jetzt eine grobe, lose und hohle Wolle produzirte, die überdies noch obenein mit einem zähen und klebrigen Fettschweiße ausgestattet war und in Folge der zahlreichen Wülste um den ganzen Körper der neu hervorgezüchteten Schafe alle denkbaren Sortimente in der Qualität der Wolle in deren Bließen zur Schau stellte. Allein auf diese Schattenseiten wurde nicht geachtet. Hatte man doch die großen, wohlbesetzten Figuren und den Wollreichthum erreicht. Höchstens, daß man die ringelförmigen Hautwülste zu vermindern bestrebt war, als die so produzirte gröbere und stark fettschweißige Wolle doch zu schlecht bezahlt wurde. Natürlich fehlte es auch dann weiter nicht, daß ein Landwirth von seinen jungen Böcken nach allen Seiten in der Nachbarschaft käuflich abließ, und so geschah es denn bald, daß sich jene Mängel und schlimmen Eigenschaften in immer weiterem Umfange verbreiteten, was dann wieder dazu beitragen mußte die sehr bald zu Tage tretende mangelnde Vererbung, Inkonstanz und das Aufhören der Gleichartigkeit immer mehr zu verallgemeinern, wie dies bei Kreuzungen aus Mestizheerden nicht anders der Fall sein konnte. Nun kam dann wieder die Kammwollzüchtung in Anregung, und alle Welt rühmte und bewies die unermeßlichen Vortheile, welche in jetziger Zeit, wo es mit der Feinheitsrichtung zu Ende, von den Kammwollen zu erwarten waren. Da mußten die Heerden sofort wo möglich in Kammwollheerden umgewandelt werden.

Und etwas Aehnliches wie die zuletzt beschriebenen Nachtheile droht doch auch die jetzt in Folge dessen beliebte moderne französische ſogenannte Rambouillet=Züchtung, freilich in noch verderblicherem Maße, herbeizuführen, indem dieſe Thiere in neuſter Zeit ziemlich ſchnell und vielfach verbreitet ſind und immer häufiger zur Kreuzung mit den vorhandenen Merinoheerden verwendet werden, um die großen Körperformen dieſer Thiere und ihren maſſenhafteren Beſtand grade an Kammwolle auf den neu zu begründenden Nachwuchs zu über= tragen und gleichzeitig, da dieſe Thiere à deux mains ſind, das heißt nach einem neu beliebten Begriffe ſowohl als Wollmaſſenſchafe wie als Fleiſchſchafe ſich verwerthen, ein gutes Maſtſchaf nebenbei noch zu erzielen. Dergleichen heterogene Kreuzungen ſind aber immer, augen= blicklich⸗wenigſtens und für die nächſten Generationen, von offenbaren Nachtheilen für den bisher gewonnenen Charakter einer Heerde be= gleitet, und es gehören zum mindeſten lange Jahre dazu, bis durch ſyſtematiſch fortgeſetzte Kreuzungen endlich eine gewiſſe Konſtanz der Eigenſchaften in ſolcher Heerde erreicht wird. Vollends ſchwer glückt dies Letztre aber, wenn nicht ein reines Blut zur Kreuzung ver= wendet worden war ſondern im Gegentheil Meſtizthiere, welche mit andern Worten ebenfalls Kreuzungsprodukte ſind, dazu verbraucht wur= den. Nun ſind aber, ſo viel darüber bekannt geworden, ſehr viele von den ſeit den letzten Jahren nach Deutſchland herübergelangten ſoge= nannten Rambouillets aus franzöſiſchen Heerden entnommen worden, deren reine Abſtammung und Fortzüchtung in der Mehrzahl derſelben nicht ohne Zweifel und mindeſtens nicht unwiderleglich nachgewieſen iſt, das heißt aber ſoviel, daß auch hier wiederum Meſtizthiere, alſo gleichfalls erſt durch Kreuzung hervorgegangene Schafe, das Material zu neuer Kreuzung bilden ſollen, ein Verfahren, welches allen Züch= tungsgrundſätzen entſchieden entgegen iſt, weil es erfahrungsmäßig im= mer eine ſchlechte Vererbung im Gefolge hat. Vielleicht daß vornehm= lich in dieſem Umſtande der tiefere Grund dafür gefunden werden muß, daß man in Nordamerika, wo die franzöſiſche Rambouilletzüch= tung ſeit den vierziger Jahren unſers Jahrhunderts bereits vielſeitig Eingang gefunden hat, neuerdings ganz ebenſo wie in Oeſtreich von dieſer Züchtung abzukommen beginnt.

Selbſtverſtändlich findet aber dieſes ganze beſchriebene Verfahren von einer großen Anzahl unſrer deutſchen Heerdenbeſitzer ſeine ebenſo einfache wie plauſible Erklärung in dem Umſtande, daß leider die Prinzipien einer ſyſtematiſchen Züchtungsweiſe bei uns, wie wir dies ſchon im Eingange dieſer Darſtellung hervorgehoben haben, noch ſo wenig näher bekannt und den einzelnen Landwirthen geläufig ſind, während

im Gegensatze hierzu freilich die englischen und auch die nordameri=
kanischen Farmer fast durchgängig die gebornen Thierzüchter im Gan=
zen und Großen sind, indem sie ein gewisser praktischer Blick zunächst
jederzeit nur aus reinblütigen Heerden ihr Zuchtmaterial entnehmen,
dann aber auch die durch jetzt schon Jahrhunderte lange Erfahrungen
bestätigten bestimmten Züchtungsregeln auf das striktefte befolgen läßt.
So erscheint es denn jedenfalls als ein keineswegs überflüssiges Werk,
wenn wir eben in der jetzt folgenden Darstellung uns die Aufgabe
gestellt haben diese bestimmten Maximen und Erfahrungssätze aus=
führlich vorzuführen, wie solche speziell für die Schafzucht durch die
Länge der Zeit herauserkannt worden sind und allgemein in ganz
Großbritanien und ebenso neuerdings auch in Nordamerika in prak=
tischen Systemen angewendet werden.

<hr>

B. Die Feinheitsrichtung bei den deutschen Edelheerden.

Ehe wir jedoch zu der Lösung der uns gestellten Hauptaufgabe
schreiten, können wir nicht umhin zum Schlusse dieser ganzen eben
abgeschlossenen Vorbetrachtung jetzt auf jene Frage zurückzukommen,
welche wir in dem Vorhergehenden als den Ausgangspunkt dieser gan=
zen Erörterung hingestellt hatten, die Frage nämlich, welche Richtung
denn unsere deutsche Edelschafzucht einschlagen müsse, um den An=
fordrungen der Neuzeit zu entsprechen und der Wolle, welche sie pro=
duzirt, auch einen den Kostenaufwand, den sie nothwendig erheischt,
lohnenden Absatz dauernd zu sichern, und speziell, ob es namentlich
gerathen erscheine, die Feinheitsrichtung unverändert vor wie
nach bei der Züchtung im Auge zu behalten? In dieser Beziehung
bemerken wir, daß wir diese selbe Frage schon einmal zum Gegen=
stande einer besonderen Abhandlung gemacht haben.*)

Indem wir darin davon ausgiengen, daß die letztjährigen Woll=
märkte für die Besitzer von feinen Wollschafen höchst niederschlagend

<hr>

*) Der Preisherabgang der feinen Wollen und die moderne Feinheits=Züch=
tungsrichtung in Faucher und Michaelis' volkswirthschaftlichem Jahrbuch, III. Jahr=
gang 4 Heft Seite 99 ff.

wegen des bedeutenden Abschlages gewesen waren, welchen die Edel=
wollen erfuhren, hatten wir aus der statistischen Zusammenstellung der
Preise der Wollen auf dem großen breslauer Wollmarkte seit dem
Jahre 1850 den Nachweis ziemlich überzeugend geführt, daß es eben
nur die hochfeinen und feinen Wollen gewesen sind, welche von diesem
Preisherabgange so nachhaltig betroffen wurden. Bei der nähern
Erforschung der Ursachen, welche dieser Erscheinung zu Grunde liegen,
hatten wir zunächst auf die ungeheure Konkurrenz der überseeischen
Wollen und auf den Umstand hingewiesen, daß seit neuster Zeit diese
Wollen grade von deutschen, namentlich rheinländischen wie berliner
Wollhändlern und Fabrikanten je länger in um so größeren Massen
aufgekauft und zu den in Deutschland gefertigten Wollenfabrikaten ver=
wendet werden, und daß diese Kolonialwollen bereits solche Preise auf den
loudoner Wollauktionen, wo sie zum Verkaufe gestellt werden, erreichen,
daß die besten von ihnen, die Port Phillip= (Victoria Staat) Wollen,
den höchst bezahlten Preis für die hochfeinsten Wollen auf dem bres=
lauer Wollmarkte sogar um einige Thaler noch überstiegen. Wir
hatten ferner hervorgehoben, wie es der vorgeschrittenen Industrie in
der neusten Gegenwart gelungen sei den Wollen von geringrer Qua=
lität eine solche Appretur durch Vervollkommnung der dazu verwen=
deten Maschinen zu geben, daß die fertigen derartigen Stoffe ihrem
äußern Anblicke nach von den aus den feinen Wollen hergestellten
Tuchen für den Nichtfabrikanten kaum unterscheidbar seien, ein Um=
stand, welcher nothwendig auf den geringern Verbrauch dieser hoch=
feinen Wollen hinwirken müsse, zumal die Mode selbst ihnen dabei
zum Nachtheil sei, derzufolge man es heutzutage vorziehe, sich mit
weniger feinen Tuchstoffen zu bekleiden, dafür aber mit den Be=
kleidungsstücken öfter zu wechseln, anstatt wie früher die feinsten Tuche
Jahrelang zu tragen. Indem wir dann weiter die Besitzer hochedler
Schafheerden auf einige abzustellende Mängel in Bezug auf die Be=
handlung und Wäsche ihrer Wollen aufmerksam gemacht hatten,
waren wir zum Schlusse doch zu dem Resultate gekommen, ihnen drin=
gend anzurathen, sich ja nicht in ihrem bisherigen Züchtungsverfahren
beirren zu lassen und vor wie nach bedacht zu bleiben, trotz der mo=
dernen Wollmassenrichtung die immer nur mühsam und durch aus=
dauernde Züchtung erworbene Feinheit ihrer Heerden zu konserviren,
und zwar nicht bloß, weil die feine Wolle erfahrungsmäßig immer
schwerer im Gewichte sei als die aus der Massenzüchtung hervorge=
gangene, sondern namentlich grade um der überseeischen Wollkonkurrenz

nachhaltig die Spitze zu bieten, welche eine immer größere Verfei=
nerung ihrer Wollqualitäten mit Konsequenz unausgesetzt anstrebe, um
ihr nur nicht den einzigen Vorsprung der höheren Feinheit zu über=
lassen, welchen jene Kolonialwollen vor den deutschen Edelwollen neuer=
dings noch nicht erlangt haben.

Zur vollständigern Aufklärung und Lösung dieser auch jetzt hier
wieder aufgeworfenen Frage hatten wir jene Abhandlung an den Chef
einer angesehenen londoner Wollfirma, Herrn Helmuth Schwartze,
einen Deutschen, zur Begutachtung eingesandt, und die Erläuterungen,
welche dieser mit dem großen Weltwollhandel auf das genaute ver=
traute und von klarem Verständnisse desselben durchdrungene, kluge
Geschäftsherr uns zum Aufschluß darüber ertheilte, sind für die ganze
Frage von solchem Interesse und dermaßen belehrend, daß wir auf
den Inhalt derselben hier in kurzer Zusammenstellung wieder zurück=
kommen wollen.

Vor allem hielt Herr Schwartze für nöthig hervorzuheben, daß
alle überseeischen Wollen durchgängig Kammwollen sind, und
daß lediglich die im Nordosten Australiens belegene erst jüngsthin be=
gründete Kolonie Queensland allein von allen australischen Staa=
ten diejenige ist, welche Tuchwollen produzirt, woraus also die
Schlußfolgerung hervorgeht, daß eigentlich und in Wahrheit die eng=
lischen Kolonialwollen den deutschen Edelwollen, welche
durchgängig Tuchwollen sind, eine wirkliche Konkurrenz
gar nicht machen können. Sodann beschrieb er aber auch die in
London und Liverpool regelmäßig zu den Auktionen gestellten Woll=
qualitäten und wies daraus auf den bedeutungsvollen Umstand hin,
daß die feinen schlesischen und deutschen Wollen gleichsam
über dem großen Weltwollmarkte stehen, woher es denn auch
sich erkläre, daß sie in den Preiskouranten jener Kolonialwollen
gar nicht aufgeführt werden, indem diese Edelwollen theils von einigen
größeren berliner Wollhändlern auf längere Kredite an die betreffen=
den englischen Fabrikanten geliefert würden, theils aber auch diese
letzteren die altgewohnte Sitte beibehalten hätten, daß sie, jedoch nur
die wohlhabenderen unter ihnen, direkt die deutschen Wollmärkte be=
reisen und so unmittelbar ihre Fabrikbedürfnisse an feinen Wollen
aufkaufen.

Was nun aber weiter den Umstand anlangt, daß die feinern
Port Phillip=Wollen bereits den Preis bis zu 110 Thalern für den
Centner erlangen, so darf hierbei, wenn man sie mit den feinen schle=

fiſchen Wollen in Vergleichung ziehen will, die Kammfähigkeit von jenen Wollen nicht außer Augen geſetzt werden, und eben dies iſt wieder der Grund, weshalb eigentlich von einer Konkurrenz dieſer beiden Gattungen von Wollen nur in einem ganz allgemeinen Sinne die Rede ſein kann. Denn grade die ſchönſten und am höchſten bezahlten Viktoriawollen fallen in Wahrheit hiernach in eine von den ſchleſiſchen Wollen ganz verſchiedene Kategorie, und ſie können ſomit auch nicht füglich Konkurrenten überhaupt genannt werden. Auch die Preiſe geben keinen Anhaltspunkt dabei. Denn welche Schlußfolgerung, ſo fragt Herr Helmuth Schwartze, wäre danach aus dem Preiſe von 151 Thlr. 10 Sgr. zu ziehen (oder 4 Schill. 1½ Pence = 1 Thlr. 11 Sgr. 3 Pf. für das engliſche Pfund), welchen eine beſtimmte Port Phillip-Schäferei in jüngſter Zeit in einer der von ihm abgehaltenen Auktionen erlangte? Etwa, daß ſie die ſchleſiſchen Wollen in der Feinheit erreicht und durch Reinheit der Wäſche im Preiſe überflügelt habe? Nichts wäre irriger als ſolche Annahme. Mit dem Maßſtabe gemeſſen, mit welchem man die ſchleſiſchen Wollen zu beurtheilen gewöhnt iſt, nämlich mit dem Maßſtabe der Veredlung des Wollhaares, welche die höchſte Feinheit deſſelben zur Spitze hat, — mit ſolchem Maßſtabe beurtheilt hätten ſelbſt die theuerſten Port Phillip-Wollen jeder veredelten ſchleſiſchen Wollparthie das Feld räumen müſſen. Aber freilich, hierin lag auch ihr Werth nicht, vielmehr war dieſer in der Vereinigung von Kraft und Länge mit gleichzeitiger Feinheit zu ſuchen, eine Verbindung, die nur bis zu einem gewiſſen Grade möglich und erreichbar iſt, und welche in dieſem beſonderen Falle bis zur höchſten Spitze getrieben war. Andrerſeits werden wieder aus den feinen auſtraliſchen und Viktoria-Wollen ganz andre Stoffe fabrizirt als aus den feinen ſchleſiſchen. Die Fabrikate aus den erſtren ſind, wie ſchon ausgeführt, Kammwollwaaren, die aus letztren dagegen Tuchwollſtoffe, und ſchon deshalb ſind die Fabrikate aus beiden nur ſehr ſchwer mit einander vergleichbar. Die feinen Shawls, Thibets und Kaſchmirs werden aber nicht aus Tuchwollen gemacht, ſondern lediglich aus feinen Kammwollen.

Die einzigen wirklichen und direkten Konkurrenten der feinen deutſchen Edelwollen ſind dagegen unter den auſtraliſchen nur die feinen Queensland-Wollen, welche es freilich aber auch in Bezug auf ihre Qualität in der That ſchon ſehr weit gebracht haben. Und deſſen ungeachtet ſtehen auch dieſe Wollen gegen die hochfeinen ſchleſiſchen Wollen in der eben genannten Beziehung ſowohl, wie namentlich in Hinsicht auf die Natur und den Charakter doch noch beträchtlich zurück. Zur beßren Beurtheilung lassen wir beispielsweise einen Vergleich der Preise von einer vorzüglichen Sydney= und einer hochfeinen deutschen Wolle folgen. Danach stellt sich das Preisverhältniß beider Wollen aber in folgender Weise heraus:

Die Sydney=Wolle.

100 Pfund kosten à 30 d (25 Sgr.) == 3000 d (83¹/₃ Thlr.)
  20   =   Waschverlust.
_____
  80 Pfund also betrugen 3000 d (83¹/₃ Thlr.) oder das Pfund
        37¹/₂ d (1 Thlr. 1 Sgr. 3 Pf.).

Die hochfeine deutsche Wolle.

100 Pfund kosten à 34 d (28¹/₃ Sgr.) == 3400 d (94¹/₂ Thlr.)
  40   =   Waschverlust
_____
  60 Pfund betrugen mithin 3400 d (94¹/₂ Thlr.) oder das Pfund
        56²/₃ d (1 Thlr. 17 Sgr. 3 Pf.).

Somit ist also die deutsche Edelwolle immer noch um die Hälfte theurer als jene vorzügliche Queensland=Wolle.

Was dann ferner die Kapwollen anbetrifft, so werden diese zwar auch für Stoffe und vornehmlich zu Mischungen verwandt, allein diese Wollen fallen in eine ganz andre, bei weitem tiefre und untergeordnete Kategorie, denn selbst bei den besten Partien unter ihnen bleibt der Charakter des Wollhaars, die Sprödigkeit und Härte immer vorwaltend, und vollends in Beziehung auf die Feinheit weisen sie nicht das geringste auf, was den Vergleich mit einer schlesischen Wolle rechtfertigen könnte. Die vielfach von den wollekaufenden Händlern und Fabrikanten auf unsren Wollmärkten gehörten Behauptungen aber, daß sich heutzutage mit einer geringeren Wolle ein feines Fabrikat herstellen lasse, oder daß vollends gar eine Wolle sich eben so gut wie die andre im fertigen Tuche ausnehme: das sind, zum mindesten gesagt, sehr gewagte und höchlich zu bezweifelnde Behauptungen, obwohl freilich damit nicht in Abrede gestellt werden soll, daß in Folge der sehr vervollkommneten modernen Spinn= und Appretur=Einrichtungen die Fabrikanten heutzutage im Stande sind, aus derselben Wolle ein besseres Fabrikat zu liefern, als sie dies früher vermochten.

Um also das Gesagte noch einmal kurz zusammenzufassen, die Rivalen und Konkurrenten der edlen deutschen Wollen sind einzig und allein die feinen Sydney's, — so heißen nämlich die Queensland=Wollen nach dem Hafen, von welchem aus sie ausgeführt werden, — und zwar konkurriren diese mit den schlesischen Mittel=

wollen, deren Verbrauch sie in England denn auch jetzt bereits sehr
beträchtlichen Abbruch gethan haben, und welche mit der Zeit die
schlesischen Mittelwollen vielleicht auch ganz verdrängen werden.

Die Preise dieser Sydney= und Moreton=Bay=Wollen stellen sich
aber in ihrer jetzigen aktuellen Beschaffenheit in ihren beßren Partien
zwischen siebzig und nicht voll neunzig Thaler für den Centner (nicht
ganz 2 Shilling bis 2 Shilling 5 Pence das engl. Pfund).

Wenn wir sodann noch auf die Ursachen des Preisherabganges
der feinen deutschen Wollen näher und speziell eingehen wollen, so
muß in dieser Beziehung die allerdings für alle Edelheerdenbesitzer
herabdrückend wirkende Thatsache besonders hervorgehoben werden, daß
die Hauptveranlassung und der entscheidende äußre Grund
von der in neuster Zeit so auffallend sich geltend machen=
den **Entwerthung** der feinen Wollen — denn das ist wohl die
zutreffende und einfache Umschreibung für dieses beständige Herabsinken
ihrer Preise — vornehmlich in dem jüngsten amerikanischen
Bürgerkriege gefunden werden muß. Schon seit den zwanziger
Jahren unsres Jahrhunderts fanden unsre aus den feinen Merino=
wollen gefertigten deutschen Tuche ihren regelmäßigen und vortheilhaften
Absatz nach Nordamerika. Das ist aber jetzt und für die Zukunft
wohl, wie es den größten Anschein hat, auf lange oder gar für immer
vorbei! Die durch den jüngsten Bürgerkrieg in Nordamerika hervor=
gerufene Umwälzung hat auf diesen Konsum der feinen Wollenwaaren
den größten und verhängnißvollsten Einfluß ausgeübt, indem sie den
Handel in den feinen Tuchen, für welche eben Nordamerika der Haupt=
platz, wenn nicht der einzige Markt war, jetzt gänzlich zum Stillstehen
gebracht hat, und es bleibt sehr fraglich, wie und durch welche neuen
Absatzwege die preußische feine Tuchfabrikation diesen empfindlichen
Verlust zu vermeiden und auszugleichen vermögen wird.

Dieser für unsre gesammte deutsche Feinwoll=Produktion in so
höchstem Grade wichtige Umstand, der Einfluß nämlich des nord=
amerikanischen Krieges auf die Preise der feinen deutschen Wollen,
stellt sich sonach als so überaus schwer wiegend und bedeutungsvoll
für die ganze Preiskonjunktur der Edelwollen und als eine so ent=
scheidende Lebensfrage für unsere ganze Edelschafzucht dar, daß es wohl
zweckmäßig und gerechtfertigt erscheint, dieses Ereigniß in seinem Zu=
sammenhange und in seinen Folgen noch mit kurzen Worten zu er=
läutern.

Vornehmlich war nun aber der nordamerikanische Kontinent bis zu dem Anfange des jüngsten großen Bürgerkrieges hinein der beste Markt für die feinen schwarzen Tuche, die sich in Europa in den letzten Jahrzehnten mehr oder weniger von billigeren Stoffen verdrängt fanden. Das änderte sich jedoch, als der Krieg über die Vereinigten Staaten hereingebrochen war. Denn bei so erschrecklichen Zuständen, bei den kaum erschwinglichen Kosten und Mitteln, welche der Krieg so massenhaft in Anspruch nahm und aufzehrte, konnte es nicht ausbleiben, daß auch die wohlhabenderen Schichten der Gesellschaft in den Vereinigten Staaten verarmen mußten, mindestens schränkten diese Klassen jetzt ihre Lebensweise insoweit ein, daß sie jeden Luxus und ihre bisher beibehaltenen kostspieligen Gewohnheiten ausschlossen und damit auch den Aufwand in jenen theuren Bekleidungsstoffen aufgaben. Auf der andren Seite verloren die deutschen Fabrikanten aber ihrerseits wieder bei den schwankenden Geldkoursen und den unsichren Verhältnissen den Muth zu dem amerikanischen Geschäfte, welches denn in Folge davon allmälig größtentheils ganz zum Stillstand gebracht wurde. Wenn es vielleicht möglich sein kann, daß in den östlichen Provinzen Preußens und in Norddeutschland weniger für den amerikanischen Konsum gearbeitet worden ist, so haben jedenfalls doch die rheinischen und so auch die englischen Fabrikanten eine höchst drohende und gefahrvolle Krisis während des letzten amerikanischen Krieges grade mit diesen feinen Tuchen durchgemacht.

Seitdem nun jetzt in neuster Zeit der Friede in Nordamerika wiederhergestellt worden ist, hat sich die Sachlage allerdings verändert. Es ist namentlich die Nachfrage nach den feinen Tuchstoffen zurückgekehrt, und die Fabrikanten haben wieder Vertrauen zu überseeischen Unternehmungen gewonnen, und dies muß denn nothwendig wieder einen Umschlag hervorrufen, welcher auf die deutschen und schlesischen Edelwollen bei sonst normalen Verhältnissen nicht anders als günstig einwirken kann. Doch täusche man sich über den Umstand nicht, daß jedenfalls geraume Zeit noch darüber vergehen wird, bis die früheren Absatzverhältnisse in ihrem ganzen Umfange wiederhergestellt sein werden, ja, daß es möglicher Weise fraglich sein kann, ob sie überhaupt ganz in dem früheren Umfange wiederkehren werden, und ob nicht die so wandelbare Mode, nachdem jetzt einmal in den Vereinigten Staaten die billigeren Tuchstoffe allgemein in Aufnahme gekommen sind, an diese Neuerung sich gewöhnen und dieselbe sich fest einbürgern lassen wird. Dies letztere gilt freilich nur speziell für diesen amerikanischen Absatz der feinen deutschen Tuchstoffe.

Es fragt sich nun, ob es nach allem bisher Gesagten rathsam sei, die Züchtung von Edelschafen unter spezieller Beobachtung und Beibehaltung der Feinheitsrichtung bei der modernen Wollmassen= zucht fortzusetzen? In dieser Beziehung ist es nicht ohne Bedeutung, daß der begabte Herr Helmuth Schwartze der bejahenden Ansicht ist, die er in folgender Weise begründet. Indem er vorweg voraus= schickt, daß seinen Ansichten eine genauere Kenntniß der Schafzucht nicht zu Grunde liege, daß er vielmehr Laie in der Sache sei und sie hauptsächlich in dem Lichte sehe, in welchem sie ihm bei seinem täglichen praktischen Verkehr mit dem Artikel der Wolle unter die Augen kommt, hält er zunächst dafür, daß der Konsum der feinen Wollen auch gegen= wärtig noch immer groß genug ist, um die Zucht der Edelschafe, wenn sie geschickt und mit Verständniß der Zeitverhältnisse betrieben wird, dem Besitzer rentabel zu machen, welcher augenblicklich vielleicht weni= ger verdienen wird, als die Züchter andrer, geringerer Schafe, aber schließlich eben doch verdienen wird.

Er hält es ferner für eine sehr gewagte Sache, einen so schwie= rigen und langsamen Betrieb, wie die Schafzucht, den raschen und launischen Wandlungen der Mode unterwerfen und diese beiden hete= rogenen Dinge so zu sagen in ein Geschirr einspannen zu wollen. Weit eher könnte noch ein Fabrikant, der einen bestimmten Artikel fabrizirte, berechtigt erscheinen, seine Maschinen mit großem Kosten= aufwande zu verändern, in dem Falle nämlich, daß dieser Artikel zeit= weise aus der Mode käme, denn so prekär auch immer eine solche Veränderung bliebe, so wäre es schließlich für ihn nur ein Geldopfer, um das es sich handele, während im Gegensatze hierzu bei einem Züchter die Erfahrungen langer Jahre und die Errungenschaften seines mühevollsten und beschwerlichsten Strebens jedesmal mit über Bord geworfen würden.

Freilich, es läßt sich augenblicklich nicht läugnen, daß die Nach= frage nach feinen Tüchern in neuster Zeit eine beschränkte ist, allein man muß sich hierbei vergegenwärtigen, daß grade das Wesen der Mode, welche dies herbeigeführt hat, eben die Veränderlichkeit ist, wie der Dichter sagt:

> „Das ist die Kunst, das ist die Welt,
> „Daß eins um's andere gefällt."

Gleichwie aber jetzt die geringeren Stoffe die feineren Artikel verdrängt haben, so scheint darin ziemlich der Beweis gefunden werden zu können, daß dieselben auch nicht für immer das Feld behalten werden. Daß aber andererseits der Verbrauch der auf der Erde einzig dastehenden Edelwollen jemals ganz aufhören sollte, für solche Annahme scheint auch nicht ein Grund und nicht die geringste Wahrscheinlichkeit vorzuliegen. Denn abgesehen von allem Anderen ist schon das Eine gar nicht glaublich und annehmbar, daß es in unserer heutigen so aufgeklärten und vorgeschrittenen Zeit jemals nöthig sein werde, eine wirkliche Vervollkommnung und einen anerkannten mühsam durch Jahrzehnte langes Streben erreichten Fortschritt, wie er doch in diesen Edelwollen repräsentirt ist, wegen Mangels an Würdigung fallen zu lassen.

So lange also der Züchter feiner Schafe an seiner Leistung noch verdient, — und sei dies immerhin auch zur Zeit noch so wenig! — so lange, muß man behaupten, thut er wohl daran, dieselben auf ihrer mühsam errungenen Höhe zu erhalten. Anders liegt indessen die weitere Frage, ob eine durch bereits eingeschlagene Kreuzung herabgezüchtete Race wieder auf den früheren Höhenpunkt zurückzubringen sei? Dies zu beantworten, ist Sache des erfahrenen Schafzüchters, welcher mit den speziellen Verhältnissen der einzelnen Heerden genau bekannt und vertraut ist, denn etwas Allgemeines läßt sich in diesem Falle nicht sagen.

Was nun aber weiter noch die Konkurrenz der australischen Wollen betrifft, so steht es damit so, daß die deutschen Schafzüchter ihr mit der Kammwollzüchtung im Allgemeinen und namentlich in Schlesien gradeswegs in die Arme laufen und alles Unheil damit für sich freiwillig heraufbeschwören, während im Gegensatze hierzu bei der Fortsetzung der Zucht von feinen Tuchwoll=Schafen eine Kollision, wie dies schon früher dargethan worden ist, gar nicht stattfinden kann.

Es sei an dieser Stelle gestattet, zur Erläuterung des eben Gesagten ein Beispiel von dem Schicksale von Kreuzungen in der Schafzucht hier anzuführen, einer Kreuzung allerdings, welche außer der aktuellen Mode noch durch besondere Nebenumstände veranlaßt wurde. Die groben Leicester=Wollen wurden nach Ausbruch der amerikanischen Wirren sehr gesucht und theuer bezahlt, weil sie als Ketten zu Stoffen gebraucht wurden, welche früher aus reiner Baumwolle fabrizirt worden waren. Wer also Leicester=Wollen zu Markte zu bringen hatte, der machte damit auch sehr gute Geschäfte, und es kam denn manchen australischen Züchtern in Folge dieser Konjunktur der Gedanke ein, von ihr gleichfalls Nutzen zu ziehen und Leicester=Wollen ihrerseits zu produziren. Sie kreuzten demgemäß ihre feinen

Merinoschafe mit englischen Böcken und erzielten auch bald das ge=
wünschte Resultat. Sie zogen auch Gewinn aus dieser Operation,
die bekanntlich so schwer rückgängig zu machen ist, und gewannen
während jener Konjunktur mehr Geld an ihren groben Wollen als an
den früheren feinen. Aber für wie lange? Diese gekreuzten Gat=
tungen sind jetzt vernachlässigt, und es wird schwerlich mehr einem
Züchter einfallen seine feinen Schafe gegen grobe einzutauschen.

Soweit die Ausführungen des Herrn Helmuth Schwartze,
welche in wenigen treffenden Momenten diese schwierige Frage vom
Standpunkte des mit dem Artikel der Wolle eng verbundenen Ge=
schäftsmannes aus beleuchten. Für die Richtigkeit seiner Auffassung
spricht aber der jedenfalls beachtenswerthe Umstand, daß auch ein
Schafzüchter von Fach, nämlich der mehrfach bereits in dieser Dar=
stellung erwähnte Züchter der Fürstlich Lichnowski'schen Edelheerden,
Hofrath von Dedovic, die gleiche Meinung theilt. Schon in
seiner ausführlich wiedergegebenen „Stimme in der Wüste" erklärte er,
daß im Verlaufe des letzten Jahrzehnts die weltbeherrschende Tyrannin
„Mode" zu befehlen beliebte: „keine feinen Tuche oder andere feine
Stoffe — mit geringen Ausnahmen — zu tragen, und daß in Folge
dessen die feinen Wollen im Preise fielen und die hochfeinen Heerden
große Verluste hinsichtlich ihrer Rentabilität erlitten," und er warnt
dann in seiner originellen Weise weiter, „hierbei sei nicht zu ver=
gessen, daß die früher erwähnte Tyrannin „Mode" eine Dame sei,
den Damen aber sage man Launenhaftigkeit nach. Sollte sie sich also
wieder für „feine Stoffe" aussprechen, was nach dem alten Sprüch=
worte: „die Welt ist rund und dreht sich" sogar höchst wahrscheinlich
sei, dann seien wir Schlesier mit Leichtigkeit wieder dort, wo sie uns
haben will. Wie sähe es aber im andern Falle aus?"

Also auch dieser Züchter hebt mit richtigem Verständniß den Ein=
fluß und den Wandel der Mode und die Möglichkeit einer Rückkehr
der Mode zu dem Tragen der feinen Tuchstoffe als einen entscheidenden
Beweggrund hervor, die Feinheitsrichtung bei der schlesischen Edelzucht
ja nicht zu verlassen. Wenn er aber damals am 1. Juni 1859 als
Norm aufstellte, „an der Electa=Feinheit festzuhalten, mit der sich
bei richtiger Züchtung ein Durchschnittsschurgewicht von zwei und einem
halben Pfunde und darüber erreichen lasse," so finden wir, daß er
seitdem doch den Zeitverhältnissen Rechnung zu tragen sich veranlaßt
gesehen hat, denn in einem mit demselben Stichworte unterschriebenen

Aufsatze vom 4. Juni 1866*) erklärt er, indem er zunächst in Be=
treff der australischen Konkurrenz ebenfalls in genauem Einklange mit
Herrn Helmuth Schwartze ausführt, daß während die deutschen Kamm=
wollzüchter allerdings die Rivalität der australischen Kammwolle sehr
zu fürchten haben, die deutschen Tuchwollproduzenten noch ruhig
schlafen können — das heißt gegenüber Australien, — sonst aber sich
tüchtig rühren müssen," und führt zur näheren Begründung dessen
fort, „denn ihre Aufgabe ist, unter den heutigen Verhältnissen, daß
von einer feinen Mittelwolle (das ist nach ihm eine Electa=
Secunda=Feinheit, wir möchten sagen eine gute Primawolle) zwischen
85 bis 90 Thalern, bei guter Naturwäsche im Durchschnitte per
Stück mindestens drei Pfund erzeugt werden. — Diese nicht zu
schwierige Aufgabe ist aber leider im Durchschnitte der Heerden nicht
einmal in unsrem intelligenten Schlesien erreicht."

Aus dieser Erklärung geht denn also hervor, daß sich dieser
eminente Züchter grade von der hochedlen schlesischen Wolle, nachdem
er im Jahre 1859 erst der Super=Electa=Züchtung entsagt hatte,
jetzt auch die Electa=Feinheit der Wollen in richtiger Würdigung der
modernen Zeitverhältnisse aufgiebt und die, wie er sie nennt, Electa=
Secunda=Wollen, oder wie wir sagen möchten, gute Prima=Wollen
als die der Jetztzeit entsprechende Norm hinstellt.

Resultat.

Und dieser Grundsatz, als Aufgabe der heutigen modernen deut=
schen Edelschafzucht eine Electa=Secunda= oder, wie wir wollen, gute
Prima=Wollqualität aufzustellen, welche dann in ihren Ausläufen in
eine geringre Prima sich verlaufen und in der Electa=Prima=Wolle
gipfeln würde, verbunden mit der Erreichung eines Schurgewichts von
durchschnittlich drei Pfund pro Schaf, ist allerdings dasjenige, was
auch wir als das Ziel der deutschen Züchtungs=Bestrebungen bei dieser
Merinoschafzucht hinstellen und dabei zugleich die fernere Maxime mit
vereinigen möchten, an dieser eben aufgestellten Feinheit dann aber
auch als ausdrücklichem Züchtungszweck festzuhalten, mit andern Worten
also, diese **Wollfeinheits**züchtung bis zu diesem Grade der

---

*) Schlesische landwirthschaftliche Zeitung, von Wilh. Janke. Nr. 23 vom
7. Juni 1866, S. 126.

Prima= bezüglich Electa=Secunda=Qualität vor, wie nach immer aufrecht zu erhalten. Die Gründe dafür erscheinen in der That ziemlich einleuchtend. Zunächst wird es wohl heutzutage nicht leicht einen vom Verständniß seiner Zeit durchdrungenen Züchter mehr geben, der nicht das Erforderniß eines tonnenrunden, kurzbeinigen, so weit möglich, großen und dabei gedrungenen Körperbaues als eine ganz von selbst verständliche Voraussetzung für ein den Anforderungen der heutigen Gegenwart entsprechendes Normal=Edelschaf hinstellen wollte. Ueber die Zeiten der Elektoralschaf=Figuren mit ihrer nach vorn und hinten spitz zugehenden Figur, ihrer schmalen Brust und den langen Beinen ist man eben heutzutage allgemein hinweggekom= men. Und genau dasselbe muß auch von dem Wollbesatz gesagt werden. Ein möglichst reich besetztes, ausgeglichenes Vließ und ein fast wie auf dem Rücken so großer Bauchbesatz, mit nur den unbedingt noth= wendigen kahlen Stellen bei dem Ansatze der Beine, und ein auf den Beinen bis auf die Klauen herabgehender dichter Wollwuchs, das sind die ferneren Ansprüche, welche man heutzutage nun einmal, als ob sie sich ganz von selbst verständen, an ein modernes Edelschaf macht. Kein Landwirth von gesundem Sinn und selbst nur oberflächlicher Bekanntschaft mit der Schafzucht wird wohl je daran denken, andere und namentlich geringere Voraussetzungen an ein Normal=Edelschaf in unserer Gegenwart zu stellen. Allein, wie der Hofrath von De= dovic sehr richtig und wohlerfahren es ausspricht, es ist nun einmal eine nicht wegzuläugnende Thatsache, daß mit der zunehmenden Quan= tität des Vließgewichts in der Regel die Qualität in entsprechender Abnahme steht, und daß die minderfeine Wolle leichter wiegt, und es werden eben deshalb die deutschen Merinozüchter der Erzielung eines höheren Feinheitsgrades über die Electa=Secunda=Qualität als Durch= schnitt hinaus getrosten Sinnes entsagen müssen, weil eben bei dem heutzutage nun einmal unabweislich als Züchtungsbestrebung aufge= stellten Durchschnitts=Schurgewicht von drei Pfund pro Stück sich ein höherer Wollfeinheitsgrad als eine Electa=Secunda bezüglich gute Prima nicht füglich im Allgemeinen und als Regel erreichen lassen wird. Allein ein jeder Schafheerden=Besitzer, der heutzutage seine Zeit ver= steht, wird auch mit diesem Grundsatz sich sehr gern zufrieden erklären, wenn er sich einmal das Rechenexempel seiner früheren Einnahme bei zwei Pfund Durchschnittsschurgewicht pro Schaf zum Preise von hun= dert Thalern der Centner und von drei Pfund Schurgewicht pro Schaf zum Preise von fünfundachtzig bis neunzig Thalern der Centner

macht. Denn er hat jetzt von den mit denselben Futtermitteln er=
nährten Schafen pro Centner 255 Thaler Wolleinnahme, während er
früher nur 200 Thaler von je hundert Schafen erzielte. Und neben=
bei werden dann auch noch die größren Thiere beim späteren Verkaufe
vom Schlächter besser bezahlt, wiewohl letztrer Umstand dabei vielleicht
weniger in die Wageschale fällt, als vielleicht der, daß diese Thiere
kräftiger und ausdauernder sind wie hochfeine.

So begnügen wir uns denn, diese in dem Vorhergehenden kurz
zusammengefaßten Voraussetzungen als die leitenden Gesichtspunkte für
die heutige deutsche Merinoschafzucht hinzustellen und wiederholt uns
zu der Auffassung zu bekennen, daß wir das Festhalten an der be=
stimmten Electa=Secunda= bezüglich guten Prima=Feinheit des Woll=
haars ausdrücklich mit als Züchtungszweck und als wesentlichen Theil
der Züchtungsaufgabe für durchaus zeitentsprechend halten, was wir
demgemäß denn auch den deutschen Edelheerden=Besitzern nicht unter=
lassen wollen auf das Angelegentlichste zur Befolgung anzuempfehlen.

II. Die Grundsätze der Schafzüchtung.

———

A. Das Wesen der Züchtung und des Bluts in der Natur.

Wer jemals in der Thierzüchtung den Versuch einer systematischen Verbesserung oder Veredlung gemacht hat, der wird bei aufmerksamer Beobachtung mit dem Verlauf der Zeiten regelmäßig zu der Erfahrung gelangen, daß hierbei die Konstanz in den zu verwendenden Zuchtthieren beiderlei Geschlechts von wesentlichem und entscheidenden Einflusse sich erweist. Man begreift unter dem Ausdrucke „Konstanz" das Resultat einer reinen Abstammung der Zuchtthiere, wonach die beiderseitigen Eltern des einzelnen zur Paarung zu verwendenden Thieres eine längere Reihe von Gliedern herauf — viele bestimmen dies, wiewohl vielleicht etwas willkürlich, bis zum achten Gliede hinan*) — von völlig reinem und unverfälschten Blute, von sogenanntem Vollblut sind. Es ist dabei das Charakteristische von einer konstanten Thiergattung, daß sie eben in ihrer Nachkommenschaft sich in allen ihren Eigenschaften und bei Schafen speziell in dem Charakter ihrer Wolle durchgängig gleichbleibt und sich wohl veredelt, nicht aber darin zurückgeht oder sich verschlechtert, wie man denn sogar soweit damit geht, daß man den Grundsatz hinstellt, eine durchaus konstante Race dürfe gar keine Rückschläge in ihrer Nachkommenschaft zu Tage fördern, eine Maxime, welche heutzutage wohl nur sehr selten zur vollen Verwirklichung gelangt, weil die Thierzüchtung in der Neuzeit ebenfalls als ein Gegenstand der industriellen Ausbeutung je länger je allgemeiner betrachtet und darum meist durch Kreuzungen der verschiedensten Art der modern erstrebte

———

*) So Kirschbaum: Populairer Unterricht in der Schafzucht. Stuttgart 1862 bei Mäcken. §. 22. S. 21.

Typus in den betreffenden speziellen Thiergattungen hervorgerufen wird, wobei selbstverständlich die Konstanz der vorhandenen einzelnen Thier= stämme leiden muß.

Ein Züchter aber, welcher sein im Eingange hingestelltes Vor= haben zur Ausführung bringen will, wird nun dabei sehr bald die Wahrnehmung machen, daß die größere Konstanz des einen oder an= dren von den zu paarenden Thieren für den Charakter der Nachkommen= schaft den Ausschlag giebt, und daß je konstanter das eine von beiden Thieren, das heißt also, von je reinerem, altvererbtem Blute es ist, desto sichtlicher die Jungen diesem Thiere nacharten. Recht tref= fend bewahrheitet sich diese Erfahrung grade speziell auch in der Schaf= züchtung, namentlich wenn die Veredlung von der ordinären Landschaf= race durch Merinoböcke beabsichtigt wird. Auch diese Landschafe nämlich sind der großen Regel nach gewiß in sich durch und durch konstant. Denn da das systematische Züchten überhaupt erst ein Ausfluß unsrer neueren Zeiten ist, bisher aber es den Heerdenbesitzern in der langen Reihe von Jahrhunderten bis neuerdings in Folge der Einführung der spanischen Merinozucht wohl nur selten in den Sinn kam, ihre von den Vorbesitzern überkommenen Landschafe etwa durch theure An= käufe von weither zu beziehenden Sprungböcken zu kreuzen und zu verbessern, so war die einfache Folge hiervon die geblieben, daß diese einzelnen Landschafheerden fort und fort aus sich heraus weiter ge= züchtet wurden, wodurch dann nach dem bestehenden Naturgesetze, was auf die gesammte Thierwelt und somit auch auf diese Landschafheerden seine Geltung findet, sich bei ihnen eine Konstanz des Bluts und Geschlechts mit der Länge der Zeit entwickeln mußte, welche bei der Fortpflanzung sich nicht anders als in der kräftigsten Vererbung der solchem einzelnen Schafstamme eigenthümlichen Charakter= und Körper= Eigenschaften dokumentiren konnte.

Das sollte nun so mancher Züchter näher kennen lernen. Denn wenn er eine derartige Landschafheerde mit edlen Merinoböcken kreuzte und nun doch mindestens solche Halbblutthiere daraus erwartete, welche die Eigenschaften des Sprungbocks zur Hälfte an sich tragen würden, so mußte er gewahren, daß diese erste Geschlechtsfolge kaum und bei weitem noch nicht die Hälfte der Eigenschaften des Merinobocks über= kommen hatte, sondern überwiegend mehr nach der Landschafmutter schlug, und wenn solcher Sprungbock vollends nicht aus alt=reinblüti= gem Stamme originirte, er also darin von dem Mutterschafe, mit wel= chem er gepaart worden, wie wir dies beschrieben, übertroffen wurde, auch keine besondere individuelle Vererbungskraft besaß, so konnte es sogar geschehen, daß die jungen Lämmer sehr wenig von ihm übertragen erhielten und auffallend nach der Mutter arteten. Recht bemerkenswerth tritt diese Erscheinung aber grade bei der Wolle hervor. Man möchte doch glauben, daß sich die Veredlung des Wollhaars sofort bei der ersten Züchtung der Landschafe mit einem Merinobocke bemerkbar machte. Das ist aber nicht unbedingt der Fall, denn selbst wenn der Sprungstär auch die Hälfte seiner Eigenthümlichkeit auf den Nachwuchs übertrug, so erscheint bei der ersten Kreuzung die Verfeinerung der Wolle nur zu oft kaum herauserkennbar, und dieses Schwanken gleichsam in dem Charakter der Wolle zeigt sich auch äußerlich darin, daß selbst auf den sonst besten Stellen bei diesen Thieren sich feine und ebenso ganz grobe Haare unter einander vermischt darstellen.

Ganz eigenthümlich ist aber dann weiter die Erscheinung bei einer zweiten Kreuzung. Wenn es nämlich der Zweck der Züchters ist, aus einer ordinären Schafrace durch Merinoböcke eine veredelte Heerde herauszubilden, so schlachtet er selbstverständlich alle männlichen aus der ersten Kreuzung hervorgegangenen Lämmer ab oder bestimmt sie vielmehr von vorn herein zu Hammeln, die weiblichen Thiere läßt er dagegen wieder von einem reinen Merinobocke bespringen, und er erlangt in dem neuen Nachwuchse jetzt also einen Stamm, der Dreiviertel-Merinoblut in sich trägt. Da zeigt es sich nun aber, daß diese aus der sonach zweiten Generation hervorgehenden Lämmer schon sichtlich mehr nach den Merinoböcken schlagen und zwar in einem um so größeren Maße, so konstanter oder edler jene beiden bisher zur Kreuzung verwandten Zuchtböcke waren. Hier also, in der zweiten Kreuzung, tritt auf einmal der Charakter des Vaterthiers in der Nachkommenschaft mit Entschiedenheit hervor, und es scheint hier dessen Blut nachdrücklich und für immer zur Geltung zu kommen. Allein dies ist wunderbarer Weise wieder doch nicht immer so der Fall. Wer nämlich dieses Züchtungsverfahren weiter fortsetzt, und indem er die aus der zweiten Züchtung hervorgegangenen männlichen Thiere, welche als Bastarde zum Springen selbstverständlich trotz ihres guten Anlassens nach dem Vaterthiere nicht taugen, wieder für den Schlächter von vorn herein bestimmt, die weiblichen Lämmer dagegen abermals mit einem Vollblut-Merinobocke sich begatten läßt, der wird bei dieser nunmehrigen dritten Generation einen wunderbaren und schwer erklärten Rückschlag erleben und die Erfahrung machen, daß diesmal die meisten jungen Thiere nach ihrer weiblichen Großmutter arten, ein Umstand, welcher so manchem Züchter große Besorgnisse verursacht hat. Es tritt grade an dieser Stelle, nämlich hier in der dritten Generation, der Kampf um die größere Konstanz gleichsam zum letzten Male mit seinem ganzen Einflusse auf beiden Seiten der zur Paarung verwandten Thiere hervor. Indeß kann dieser Kampf doch nur als ein ungleicher bezeichnet werden. Denn der Merino-Sprung=bock trägt die volle und ungeschmälerte Konstanz in sich, da er rein=blütig durch eine längere Reihe von Zeugungen als das letzte Glied von einer langen Kette fortgepflanzt hervorgegangen ist. Das Mutter=schaf dagegen kann weder ihm gegenüber noch überhaupt auf Reinheit des Bluts oder Konstanz weiter Anspruch machen, weil es eben ein Kreuzungsprodukt ist und sogar aus zweimaliger Kreuzung seinen Ursprung nahm. Dies Mutterthier besitzt also unzweifelhaft die allerwenigste Konstanz. Nach ihm artet das aus dieser dritten Kreuzung hervor=gezüchtete Lamm somit sicherlich nicht. Allein in diesem Stadium des Züchtungsverfahrens tritt eben das Wesen, welches in der Konstanz einer Race tief begründet enthalten liegt, noch einmal scharf hervor, indem das junge Lamm vorherrschend nach der Großmutter artet, noch einmal also den durch, wie wir zeigten, lange Geschlechtsfolgen bewährten speziellen Racentypus der mütterlichen Schafgattung zum Vorschein bringt, ein jedenfalls höchst bemerkenswerther Beleg für die solcher Race inhäri=rende Kraft, daß sie sich geltend macht und sogar noch durchgreifen kann, obwohl die junge Nachkommenschaft bereits zu sieben Achteln das fremd hineingezüchtete Merinoblut in sich trägt.

Gleichwohl war diese Erscheinung nur die letzte nachweisbare Aeußerung von der in jener zu den Mutterthieren verwendeten Land=schafrace tief begründeten Konstanz. Sobald der Züchter nämlich aber=mals die männlichen Lämmer aus jener dritten Generation abschlachtet, weil sie als Bastarde immer noch nicht zu einer reinen Zucht taugen, so schön die Thiere meist sich anlassen mögen, und die weiblichen Lämmer zum vierten Male mit Merino-Vollblutböcken paart, so stellt sich jetzt diese vierte Geschlechtsfolge, die somit fünfzehn Sechzehntel Merinoblut bereits in sich führt, als ein vollendetes Kreuzungsprodukt dar, was um so vollkommner ist, je sorgfältiger der Züchter darauf gehalten hatte, ausschließlich reinblütige Stäre von altüberkommener Konstanz zu diesen einzelnen vorgeschriebenen Kreuzungen zu verwenden.

Ob er nun aber mit dieser vierten durchgeführten Kreuzung am Ziele ist, oder mit andren Worten, ob ein solcher aus vierter Kreu=zung hervorgegangener Stär bereits ein derartig vollendetes Thier ist,

daß er die Konstanz, die er von seinem Vaterthiere überkam, unbe=
schadet und trotz der seinem Mutterthiere mangelnden Konstanz mit
der vollen und gleichen Wirkung wie sein aus reiner Fortpflanzung
hervorgegangener Erzeuger, der Vollblut=Merinobock, auf seine Nach=
kommenschaft jedweder Art weiter übertragen und alle Eigenschaften
seines Vaters und gleichzeitig andrerseits wieder nichts von den Eigen=
schaften der mütterlichen Landschafrace auf sie vererben wird, und ganz
besonders, ob er nun auch seinerseits wieder als Sprungbock zu
Kreuzungen und also zur Veredlung von ordinären Schafen und
zur Begründung einer aus ihnen neu herauszubildenden Merinoheerde
verwendbar ist? Das sind Fragen, welche in ihrer vollen Bedeutung
in diesem Stadium seines Züchtungsverfahrens an den beobachtenden
Züchter herantreten und wohl geeignet sind, ihm manche wohlbegründete
Skrupel zu erwecken.

Indessen, wie ja Alles auf dieser Welt schon einmal dagewesen
ist, so ist es auch hiermit. Schon haben zahlreiche Thierzüchter diese
gleiche Phase durchlebt, und sie sind auch über sie glücklich hinweg=
gekommen. Das Richtige aber mag auch hierbei wohl in der Mitte
liegen, daß nämlich zur Fortpflanzung des vom männlichen Sprung=
thiere durch jene vier Generationen auf diese Nachkommenschaft über=
tragenen veredelten Bluts und Racentypus in der eignen Heerde
und in der Race des Vaterthiers die männlichen aus solcher
vierten Kreuzung hervorgegangenen Thiere nach alter und vielfach be=
stätigter Erfahrung ohne Bedenken geeignet und verwendbar sind, daß
sie dagegen zu neuen Kreuzungen, also zur Hervorbringung neuer
Schafgattungen durch die beschriebene durchgeführte Paarung ordinärer
Schafe mit Edelschafböcken keine geeigneten Materialien abgeben. Den
Grund aber, weshalb dies nicht der Fall ist, haben wir bereits kennen
gelernt. Es ist einfach der, daß bei jeder Kreuzung naturgemäß ein
Kampf um die größere Konstanz zwischen den Naturen des Vater=
thiers und des Mutterthiers eintritt, welcher sich erfahrungsmäßig zu
Gunsten des reiner konstanten Thiers entscheidet, indem die Nach=
kommenschaft nach dem letztren entscheidend geartet ausfällt. Und in
diesem Kampfe würde sehr erklärlicher Weise solches Sprungthier,
welches nur das Resultat einer vierten Kreuzung ist, gegenüber einem
Mutterthiere erliegen müssen, welchem, so ordinär und von so wenig
edlen Eigenschaften es immerhin ist, dennoch ihm gegenüber der für
die Züchtung entscheidende Vorzug innewohnt, daß es ein aus reiner
Fortpflanzung in der eignen Race hervorgegangenes Thier ist,

deſſen Konſtanz bei ſolcher Kreuzung ſomit entſcheiden, das iſt durch=
ſchlagen muß. Und ob fein oder ordinär nach menſchlichen heraus=
gebildeten Anſchauungen, danach frägt die große Mutter Natur be=
kanntlich und vollends bei Züchtungen nicht, das heißt, das feine
Thier und das grobe Thier haben beide an und für ſich genau dieſelbe
Racenkonſtanz, wie ſie denn unter ſich genau ihren ihnen eignen
Typus gleichmäßig vererben.

So willkürlich ſomit jene Anſicht erſcheint, wonach erſt von der
achten Generation ab wirkliche Konſtanz vorhanden ſein und deshalb
ein derartig hervorgegangenes Thier die Charaktereigenſchaften der
Gattung vererben laſſen ſoll, ſo viel Richtiges und Zutreffendes ſteckt
gleichwohl wieder in dem ſich dahinter bergenden tieferen Sinne, daß
nämlich die Konſtanz bei allen thieriſchen Fortpflanzungen
eine Eigenſchaft iſt, welche immer nur als das Reſultat
von einer längeren Reihe von Generationen allmälig ge=
wonnen wird, und welche eben darin ſich offenbart, daß
ſie, je tiefer ſie innewohnt, mit um ſo größrer Treue
die Eigenheiten der Gattung auf die Nachkommenſchaft
überträgt.

Fragen wir aber jetzt weiter, worin denn dieſe gewiß bedeutſame
Erſcheinung der ihrem Weſen nach in der vorangegangenen Beſchrei=
bung dargeſtellten Racenkonſtanz wieder ihre nähere Begründung finde?
eine Frage, deren Beantwortung auch zugleich das ganze Weſen der
Züchtung in ſich ſchließt, ſo kann die Antwort hierauf nur die ſein,
daß es **das Blut und die Fortpflanzung des Bluts** durch die lange
Reihenfolge der Geſchlechter iſt, welches eben dieſe Konſtanz hervor=
ruft und entwickelt und den einzelnen Thiergattungen jenen ausgepräg=
ten Charakter verleiht und bewahrt.

Wir wollen verſuchen dies mit einigen Beiſpielen aus dem
Thierreiche zu bewahrheiten. Zunächſt wird dieſe entſcheidende Wir=
kung des Bluts recht evident durch die arabiſche Pferderace be=
ſtätigt, welche in Bezug auf Konſtanz und Vererbung in der Welt
ohne ihres Gleichen daſteht und von ſo prägnantem Einfluſſe auf die
durch ſie hervorgebildete Nachkommenſchaft iſt, daß nach der in Eng=
land allgemein angenommenen und auch bei uns adoptirten Begriffs=
beſtimmung, wenn man bei Pferden von „Blut‟ ſpricht, darunter
ſtets nur verſtanden wird, daß ſie arabiſches Blut von irgend wel=
chem männlichen oder weiblichen vorerzeugenden Thiere überkommen
in ſich haben. Gewiß iſt dies der ſchlagendſte Beweis für die tauſend=

fältig bestätigte Thatsache, daß wo auch nur einmal vor längerer Zeit
eine Deckung einer beliebigen Mutterstute mit einem arabischen Hengste
stattgefunden hat, diese Imprägnirung der in den arabischen Blut=
eigenschaften enthaltenen Eigenthümlichkeit mit solchem Nachdrucke in
den jungen Fohlen sich darstellt, daß dieselben nunmehr von diesem
weiter bis auf die fernsten Geschlechter hin fort und fort, wenn auch
freilich in immer zunehmender Abschwächung übertragen wurde. Und
forschen wir weiter danach, worauf denn diese ganz ungemeine
und ausgezeichnete Vererbungsfähigkeit der arabischen Pferderace be=
ruht? so findet diese Erscheinung in der geschichtlichen Entwicklung
der Race ihre ebenso natürliche wie befriedigende Lösung. Bis in die
ältesten Vorzeiten des Alterthums hinein und soweit die uns über=
lieferten Nachrichten aus jener ältesten Periode der Geschichte des
Menschengeschlechts reichen, ist das Innere des ausgedehnten Arabiens
von Nomadenvölkern bewohnt gewesen, welche die Pferdezucht immer
als ihren vornehmlichsten Lebensberuf betrieben haben. Man muß
im Oriente gewesen sein und die orientalische Anschauungsweise und
Lebensart jener Völkerschaften aus eigner Wahrnehmung einmal kennen
gelernt haben, um einen klaren Eindruck davon zu bekommen, wie sich
die gleiche althergebrachte nomadische Lebensweise jener Völkerstämme
unverändert von Geschlechtsfolgen zu Geschlechtsfolgen Jahrtausende
hindurch übertragen und bis auf unsre Gegenwart fortführen konnte.
Wir setzen aber ferner als bekannt voraus, wie eng in dem häuslichen
Familienleben der Araber mit seinem Pferde verwachsen ist, welches
von ihm gleichsam als zu seiner Familie und seinem Hausstande ge=
hörig betrachtet wird, und aus allen diesen Umständen und aus dieser
ganz besonderen Aufmerksamkeit, welche die arabische Nation ihren
Pferden zuwendet, findet es seine Erklärung, wie sich diese arabische
Pferderace in reiner Fortpflanzung und ohne fremdartige Beimischung
durch die lange Folgereihe der Jahrhunderte bis auf den heutigen Tag
hat fortentwickeln können. Und dies erklärt es wieder, weshalb sich
bei ihnen die Konstanz des Bluts in ihrer allerhöchsten Potenz und
mit so nachhaltiger Einwirkung hat ausbilden können, weil das ara=
bische Pferd eben eine durch lange Jahrhunderte unvermischte Blut=
race repräsentirt.

Und daß doch etwas genau dem Aehnliches bei der Rindvieh=
race gilt, das beweisen die vielfachen in den verschiedenen Landschaften
unsrer Erde in ganz bestimmt ausgeprägten Racentypen durch lange
Geschlechtsfolgen herausgebildeten einzelnen Rindviehschläge, welche,

wenn sie zur Kreuzung mit andern Rindviehgattungen verwendet wer=
den, die ihnen charakteristischen Eigenthümlichkeiten in prägnanter Weise
auf ihre Nachkommenschaft übertragen. Vollends aber sowie die eines
bestimmten Züchtungszweckes sich genau bewußte Begabung eines
praktischen Züchters die systematische Herausbildung dieses Zweckes
sich zum Zielpunkt der Bestrebungen macht und es dabei zu einem be=
stimmten Resultate dann gebracht hat, tritt die oft bewährte Erschei=
nung hervor, daß grade eine solchergestalt hervorgezüchtete Race eine
bemerkenswerthe Konstanz so lange zeigt, als man nur immer dieselbe
Züchtungsrichtung im Auge behält. Ein augenfälliger Beleg dafür ist
die englische Shorthornrace. Der berühmte englische Züchter
Charles Colling aus der zweiten Hälfte des vorigen Jahrhunderts
sah zufällig einen Stier bei einem kleinen Landwirthe auf der Weide
grasen. Mit Kennerblick erkannte er sofort die vorzüglichen Eigen=
schaften des Thiers heraus und erwarb ihn zur Begründung seiner
später sogenannten Shorthornheerde. Das war der berühmte Stier
Hubback, von dem es in England allgemein heißt, daß es kein gutes
Stück Shorthornrindvieh giebt, in welchem nicht mehr oder weniger
Hubback'sches Blut fließt, gleichwie das berühmte Pferd Godolphin
Arabian von einem Wasserkarren weggekauft worden war und der
Begründer der englischen Vollblutpferderace wurde, und von welchem
in ähnlicher Weise allgemein in England gesagt wird, daß von seinem
Blute in einem edlen Pferde enthalten sein müsse, wenn es zu den
wahren englischen Racepferden gezählt werden solle.

Die hervorragende Eigenschaft jenes Stiers wie dieses Hengstes
war aber eine ungewöhnlich ausgeprägte Vererbungsfähigkeit,
und daraus entnehmen wir in Verbindung mit der von ihnen aus=
gegangenen schönen speziellen Thierrace, daß beide Thiere und zwar
sowohl jener Stier Hubback wie dieses Pferd Godolphin Arabian aus
altem Schlage hervorgegangene Racethiere waren, was übrigens in
Betreff des Hengstes erwiesene Thatsache ist, da dieser Godolphin
Arabian ein ächt arabisches Pferd war, und es war hierbei gewiß das
unläugbare Verdienst ihrer Züchter, daß sie auf den ersten Blick
die in diesen Thieren enthaltene Blutvererbung und die vorzügliche
Begabung des einzelnen Thiers in seiner Weise herauserkannt hatten.
Indessen so hoch immer die besondre Vererbungsfähigkeit auch als
eine vorzügliche spezielle Eigenschaft eines bestimmten individuellen
Thieres in Anschlag gebracht werden muß, so würde diese Eigenschaft
an sich immer noch nicht vermögend sein, die Hervorbildung eines

neuen verbesserten Thierschlags zu bewerkstelligen, wenn das Thier
nicht grade auch bevorzugte Eigenschaften von seinen Voreltern über=
kommen hätte, die in ihm als konstante ausgeprägt sind und
darum auch bleibend sich auf seine Nachkommenschaft übertragen.

Was aber das arabische Pferd unter dem Pferdegeschlechte, das
ist das spanische Merinoschaf für die Schafrace geworden, ja
so sehr das arabische Pferd auch in unsrer heutigen civilisirten Welt
zur Verbesserung und Veredlung der vorhandenen Schläge von ein=
heimischen Pferden beigetragen hat und fort und fort dazu hinwirkt,
so muß man doch sagen, daß das spanische Merinoschaf es darin noch
um das Hundertfache übertroffen, indem es die Veredlung der Schaf=
racen heutzutage über die ganze Erde hin verbreitet hat. Denn die
vielen Millionen von Schafen in den australischen Kolonien, im Kap=
lande von Süd=Afrika, in den durch die unermeßlichen Weideflächen
berühmten verschiedenen Staaten von Süd=Amerika und ebenso jetzt
auch in dem ganzen Nord=Amerika sind gleichwie über fast ganz Europa
hin in der überwiegenden Mehrzahl alles Merinoschafe, hervor=
vorgegangen aus Kreuzungen von spanischen Originalstären mit den
einheimischen Landschafen oder aus der konsequenten reinen Paarung
von diesen Originalschafheerden und ihren Nachkommen unter sich.
Geht man aber weiter auf die spanische Merinorace näher ein, so
kommt man zu einem ähnlichen Verlaufe ihrer Fortpflanzung wie bei
der arabischen Pferderace. Denn schon zur Zeit der Herrschaft der
Römer in Spanien waren die spanischen Schafe berühmt, obgleich sie
wunderbarer Weise wegen ihrer besonders schönen schwarzen Vließe
gelegentlich gerühmt und grade deshalb nach dem fernen Griechenland
und Kleinasien herübergeführt wurden.*) Unzweifelhaft war schon im
Beginne des Mittelalters der hohe Ruf der spanischen Edelschafe all=
gemein bekannt und fest begründet, und da, wie schon erwähnt, die
Spanier ihre einzelnen Cabañen nicht unter einander kreuzten, so haben
sich alle diese einzelnen Cabañen auch all die Reihe der Jahr=
hunderte hindurch eine jede in ihrer besondren Eigenthümlichkeit fort=
erhalten und weitervererben können.

Und damit findet denn also die ganz ungemeine Vererbungskraft
auch für diese Merinoschafrace ihre geschichtliche Erklärung, denn es
ist das durch lange Jahrhunderte hindurch immer rein und unver=

---

*) Tzetzes Chil. X. 349. 377. — Man lese das Nähere darüber in unsrem
Werke: Die Wollproduktion unsrer Erde. Breslau 1864 bei Kern. S. 36.

mischt in diesen Schafen und noch dazu in jeder einzelnen Cabañe exklusiv und unvermischt fortgeführte Blut, welches diese enorme Konstanz begründet hat, die darum denn auch für die Fortvererbung des Merino=charakters, namentlich in Bezug auf die feine Kräuselung des Woll=haars gradezu Wunder wirkt. Denn ein nur oberflächlicher Kenner von Wolle wird doch, wenn ihm verschiedene Proben von Wollen beliebig aus allen Theilen der Erde vorgelegt werden, schon bei nur geringer Aufmerksamkeit diejenigen Wollen herauserkennen können, wo eine Einwirkung des Merinoblutes stattgefunden hat. Es sind dies nämlich immer jene eigenthümlichen Wellungen des Wollhaars, welche der Merinowolle charakteristisch eigen sind, und die eben sofort zu Tage treten und die Merinomischung dokumentiren, wo irgend eine Kreuzung mit Merinoschafen einmal stattgefunden hatte, und selbst bei den späteren Geschlechtern bleibt diese Kräuselung des Wollhaars immer noch wahrnehmbar, wiewohl hier je länger je mehr abgeschwächt und verwischt.

Und was eben von dem Wollhaar gesagt wurde, das gilt auch von den übrigen Charaktereigenthümlichkeiten, von denen manche sich in ganz merkwürdiger Uebereinstimmung mit dem Charakter der alten spanischen Edelschafe, wie uns derselbe in älteren Schriften aus der früheren Zeit in seinen Einzelheiten überliefert wird, bis heute fort=erhalten haben. Wir finden aber auch das bei Gelegenheit der Rind=viehrace Gesagte für die Schafrace genau bestätigt, daß nämlich, sowie eine systematische Züchtung und Veredlung derselben vorgenommen wird, die erstrebten Eigenschaften dann sich um so prägnanter auf die Nachkommenschaft übertragen und eine um so schönere und in diesen Einzelheiten vollkommnere Gattung mit der Zeit hervorbilden lassen, und daß grade die besondre Vererbungskraft eines solchen rein und un=vermischt fortgezüchteten Stamms sich darin äußert, daß diese erstrebten Eigenschaften sich in der Nachkommenschaft immer ausgebildeter und vollkommner ausprägen. Das hat aber freilich wieder seinen tieferen Grund. Denn wie nun einmal die einzelnen Individuen verschieden=artig gestaltet, die einen also in ihren Eigenschaften markirter und vollkommner, die andren minder markirt und unvollkommen ausge=prägt sind, ein Züchter aber immer nur die besseren Thiere aus dem ihm zu Gebote stehenden Material auswählen muß, um eben den er=strebten charakteristischen Typus in möglichster Vollendung hervorzubil=den, so ist die natürliche Folge von dieser Paarung nur der bevor=zugteren Thiere, daß auch die Nachkommenschaft eine vervollkommnetere wird, und grade die konsequente Fortzüchtung in diesem Systeme der Paarung immer nur der besseren Thiere trägt wesentlich dazu bei die Racenkonstanz in einer bestimmten Heerde zu erhöhen und tiefer zu imprägniren.

Die Anwendung aber, welche wir aus dem bisher Gesagten entnehmen, liegt danach nahe genug. Es muß für einen jeden denkenden Züchter das erste und unabänderliche Ziel seiner ganzen Bestrebungen sein, daß er eben möglichst nur Thiere reiner und unvermischter Race als Züchtungsmaterial für seine Heerden verbraucht, weil er nur mit reingezüchteten Thieren im Stande ist, mit Sicherheit die von ihm angestrebte Verbesserung und Veredlung in der Nachkommenschaft zu erreichen und durchzuführen, während andrenfalls, wo irgend gemischtes Blut in dem Zuchtmaterial enthalten ist, er wohl immer über kurz oder lang zu Enttäuschungen und zu der unangenehmen Ueberzeugung gelangen wird, daß er mit seinem Züchten nicht recht von der Stelle kommt und durch eine Reihe von ganz unerwarteten Rückschlägen in seinem Unternehmen sich gehemmt sieht.

Recht augenscheinlich hat sich dies bei den jüngsten Negrettikreuzungen aus den mecklenburger Heerden nachweisen lassen. Alle diejenigen Heerdenbesitzer, welche Sprungböcke aus den rein von den berühmteren östreichischen Edelheerden in Mecklenburg fortgezüchteten Heerden entnommen und mit ihren Heerden gekreuzt hatten, haben auch durchgängig schöne Negrettiheerden mit der Zeit hervorgebildet, eben weil sie ihr eignes edles Zuchtmaterial mit solchen Thieren aus ebenfalls reinen und unvermischt fortgezogenen Heerden zusammengepaart hatten. Jene Heerdenbesitzer dagegen, welche meist aus Scheu vor den hohen Ankaufspreisen jener Zuchtböcke aus diesen vorzüglicheren reinen Edelheerden ihren Bedarf aus den mecklenburger Mestizheerden entnahmen, welche meist aus der Kreuzung von östreichischen Negretti's mit den mecklenburger Landschafen hervorgegangen waren, haben sämmtlich mehr oder minder die traurige Erfahrung machen müssen, daß sie die eigne oft vortrefflich gezüchtete Heerde gründlich verdorben, das neu angestrebte Ziel trotzdem aber nicht erreicht haben. Es war eben die fehlende Konstanz des Blutes, welche sich in schlechter und untreuer Vererbung in der daraus erzielten Nachzucht geltend machte.

Und grade wegen dieser großen Gefahr der Wiederholung empfindlicher Nackenschläge möchten wir den Heerdenbesitzern, welche zu der jetzt so sehr modernen und allgemein sich verbreitenden französi=

schen sogenannten Rambouilletrichtung überzugehen entschlossen sind, auf das dringendste anheimgeben, nur ja mit der Entnahme der dazu zu verwendenden Zuchtthiere so sorgfältig und vorsichtig wie möglich zu Werke zu gehen und dieselben nur aus solchen Heerden zu beziehen, wo sie sich auch vorher die Gewißheit verschafft haben, daß dieselben aus reiner und unvermischter Züchtung dieser Merinorace hervorgegangen sind. Der Grund ist eben der, daß ganz besonders zu Kreuzungen, welche doch speziell beabsichtigt werden, indem man die modern beliebten großen Thiere durch diese Paarung der Rambouillets mit der eignen Heerde erzielen will, als erste Züchtungsmaxime nur ein reines Blut verwendet werden darf, weil jedes Mestizblut bei Kreuzungen kein reines Produkt ergeben kann, sondern erfahrungsmäßig eine unbestimmte und charakterlose Generation erzielen läßt. Die Zahl der reinen Rambouilletheerden ist aber nach dem Urtheile erfahrener Züchter eine verhältnißmäßig sehr geringe, und es existiren in Frankreich, wo ja überhaupt die Landwirthschaft erst seit dem Ausgange des ersten Kaiserreichs i. J. 1815 begonnen hat sich in der in den übrigen europäischen Staaten hergebrachten Weise der Selbstbewirthschaftung und als besonders betriebener Beruf zu entwickeln, im Allgemeinen wohl wenig unmittelbar und durch reine Fortzüchtung aus den spanischen Merino's vom Anfang unsers Jahrhunderts ab herausentwickelte Heerden, wie wir dies auf den früheren Seiten schon ausführlich besprochen haben. Die Gefahr einer Mestizkreuzung ist also für unsre deutschen Heerdenbesitzer eine besonders große grade hier bei dieser Rambouilletrichtung, und das umsomehr, als diese Rambouillets selbst nach unsern deutschen Züchtungsbegriffen einer Verbesserung ihrer ganzen Individualität nur zu sehr noch bedürfen. Zunächst muß nämlich erst doch wenigstens einiger benöthigter Fettschweiß in diese Thiere hineingebracht werden, da jeder Landwirth von den Wollmärkten her nur zu wohl weiß, daß jene Wolle ohne jeden Fettschweiß matt und hohl erscheint und gar zu wenig ins Gewicht fällt. Und dann ist es der ganze Körperbau der Thiere, der unsren Begriffen von Vollkommenheit doch noch herzlich wenig entspricht und sehr vieles noch zu wünschen übrig läßt. Hier ist also thatsächlich bei weitem mehr die Aufgabe, jene französischen Schafe durch Kreuzung mit unsren Edelmerino's zu verbessern und ihnen die fehlenden Eigenschaften des Fettschweißes und eines tonnenrunden und gedrungenen Körpers zu geben, als es gerathen erscheint, die zu so hohem Grade der Vervollkommnung mühsam emporgezüchteten deutschen Edelschafe bloß um der größeren Figuren willen durch die Paarung mit Thieren aus Rambouillet-Mestizheerden von diesem Höhengrade herabzubringen. Denn das ist der erste und wichtigste Grundsatz bei der Thierzüchtung, niemals durch systematische Züchtung hervorgebildete, also veredelte Thiere mit andren Thieren zusammenzubringen, welche in Beziehung auf ihre Eigenschaften und in der Vervollkommnung ihnen untergeordnet sind, einfach weil jene dadurch immer nur verlieren und von dem erreichten Grade ihrer Verbesserung heruntergehen müssen. Grade dies ist denn auch ein Vorwurf, welchen die Gegner der modernen Rambouilletrichtung in Deutschland geltend machen, und der in der That auch große Beachtung verdient. Damit aber unsre Heerdenbesitzer ihre schönen Edelheerden im richtigen Sinne würdigen, sei es verstattet hier ein Urtheil kurz anzuführen, was von den amerikanischen Schafzüchtern über dieselben ausgesprochen wird.

„Das schlesische Edelschaf", so lautet dieses Urtheil*), „ist grade ebenso wie das in den Vereinigten Staaten von Nordamerika aus den zu Anfang dieses Jahrhunderts dorthin direkt aus Spanien importirten Originalheerden hervorgezüchtete Merinoschaf durchaus das spanische Edelschaf in wesentlicher Vervollkommnung, aber nicht, wie früher die sächsischen Elektoralschafe und die französischen Rambouilletmerino's, in weit von den charakteristischen Grundzügen der Originalrace sich entfernender Richtung herausgezüchtet. Es ist vielmehr einfach ein ausnehmend hochgezüchtetes spanisches Schaf von reiner und unbezweifelt direkter Abstammung, durch mehr wie fünfzig Jahre lang systematisch nach einem bestimmten Vorbilde fortgezüchtet. Sein Vließ ist in seiner Qualität entschieden von feinerer Beschaffenheit wie das von irgend welcher andren Merinogattung, mit einziger Ausnahme des früheren sächsischen Edelschafs; und wo es irgend vortheilhaft erscheint wirklich feine Wolle hervorzuzüchten, da steht diese Schafgattung ohne ihres Gleichen in der ganzen Welt da. Und so unterliegt es auch keinem Zweifel, daß zu allen Zeiten eine ausreichende Nachfrage nach solcher feinen Wollqualität in den Vereinigten Staaten bestehen wird, um nicht das Halten von größeren Heerden von diesen schlesischen Edelschafen gewinnbringend sein zu lassen. Und sofern unsre Breit-Tuch-Fabriken jemals wieder in Aufnahme kommen sollten, wie es zu hoffen steht,

---

*) H. Randall' Fine wool sheep husbandry. New-York. 1863. S. 104 f.

daß sie es werden, so würde dieses außerordentlich dazu beitragen die Nachfrage nach dieser Wollgattung zu erhöhen."

Das ist ein treffendes Urtheil, welches noch dazu aus dem Munde jener mit so praktischem und klar verständigen Geschäftsblicke begabten Nordamerikaner einen doppelt vortheilhaften Klang annimmt!

Wir schließen diesen Abschnitt mit dem wiederholten Mahnrufe an die deutschen Merino-Edelheerdenbesitzer, grundsätzlich und auf das strikteste darauf zu halten, daß sie nur aus solchen Heerden ihr Zucht= material entnehmen, bei welchen die reine und ohne jede Ver= mischung mindestens durch eine längere Reihe von Ge= schlechtsfolgen durchgeführte Fortzüchtung anerkannt ist und unzweifelhaft feststeht, eingedenk jener höchsten Maxime von jeder Thierzüchtung, daß nur eine rein und unvermischt fortgezüchtete Heerde die sichere Garantie der Racenkonstanz und guter Vererbung der angestrebten Eigenschaften bietet, während auf der andren Seite, sowie dieser Grundsatz jemals aufgegeben und die Kreuzung der eig= nen Heerde mit fremden Mestizstücken vorgenommen wird, die gute und sichere Vererbung aufhört und häufige Rückschläge und Unregel= mäßigkeiten in den Produkten aller Art den beginnenden Rückgang der solchergestalt gekreuzten Heerde anzeigen.

B. Was zum Züchten erfordert wird.

Wenn so der Züchter von dem ersten und entscheidendsten Be= dingniß bei jedweder Thierzüchtung sich durchdrungen hat, die Rein= heit des Blutes über Alles zu setzen, dann wird er weiter sich zu vergegenwärtigen haben, welche andren allgemeinen Voraussetzungen es außerdem noch sind, die für eine sachgemäße Züchtung erfordert werden, sofern dieselbe eben zu entsprechenden Resultaten führen soll. Vorweg wollen wir dabei nur die gewichtige Bemerkung hinstellen, daß ein Züchten mit größeren und besondren Erfolgen und die Ver= besserung einer bestimmten Viehrace im allgemeinen ein ebenso schwieriges wie selten erreichtes Ziel und ferner nicht etwa das Werk eines Tages oder eines Jahres, sondern die Aufgabe für eine ganze Lebens=

zeit ist, so daß, wenn heute ein Züchter ganz von vorne mit einer bestimmten Thierrace anfangen wollte, um irgendwelche besondere Tendenz in ihr zur Geltung zu bringen, es dann wohl erst seine Söhne und Nachkommen sein würden, denen die Früchte seiner Geschicklichkeit und seiner Mühen auf diesem Gebiete zu Statten kommen würden, immer freilich dabei vorausgesetzt, daß jene Züchtungstendenz richtig von ihm durchgeführt worden ist. Bei den Schafen speziell ist es indessen anders. Ihre Lebenszeit ist von kurzer Dauer, und die Geschlechtsfolgen in einer einzelnen Heerde reproduziren sich dem entsprechend auch schneller und lassen deshalb auch die angestrebten Züchtungsmaximen früher zur Erscheinung kommen, als dies beim Rindvieh und bei den Pferden der Fall ist. Das hat jetzt auch die jüngste Neuzeit in Betreff der modernen Negrettirichtung gezeigt. Seit etwa einem Jahrzehnt erst ist es her, daß die Besitzer der deutschen Merinoheerden die ausschließliche Feinheitsrichtung der Ungunst der Preiskonjunkturen in Betreff der feinen Wollen zum Opfer gebracht haben, und heute bereits sind wir in der Negrettizucht so weit vorgeschritten, daß es wohl wenige Heerden giebt, deren Besitzer mit Energie diese neue Züchtungsrichtung damals eingeschlagen haben, wo jetzt nicht schon die gedrungenen, tonnenrund gebauten Körper und der volle Bauchbesatz mit dem bis zu den Klauen hinabreichenden Besatz der Beine in der einzelnen Schafheerde durchgängig anzutreffen wären. Und gleichwohl gilt es doch auch hierbei, daß eine systematische Durchführung des Wollmassenprinzips, gleichwie früher die potenzirte Wollfeinheitsrichtung, eine bei weitem längere Zeit beansprucht, und daß sehr wohl mehrere Jahrzehnte darüber vergehen können, bis eine einzelne Heerde es in der bestimmten Richtung zu einem einigermaßen hervorragenden Höhenpunkte namentlich in Bezug darauf gebracht hat, daß sich der neue Charakter auch durchweg bei allen einzelnen Stücken einer solchen Heerde ausgeprägt zeigt. Das hat es eben zu bedeuten, wenn zur Konstanz eine bis zur achten Generation durchgeführte Kreuzung als Erforderniß hingestellt wird. Acht Generationen einer Schafheerde füllen aber bekanntlich so ziemlich schon ein Menschenalter von dreißig Jahren aus.

1. Ausschließliche Beschäftigung des Züchters mit seiner Heerde.

Das wesentlichste und allernothwendigste von diesen allgemeinen Vorbedingnissen für die Viehzüchtung ist nun aber die ausschließ-

liche Beschäftigung des Züchters mit seinem Züchtungs=
zweck und mit seiner Heerde, ein Erforderniß, was jeder Heerden=
besitzer als richtig bestätigen wird, der jemals, und wäre es auch nur
vorübergehend gewesen, sich mit der Thierzüchtung in irgend einer Art
beschäftigt hat. Grade diese ausschließliche Beschäftigung mit seiner
Heerde hat es aber die berühmten Thierzüchter zu so erstaunlichen
Resultaten bringen lassen. Zum Belege müssen wir in dieser Be=
ziehung den vielgenannten englischen Thierzüchter Robert Bakewell
nennen, den Begründer der hoch angesehenen neuen veredelten Lei=
cester=Schafrace, und seinen Zeitgenossen Charles Colling, den Be=
gründer der unvergleichlichen Shorthorn=Rindviehrace, beide etwa seit
der Mitte des vorigen Jahrhunderts in ihrer Blüthezeit und unbe=
stritten als die größten Veredler unsrer Hausthierracen anerkannt, wie
sich Züchter, welche ihnen an Begabung gleich stehen, bis auf die
neuste Zeit doch nur ziemlich wenig gefunden haben. Zu bedauern
ist es, daß von diesem eminenten Robert Bakewell die Züchtungs=
grundsätze nicht bekannt geworden und überliefert sind, die er befolgt
hatte, um jene noch im vorigen Jahrhundert als die „neuen“ Lei=
cesters bezeichnete veredelte Schafrace hervorzuzüchten, welche jetzt all=
gemein als „das Leicesterschaf“ benannt wird. Denn so vollständig hat
diese von ihm hervorgezüchtete Race die ursprüngliche Leicesterschafrace
des vorigen Jahrhunderts verdrängt, daß dies durch ihn verbesserte
Schaf unter dem allgemeinen Gattungsnamen als Leicesterschaf jetzt
speziell verstanden wird. Nur soviel weiß man, daß er von den da=
mals in Aufnahme kommenden Viehmäklern (jobbers), welche in
regelmäßigen Zeitintervallen Yorkshirer Schafe nach den südlichen Ge=
genden Englands herabführten, jedesmal die besten aus ihren Schaf=
beständen sich aussuchte, bevor diese dieselben an die übrigen Landwirthe
weiter verkauften. Auf die Weise erreichte er jene kompakten, vier=
eckigen und rapide mästenden Thiere, und indem er dann auch noch
das richtige Prinzip beobachtete, immer nur die nach seinem Gutachten
als die besten sich erweisenden Stücke zur Fortzucht Jahr aus Jahr
ein zu verwenden, brachte er dann seine Leicesterschafheerde auf jenen
Höhenpunkt der Berühmtheit, daß diese von ihm vervollkommneten
Leicesterschafe als die vorzüglichste Woll= und zugleich Fleisch=Schaf=
gattung Englands bis auf die heutige Gegenwart anerkannt und ohne
ihres Gleichen sind.

Unsre Neuzeit hat nun aber auch einen großen Züchter hervor=
gebracht, der grade auf dem speziellen Gebiete der Kreuzungen durch glück=

liche Begabung und konsequente Ausdauer es zu so überraschenden Resultaten gebracht hat, daß er jenen beiden genannten großen Züchtern ebenbürtig zu werden verspricht und wohl an dieser Stelle genannt zu werden verdient. Es ist das der Züchter Mr. C. Ledger aus Neu-Süd-Wales, dessen Wollproben, die er auf der großen londoner Weltausstellung im Jahre 1862 ausgestellt hatte, eine so außergewöhnliche Aufmerksamkeit, ja Sensation erregten. Denn nicht nur, daß es ihm gelungen ist, die Kreuzung der Leicesterrace mit den Merino's bis zur vierten Generation durchzuführen, was bis jetzt für gradezu unerreichbar gehalten wurde, und dadurch eine Kammwolle von großer Stapellänge zugleich mit der feinen Kräuselung des Merinohaars hervorzubilden, so hat er auch auf einem ähnlichen Gebiete das Unmögliche möglich gemacht, indem er in Betreff der seidenartig feinen Vigognewolle,‘ welche aus Peru bisher ausschließlich ausgeführt wurde und diesem Lande deshalb bis in die neuste Zeit einen so großen Ruf und bedeutende Einnahmequellen zugleich verschafft hatte, eine großartige Kreuzung ebenfalls erfolgreich durchgeführt hat. Mr. Ledger hat es nämlich unternommen die Alpakaschafe mit den Lama's zu kreuzen, und er hat in der That daraus eine fruchtbare Kreuzung erzielt, was bisher für völlig unmöglich erachtet worden war, indem man in Folge zahlreicher immer fehlgeschlagener Versuche schließlich allgemein zu der Ansicht gekommen war, daß die Produkte aus solcher Kreuzung unfruchtbar seien, und er hat dann auch diese Kreuzung bis zur vierten Geschlechtsfolge vollends durchgeführt, wovon die ausgelegten Proben begreiflich in hohem Maße interessant waren. Wenn nun auch die Zahl der eminenten und durch großartige Resultate hervorragenden Züchter begreiflich eine geringere ist, so haben wir doch in unsrer neueren Zeit grade eine Reihe von begabten Thierzüchtern und so auch in unsrem Vaterlande, welche alle sich die Verbesserung der betreffenden Thierracen zum speziellen Lebenszwecke machen. Aber freilich, dies gehört auch, wie gesagt, als unerläßliche Voraussetzung dazu, wenn man es zu irgend ersprießlichen Erfolgen darin bringen will. Und es dürfen auch die nach dem Laufe der Welt nicht zu vermeidenden Enttäuschungen von dem rüstigen Vorwärtsschreiten in dem einmal begonnenen Vorhaben nicht zurückhalten. In dieser Beziehung hat namentlich das konsequente Sinken der Preise für die so mühsam gezüchteten feinen Wollen so manchem Besitzer von Edelheerden, der bisher selbst und mit Nachdruck die Fortzüchtung seiner Heerde geleitet hatte, das ganze Schafzüchten verleidet und ihn veranlaßt, die Weiterzüchtung der schönen einzelnen Heerde seinen Schäfern oder einem der Schafzüchter von Profession zu überlassen, wobei es dann häufig nicht ausbleiben konnte, daß, da dem Schäfer eben nur die liebe alte Gewohnheit der Paarung zur Seite zu stehen und dagegen grade die Hauptsache, jene gewisse schöpferische Begabung bei der Auswahl der bevorzugteren Thiere abzugehen pflegt, die vornehmlich beim Züchten so wichtig ist, die Fachzüchter aber meist derartig mit zahlreichen ihnen zur Leitung anvertrauten Heerden überbürdet sind, daß sie die einzelnen Heerden immer nur selten zu besichtigen und zu kontrolliren im Stande sind, ganz natürlich solche betreffende Heerde, wenn sie auch grade nicht in der Züchtung zurückgeht, doch allmälig in die Kategorie der allgemeinen Unbedeutenheit verfällt und ihre besondre Bevorzugung, welche sie früher auszeichnete, sicher verliert. In dieser Weise ist namentlich in neuster Zeit so manche feine und früher wohl berühmte Heerde sehr schnell in Unbekanntschaft und Vergessenheit verfallen. Nichts beweist aber wieder so unwiderleglich als diese Erfahrung, wie wesentlich doch das Gedeihen einer Heerde von der nothwendigen oberen Leitung eines intelligenten Züchters abhängt. Denn es gehört zu allem Thierzüchten nun einmal unerläßlich jene beharrliche Aufmerksamkeit, womit der Geist des einzelnen Züchters ungetheilt grade auf dieses eine vorgesteckte Ziel hingerichtet bleiben muß. Und wie der Engländer zu sagen pflegt, um es im Leben zu Erfolgen zu bringen, muß der Mensch ausschließlich nur einen bestimmt vorgesetzten Zweck verfolgen. Ein Züchter speziell hat aber die Aufgabe, die Tendenzen und die Resultate von jedem einzelnen Thiere Tag für Tag zu überwachen, denn eine einzige Beimischung von selbst nur einer fehlerhaften Eigenschaft in seiner Heerde kann unter Umständen dahin führen, sofern solch' Produkt nicht sofort ausgemerzt wird, die ganze Nachzucht in Gefahr zu bringen. Und nicht beharrliche Achtsamkeit allein genügt, sondern es gehört zu einem Züchter überdies auch noch ein besondres Vermögen im richtigen Unterscheiden und Herauserkennen der Charaktereigenschaften von den einzelnen Thieren, weil nur bei einem klaren Erfassen des Gewollten er als Regel richtig darin urtheilen wird. Und wenn er mit promptem Blicke sofort ersieht, welches Material für seine Heerde zuträglich ist, so kann er dann auch stets mit Leichtigkeit das zur Verbesserung gewisser Eigenschaften benöthigte Thier an der einen oder andren Stelle erlangen.

Janke, Schafzüchtung.   5

Indessen läßt es sich nicht läugnen, daß die Schwierigkeiten, welche in unsrer heutigen Zeit sich der Thierzüchtung entgegenstellen, doch von ganz andrer Natur wie jene sind, mit welchen jene berühmten Züchter des vorigen Jahrhunderts zu kämpfen hatten. Denn diese hatten gleichsam aus dem Rohmaterial heraus sich erst eine Grundlage noch zu schaffen, die sie dann eben auf ihre eigne Hand durch die verschiedenen Stadien bis zu dem erstrebten Züchtungsziele durchbildeten. Der moderne Züchter findet dagegen unter den heutigen Viehgattungen eine so große Mannigfaltigkeit, daß es ihm nicht schwer fallen kann sehr bald die für seine Züchtungspläne benöthigten Eigenschaften bei den vorhandenen Thierexemplaren auszuwählen, und selbst die Schwierigkeiten bei dieser Auswahl sind verhältnißmäßig gering. Gleichwohl gehört auf der andren Seite heutzutage wieder viel Geschick dazu, grade nun auch eine bestimmte Varietät von Thieren in einer bestimmten Race obenan hinzustellen, wenn man so viele vortreffliche Gattungen zur Züchtung vor sich hat. Und in der Beziehung waren jene älteren Züchter besser gestellt. Denn wenn ihnen gleich von ihren Vätern her bestimmte Züchtungsgrundsätze oder Erfahrungen nicht überkommen waren, so hatten sie doch wieder das ganze Gebiet gleichsam unausgebeutet vor sich und keine Mitwerber neben sich, und die Racen, welche sie veredelten, waren dann doch auch so beschaffen, daß jeder Schritt, welchen sie in der Racenverbesserung thaten, immer handgreiflich und bestimmt hervortrat, da bei ihnen weniger Kombinationen von Blutmischung nöthig waren und sie in Folge dessen natürlich auch weniger Fehlschläge zu riskiren hatten. So ist denn also nach allem die Aufgabe für den Züchter heutzutage im Ganzen doch eine schwierigere, weil verwickeltere, und es wird dazu grade deshalb eine genaue Kenntniß der Züchtungsgrundsätze und deren verständige Anwendung mit Nothwendigkeit erfordert.

Und gewiß ist es ein wahres Wort von Charles Darwin in seinem berühmten Werke über den Ursprung der Spezien, womit wir diese Betrachtung beschließen wollen*), wie er den rechten Züchter beschreibt: „Kein Mann unter Tausenden hat Akkuratesse des Auges und Urtheil genug, um ein Züchter von Bedeutung zu werden. Ist er aber mit diesen Vorzügen begabt, und studirt er dann in seinem Berufe Jahre lang, und widmet er ihm seine ganze Lebenszeit mit unbeugsamer Ausdauer, dann hat er freilich die Gewißheit, daß er es

---

*) Darwin Origin of species.

zu Etwas bringt, und daß er große Verbesserungen hervorrufen wird. Fehlt es ihm dagegen an nur einer von jenen Eigenschaften, so kann er sicher sein, daß er seinen Beruf verfehlt!"

2. Ein bestimmt vorgestellter Züchtungszweck.

Nirgends aber wie grade bei der Thierzüchtung ist es von so entscheidender Bedeutung, daß der Züchter von vorn herein und in jedem Momente des Fortganges seiner Heerde sich des Züchtungszweckes genau bewußt bleibt, den er sich einmal als die Tendenz seines Unternehmens vorgestellt hat. Fast möchte es beim ersten Anblick als etwas sehr Ueberflüssiges erscheinen, überhaupt auf diesen Punkt besonders noch hinzuweisen, da er sich ja eigentlich von selbst versteht. Und dennoch tritt grade hier beim Züchten die Tendenz so wesentlich in den Vordergrund, da jede einzelne Paarung in der Heerde genau erwogen und vermerkt werden muß und jedes einzelne Thier von seiner Geburt ab bis zu seinem spätern Ausscheiden aus der Heerde ununterbrochen unter der beobachtenden Aufsicht des Züchters bleibt, wenn der Züchtungszweck mit Energie erstrebt werden soll.

Nehmen wir ferner einmal an, es sei die Wollmassenzüchtung, die jetzt so in Aufnahme ist, der vornehmliche Züchtungszweck eines Schafheerdenbesitzers, so muß sich derselbe dabei von vorn herein bewußt werden, welche tiefere Bedeutung diese Züchtungsrichtung in sich umfaßt. Er hat sich also zunächst zu vergegenwärtigen, welche besondren Eigenschaften seine Heerde ausgebildet enthält, und was ihr fehlt und folglich hinzutreten muß, um die Nachkommenschaft in diese neue Richtung überzuführen. Er wird mithin zunächst den Körperbau seiner Schafe genauer zu besichtigen, und wenn ihnen die Elektoralform noch stellenweise anhängt, die einzelnen Punkte sich genau zu merken haben, bei denen eine Umformung geboten erscheint, um eben den gedrungenen kräftigen Körper mit tonnenrundem, tieferem Leib und stärkerem Knochenbau und die übrigen Einzelheiten in der Struktur der Thiere, welche die charakteristischen Eigenschaften eines Negretti's sind, nämlich die breite Brust und Rücken, den breiten und kurzen Kopf, das abgestumpfte Gesicht und die kurzen aber knochigen Beine in der künftigen Nachzucht hervorzubringen. Er wird dann speziell auf das Vließ sein Augenmerk zu lenken haben und dabei von vorn herein den Grundsatz wohl beherzigen müssen, daß er den größeren Wollreichthum,

welchen er hinfortan erzielen will, jedenfalls nur auf Kosten der Hoch=
feinheit der jetzt in seiner Heerde vorhandenen Wolle und oft auch
der Ausgeglichenheit der Wollvließe zu erlangen im Stande ist, und
daß er aus diesem Grunde jetzt die Super=Electa= und selbst die erste
Electa=Feinheit, bei welcher er bisher freilich bloß zwei bis zweiund=
einhalb Pfund Wolle vom Stücke schor, hinfortan aufgeben und statt
deren die von ihm nunmehr hervorzuzüchtende gute Prima= bis Se=
kunda=Electawollqualität, jedoch bei drei Pfund Schurgewicht für das
einzelne Schaf, zu gewinnen suchen muß, wobei denn auch eine dickere
und geräumige Haut von gröberer Organisation allmälig bei den
Thieren zum Vorschein kommen wird, auf welcher eine derbere und
kräftigere Wolle mit schwerflüssigem Fettschweiß statt der sanftwolligen
frühern Elektorals mit ihrem milden und elastischen Wollhaar und
öligen Schweiße sich entwickelt, die bei der jungen Nachzucht aber den
Bauch mit ebenso reichem Wollbesatze wie auf dem Rücken und gleicher
Weise auch die Beine bis tief auf die Klauen herab mit dichter Wolle
besetzt darstellt.

Wenn aber solcher Weise ein Züchter sich genau darüber aufge=
klärt hat, welche speziellen Eigenschaften seine Heerde gegenwärtig nicht
hat, und welches die neuen Eigenschaften und Umbildungen sind, die
mit der Heerde vorgenommen werden müssen, um die neu erstrebte
Richtung hervorzubilden, dann muß er sich auch noch die Gefahren
vorführen, welche er zu gewärtigen und somit zu vermeiden hat. und
die Opfer ins Gedächtniß bringen, welche die von ihm angestrebte Rich=
tung verlangt. Bleiben wir in Bezug hierauf wieder bei der Woll=
massenrichtung stehen, so wird dabei, wie wir schon kennen lernten, die
Hochfeinheit immer geopfert und diese auf die Electa=Sekunda=, ja Prima=
wollqualität als Maximum der Feinheit zurückgeführt werden. Es ist
aber außerdem die Gefahr der Verschlechterung der Heerden besonders
bei einer einseitigen Verfolgung jenes Wollmassen=Züchtungszwecks und
ebenso die Besorgniß der Gewinnung von größerem Reichthum an Woll=
fett statt an Wolle grade hier eine sehr naheliegende. Man ver=
gegenwärtige sich hierbei nur immer den alten Satz, daß eine wirkliche
Wollmasse nur bei vorhandenem haardichtem Stande und streng regel=
rechtem Wuchse der Wollhaare erreichbar ist. Werden nun auf eine
Heerde von dieser letztbeschriebenen Beschaffenheit Stäre mit groben
und langen Wollvließen gebracht, so liegt auf der Hand, daß weil die
groben Haare doch niemals den haardichten Stand der feinen Wolle
erlangen, somit auch dieser letztere in Folge der Paarung mit gröberen

Sprungböcken nothwendig zum Opfer gebracht wird, und es leuchtet auch ferner ein, daß bei einer heterogenen Paarung nicht nur der Wuchs des Wollhaars leicht ein verworrener, sondern daß er auch durch die größere Länge im Stapelbau verschlechtert wird. Und ganz ähnlich. verhält es sich mit der Gefahr der Vermehrung des Fettschweißes, der wie Jedermann sich durch nur oberflächliche Besichtigung solcher Massenwolle mittelst eines einfachen Vergrößerungsglases sofort überzeugen kann, nicht in dem Wollhaar steckt, sondern dem Wollhaar auswendig dick anklebt. Es wird also durch so beschaffene reichlichste Fettschweißquantitäten das reine Gewicht der Wolle nicht vermehrt, da deren Reingewicht nach Entfernung des Fettschweißes in Folge der Wäsche, wie dies vorgekommen ist, oft bis auf nur einige vierzig, ja dreißig Prozent schwindet.

3. Die Wahl der richtigen Mittel zur Erreichung des Züchtungszwecks.

Ist einmal ein Züchter mit sich genau über den bestimmten Zweck im Klaren, den er bei seiner vorhabenden Züchtung erreichen will, dann tritt an ihn weiter die Sorge für die Erlangung der richtigen Mittel, um zu seinem Ziel zu gelangen, in den Vordergrund.

Hierbei ist nun aber die allernächste und wichtigste Maxime, **immer nur von dem besten Material zu züchten**, was irgend nur für ihn erreichbar ist, eine Maxime, welcher jene mehrfach erwähnten großen englischen Züchter hauptsächlich die großen Erfolge, die sie erlangt, zu verdanken haben. Gleichwohl hat diese Regel ihre gewissen Grenzen und Beschränkungen, denn es liegt nicht so ganz in der Unmöglichkeit, daß ein Heerdenbesitzer gradezu seine Heerde dadurch ruiniren kann, daß er sich zu genau daran bindet und nicht auf das, was dabei vorangehen und im Gefolge sein muß, sorgfältig achtet. Im Allgemeinen giebt es nun aber zwei Weisen, um jene Regel zu verwirklichen. Es kann ein Landwirth nämlich durch ganz Deutschland reisen, um den schönsten Sprungbock zu erlangen und einige vorzügliche Mutterschafe dazu zu kaufen. Von diesen wählt er darauf die am meisten versprechenden heraus, in der Voraussetzung, durch dieses Mittel sicher für die eigne Heerde ein besseres Zuchtmaterial zu gewinnen. Allein das Resultat aus diesem Züchtungsverfahren erweist sich schon in nicht zu langer Zeit als ein Produkt von ihrem Charakter nach ganz unbestimmten Mestizschafen, und er erfährt danach zu spät, daß gewisse Tendenzen, welche weit zurück in der Geschlechts= folge dieser von ihm auserwählten Schafgattung ihren Ursprung hatten, hier bei ihm wieder hervorgetreten waren, indem sie in dem einen Falle modifizirt, in dem andern untreu sich darstellten, und dies gieng dann, im Falle er es ruhig sich entwickeln ließ, so lange fort, bis am Ende in der ganzen Heerde die Anzeichen von einem unterscheidungslosen und unsachgemäßen Pfuschen im Züchten hervorzutreten begannen. Ein andrer Heerdenbesitzer ist dagegen wieder besser mit den Grundsätzen bekannt, welche die Lebensentwicklung regeln. Er beschränkt sich des= halb lediglich auf seine eigne Heerde und wählt aus ihr immer nur die besten Stücke heraus, wobei er zugleich nur solche Thiere zusammen= paart, von denen er genau weiß, daß sie derselben Familie zugehören. So züchtet er nun fort, indem er konsequent zunächst etwa nur die größere Körperentwicklung den Thieren zu verschaffen strebt. Aus diesem Grunde wählt er daher auch anfänglich nicht etwa diejenigen Stücke aus der Heerde aus, welche die meisten günstigen Eigenschaften vereinigt besitzen, dabei aber vielleicht die größte Körperfigur haben, im übrigen indessen mit der Heerde nicht harmoniren, sondern er paart stets nur solche Schafe, welche bei aufmerksamer Beobachtung die leicht herauserkennbare Tendenz offenbaren, in bestimmter gleichmäßiger Rich= tung hin nicht bloß zufällig etwa die einzelnen Individuen sondern die gesammte Heerde mit ihrem Charakter zu durchdringen. In diesem Systeme züchtet er konsequent fort, um auf solchem Wege langsam, aber desto sichrer die eigne Heerde zu verbessern.

Der Erfolg von dem zuletzt beschriebenen Verfahren ist dann aber schließlich der, daß hier die einzelnen Thiere in der Heerde all= mälig nach der angestrebten Richtung hin verbessert werden und doch dabei gleichartig ihren allgemeinen Charakter bewahren, und es trägt diese Verbesserung selbst dann auch das Gepräge einer Art von Per= manenz und Gleichmäßigkeit in allen hauptsächlichen Eigenschaften von ihr zur Schau, welche ihr eine sichere Vererbung garantirt.

Während also die Heerde des zuerst besprochenen Züchters vielleicht in bunter Mannigfaltigkeit große und kleine, stark in den Knochen gebaute und dann wieder zart geformte sogenannte „Blutthiere" und daneben in der Wolle derbe und feine, grobe und sanftwollige Thiere, und Alles in Allem immer nur eine Mestiz= oder Bastardheerde darstellt, in welcher kaum ein einzelnes Thier für sich hinreichenden Werth besitzt, um daraus eine brauchbare Heerde herauszubilden und noch weniger ver=

läßlich für irgend welche künftige Züchtung erscheint: besitzt der zuletzt beschriebene Züchter in Folge seines vorsichtigen und sachgemäßen Vorgehens eine durchgehends homogen gezüchtete, gleichmäßige Heerde, was jederzeit ein sicherer Beweis sowohl von Reinheit der Blutmischung in der einzelnen Heerde, wie andrerseits von Verständniß im Züchten ist. Und dennoch hat kein im Züchten Unbewanderter jemals eine Heerde längere Zeit in dem Stande von durchgängiger Homogenität und vollständiger Aehnlichkeit der einzelnen Thiere unter einander zu bewahren vermocht.

Gewöhnlich verfahren nun aber die intelligenteren und von Verständniß im Züchten durchdrungenen Heerdenbesitzer in der Weise, daß sie die Mutterschafe aus der eignen Heerde zur Zucht nehmen und von andern Stammschäfereien die der neu angestrebten Richtung entsprechenden Zuchtböcke entnehmen. Dabei treffen dieselben in der Regel zunächst in Bezug auf die weiblichen Thiere in ihrer Heerde eine zweifache Auswahl, daß sie nämlich zu allererst alle diejenigen Mutterschafe in ihrer Heerde ausmerzen, welche sich für die neue Züchtung nicht geeignet erweisen, alsdann aber von den übrigen Schafmuttern von den vorhergehenden Jahren die besten Stücke auslesen, und indem sie dann weiter ein festes Auge immer auf die als Zweck der Zucht vorgestellten entscheidenden Eigenschaften jener Thiere richten, einen Sprungbock mit ihnen zusammenpaaren, welcher aus ihrer Familie und aus möglichst reiner Züchtung hervorgegangen ist, zugleich aber für die ganze Körperbeschaffenheit der Mutterschafe sich durchgängig eignet. Nur so kann freilich eine gute Heerde herausgebildet werden.

Und gleichwohl fehlt noch Vieles, trotz dieses an sich durchaus angemessenen zuletzt angegebenen Verfahrens, um den Zweck der Züchtung, die Verbesserung der Heerde in einer bestimmt angestrebten Richtung auch mit sicherer Aussicht auf Erfolg zu erreichen. Es gehört dazu eben eine genaue und durchdrungene Kenntniß der tieferen Züchtungsprinzipien und die jederzeit richtige und sachgemäße Anwendung derselben auf den vorliegenden einzelnen Fall. Die ausführlichere Darstellung dieser Züchtungsgrundsätze soll uns daher jetzt ausschließlich beschäftigen.

C. Die Züchtungsgrundsätze.

1. Die Vererbung der Eigenschaften.

Der oberste Lehrsatz, welcher bei der Thierzüchtung als der von dem Menschen in Bezug auf unsre Hausthiere geübten Kunst zur Geltung kommt, solche männliche und weibliche Thiere zur Paarung auszuwählen, welche am besten geeignet erscheinen durch ihre beiderseitige Vermischung eine verbesserte und homogene Nachzucht hervorzubringen, ist der vielfach aufgestellte Satz: „daß Gleiches auch immmer wieder Gleiches erzeugt." In der That enthält dieser Lehrsatz eine Erfahrung in sich, welche als die erste und bedeutsamste bei der Verfolgung jedes Züchtungszweckes stets fest im Auge behalten werden muß, zumal sie das Ergebniß eines tiefbegründeten Naturgesetzes begreift und die Erkenntniß in sich schließt, daß regelmäßig die besonderen individuellen charakteristischen Eigenschaften der Eltern auch auf die Nachkommenschaft übergehen und vererben. Allerdings stellt dieser Satz die allgemein maßgebende Maxime hin. Weil aber die Natur sich nicht an strenge Regeln bindet, sondern die größte Mannigfaltigkeit in ihren Bildungen liebt, so hat auch dieser Grundsatz in dem alltäglichen Leben seinen weiten Spielraum von Ausnahmen und Abweichungen von der großen Regel. Oft trifft man nämlich Thiere an, die ihren Eltern mehr oder weniger ungleich sind, die aber dabei doch eine bestimmt ausgeprägte Aehnlichkeit von entfernteren Voreltern ererbt haben, mitunter zu solchen, die verschiedene Geschlechtsfolgen vor ihnen existirten. Dies letztere bezeichnet man technisch als „Rückschlag." Andrerseits kommt es aber wieder vor, daß wiewohl die junge Nachkommenschaft ihren unmittelbaren Eltern genau ähnelt, dennoch die Art der Uebertragung der Eigenschaften keine gleichmäßige ist, indem die jungen Thiere bald dem einen und bald wieder dem andern von ihren Eltern genau gleichen, sehr häufig und wohl beinahe immer aber eine modifizirte Aehnlichkeit mit beiden Eltern zur Schau tragen.

Bis jetzt ist es freilich noch nicht gelungen die tieferen physiologischen Ursachen und Gesetze zum vollen Verständniß darzulegen, welche die erbliche Uebertragung der natürlichen Formen und Eigenthümlichkeiten von den Elternthieren auf die Nachzucht regeln und die genau entsprechende Entwicklung des jedesmaligen Körperbaus maßgebend bestimmen, wonach also der Fötus im Mutterleibe nothwendig jedesmal die bestimmte Form seiner Gattung annimmt, und derzufolge andrer= seits wieder ein jedes lebende Wesen seine besondere Individualität erhält, welche es dann sein ganzes Leben hindurch beibehält, und welche es von jedem andren Thiere derselben Familie und Gattung sichtlich unter= scheidet. Auch wird es der menschliche Geist selbst bei dem eingehend= sten Studium aller Analogien und Präzedenzfälle wohl niemals er= reichen können, daß er die maßgebenden Einwirkungen dabei auch nur entfernt mit einiger Gewißheit vorausbestimmen könnte. Und dennoch ist bei einem geeigneten Züchtungsverfahren wohl soviel zu erreichen, daß der Züchter jene Einwirkungen wenigstens bis zu einem gewissen und vielleicht nicht unbeträchtlichen Grade zu überwachen und in solchen Grenzen zu erhalten vermag, welche seinen bestimmten Zwecken ent= sprechen. Er wird ihm ferner auch wohl gelingen alle die mannig= fachen Uebelstände zu vermeiden, welche aus gemischten Erzeugungen naturgemäß hervorgehen, ja jene freilich der Zahl nach geringen Züchter von hervorragender Begabung und besonderem Geschicke in der Errei= chung ihrer bestimmt vorgesteckten Züchtungszwecke vermochten es so= gar dahin zu bringen, daß sie dauernde Verbesserungen in den Formen und Eigenthümlichkeiten in ihren Heerden hervorzüchteten, welche dann für alle Zukunft der Menschheit zu Gute gekommen sind.

So oft nun aber das männliche und das weibliche Elternthier die gleiche Besonderheit in ihrem Körperbau und dieselben guten Eigen= schaften besitzen, dann ist im Allgemeinen wohl die Wahrscheinlichkeit sehr groß, daß auch ihre Nachkommenschaft sie in gleicher Weise zu eigen haben wird, weil eben erfahrungsmäßig die Nachzucht in der Regel den Körperbau ihrer unmittelbaren Erzeuger ererbt. Ob das junge Thier aber in diesem speziellen Falle diesen oder jenen besondren Theil seiner Struktur von dem einen oder andren Elternthiere oder theilweise von ihnen beiden überkommt, immer wird es jedenfalls da= bei doch die gleiche besondere Form erlangen, weil ja die beiden Eltern= thiere in Bezug hierauf einander gleich waren. Tritt jedoch nun dazu noch der Umstand, daß auch alle die entfernteren Voreltern ebenfalls denselben Punkt durch längere Geschlechtsfolgen besaßen, dann muß die Nachkommenschaft nach dem ordentlichen Laufe der Natur sogar mit völliger Sicherheit die gleiche Struktur ihrer Gattung ererben, denn sie mag dann auch zurückschlagen, zu welchen Vorelternthieren sie immer wolle, stets muß sich hier doch bei ihr mit natürlicher Nothwendigkeit die gleiche Konformation ergeben, eine Grundregel, welche selbstver=

ständlich ebensowohl auf die besonderen Eigenschaften wie auf die all=
gemeinen Körperformen ihre Anwendung findet. Und grade darin
muß denn auch die einfache Erklärung von der Erscheinung gefunden
werden, daß wenn wir immer nur reinblütige oder rein unter sich
fortgezüchtete Thiere zusammenpaaren, die einer und derselben Race
und Familie angehören, eben Gleiches immer auch Gleiches, was eben
die Familienähnlichkeit betrifft, in konsequenter und unbegrenzter Reihen=
folge hervorbringt, und dies schließt nothwendig wieder eine verhältniß=
mäßig beträchtliche Gleichheit der einzelnen Individualitäten in sich ein.
Grade aber jene durch lange Geschlechtsfolgen durchgeführte Erhaltung
und Uebertragung derselben Eigenthümlichkeiten fort und fort auf die
Abkömmlinge von einer bestimmten Familie ist es, die allmälig jene
eigenthümliche nachhaltig und mächtig wirkende Vererbungskraft
hervorbildet, welche wir technisch mit dem Ausdrucke „Blut" zu be=
zeichnen pflegen. Und was wir ferner als „Reinheit des Blutes"
bezeichnen, ist danach nichts andres als das äußerste Entfernthalten
einer bestimmten Gattung von jeder Blutvermischung mit irgend einer
andren nicht zu ihr gehörigen Familie!*)

Sobald man auf der andren Seite dagegen Mestizschafe zu=
sammenpaart, welche aus der Kreuzung von verschiedenen Racen her=
vorgegangen waren, so vermag selbst die auffallendste Aehnlichkeit von
solchen Elternthieren in beliebig welchen Punkten, sofern dieselben nicht
etwa zufällig beiden Racen gemeinsam eigen sind, doch nicht die Ver=
erbung ihrer charakteristischen Eigenschaften auf ihre Nachkommenschaft
auch nur in Bezug auf diese Punkte zu sichern, im Gegentheile wird
wohl fast immer mit ziemlicher Sicherheit zu erwarten sein, daß die
Nachzucht von ihnen verschiedene Eigenschaften zur Schau tragen wird,
indem dieselbe in dieser Beziehung entweder auf ihre früheren Vor=
eltern, mit denen die Kreuzung begann, zurückschlägt oder auch nach
irgend einem ihrer mittelbaren und theilweise bereits assimilirten Vor=
ahnen artet. Und dabei muß sich ein Züchter ferner überdies auch
noch darauf gefaßt machen, daß diese gelegentlichen Rückschläge und

---

*) In England fängt man neuerdings an in gewiß richtiger Begriffssonde=
rung die Ausdrücke »pure blood, thorough-bred« und »clean-bred« auseinander
zu halten und unter pure blood eben jene reine, unvermischte Fortpflanzung
des Racenbluts, unter thorough-bred, auch full-bred, das durch lange Gene=
rationen hervorgebildete Vollblut und endlich unter der Bezeichnung clean-bred
diejenigen Pferde oder Rinder zu verstehen, welche in das große »Stud-book« (für
edle Pferde) oder »Herd-book« (für Rindviehracen) eingetragen worden sind.

dieses konsequente Abweichen von dem vorwaltenden Typus noch auf eine größere Anzahl von Geschlechtsfolgen hin sich fortsetzt, und die einzige Möglichkeit zur Beseitigung bleibt eben immer nur ein lang fortgesetztes und stets gleichmäßiges Fortzüchten in einer bestimmten Richtung, wobei mit rigoroser Strenge ein jedes Thier ausgemerzt werden muß, was irgend auch nur im Entferntesten eine Hinneigung zu solcher Abweichung zeigt.

Indessen ein Heerdenbesitzer kann nun einmal nicht immer fort, gleichviel ob er reinblütige oder Mestizheerden fortzüchtet, von ganz oder auch nur annähernd vollkommnen Individuen oder von solchen Thieren züchten, welche in ihrem Körperbau und ihren sonstigen Eigenschaften durchaus und in jeder Beziehung gleich sind, und die liebe Noth, oft vielleicht aber auch die Sparsamkeit, veranlaßt deshalb die Züchter häufig von Zuchtmaterialien Gebrauch zu machen, welche sie unter andern Verhältnissen nicht zu dem bestimmten Züchtungszwecke verwenden würden. Allein selbst in solchen Fällen muß es immer das Augenmerk des Züchters bleiben, die Unvollkommenheiten des einen Elternthieres durch die besondere Vorzüglichkeit des andren in Bezug auf dieselbe Eigenschaft zu paralysiren und auszugleichen, und da es bei einer jeden Züchtung regelmäßig die Hauptaufgabe bleiben wird, einen bestimmten Fehler oder eine bestimmte Unvollkommenheit zu beseitigen und zu überwinden, so muß die Auswahl bei der Paarung der Zuchtthiere in der Weise getroffen werden, daß man ein Thier aussucht, — in der Regel das männliche, — dessen eigenthümliche phy= sische Entwicklung in allen übrigen Punkten soviel wie möglich mit der Heerde harmonirt, speziell aber den ge= wünschten einen Punkt in Vollendung zeigt. Wiewohl dann bei der ersten Nachkommenschaft noch eine geringe Ausprägung der bestimmten Eigenschaft sich zeigen wird, so wird doch, sobald dieses Verfahren gleichmäßig fortgesetzt wird und die Nachzucht später immer wieder mit Thieren von genau der gleichen Körperstruktur gepaart wird, der Eindruck von solcher Zuchtbestrebung schon deutlicher hervorzutreten und sich präziser kenntlich zu machen beginnen. Und dennoch wird immer noch ein gewisses Schwanken sich zu zeigen fortfahren, und erst nach lange fortgeführten Anstrengungen und nach langwierigem, beftän= digem Wiederholen einer sorgfältigen Auswahl der zur Weiterzucht ge= eigneten und Ausmerzung der ungeeigneten Stücke wird endlich ein Züchter dahin gelangen, daß sich eine solche angestrebte Eigenschaft als

konstante und charakteristische Eigenthümlichkeit in seiner Heerde aus=
bildet, welche dann allerdings auch für lange Zeit hinaus sich konstant
in der Heerde als das Resultat einer richtigen Vererbung erhalten
wird.

Auf der andren Seite müssen sowohl die erblichen Prädisposi=
tionen von Zuchtthieren wie ihre aktuell vorhandenen charakteristischen
Eigenschaften genau berücksichtigt werden. Nehmen wir also als Bei=
spiel den Fall an, daß ein Züchter, welchem ein Theil seiner Mutter=
schafe zu kurzwollig ist, seine Heerde in Bezug hierauf verbessern will,
so muß er diese Mutterschafe, vorausgesetzt daß alle andren
Punkte gleich sind, mit einem besonders langwolligen Zuchtbock
zusammenbringen. War nun in diesem Falle der langwollige Bock
aus einer Geschlechtsfolge von gleichmäßig immer kurzwolligen Vor=
eltern hervorgegangen, so war diese Länge von seiner Wolle eine nur
„zufällige“ Eigenschaft des Thieres, und es ist danach somit wenig
Wahrscheinlichkeit vorhanden, daß er eine lange Wolle mit Gleichmäßig=
keit und Nachdruck auf seine aus kurzwolligen Schafen hervorgegangene
Nachzucht übertragen wird, ja es würde auch keine Gewißheit dafür
gegeben sein, wenn selbst jene Mutterschafe langwollige Thiere gewesen
wären.

Im Allgemeinen muß nun darauf hingewiesen werden, daß die
sogenannten „zufälligen“ Eigenschaften, welche bei einzelnen Stücken
in einer Heerde zum Vorschein kommen, an sich der Regel nach als
das Ergebniß eines Rückschlages nach einem inzwischen in
Vergessenheit gerathenen Vorfahren sich erweisen, doch sind
sie bisweilen allerdings auch rein zufälliger Natur. In derartigen
Fällen müssen sie aber stets als Ausnahmen betrachtet werden, welche
daher auch bei keinem von den bekannten Gesetzen der Fortpflanzung
in Rechnung gezogen werden dürfen, und man muß in Betreff ihrer
gradezu als Regel hinstellen, daß solche zufällig hervortre=
tenden Eigenschaften nicht auf die Nachkommenschaft ver=
erben, höchstens daß sie in schwacher Wiederholung sich auf die
erste Generation fortpflanzen und dann für immer wieder ver=
schwinden. Indessen bisweilen trifft es allerdings doch zu, daß sie
sich mit Nachdruck reproduziren, und dann hat der Züchter einen trif=
tigen Grund, sie durch Inzucht zwischen den andern naheverwandten
Thieren in der Heerde, welche diese zufällige Eigenschaft ebenfalls be=
sitzen, systematisch zu kultiviren, und es dauert dann in der Regel auch
nicht lange, daß dergleichen ursprünglich sonach zufällige, demnächst aber

wiederholt hervortretende Eigenschaften in den folgenden Geschlechtern dem Anscheine nach ebenso fest begründet sich ausprägen wie alle die alten und lange vorhandenen Besonderheiten derselben Heerde.

Der Amerikaner Randall, auf dessen wohl durchdachte und von reifer Erfahrung zeugende Lehren wir ziemlich oft zurückkommen,*) führt als ein richtiges Beispiel hierfür die bekannten französischen Mauchamp Merino's an, in Betreff deren Entstehung erzählt wird, daß im Jahre 1828 ein Mutterschaf ein ganz absonderliches Lamm brachte, welches eine von den gewöhnlichen Merino's abweichende Figur zeigte und eine lange, ungekräuselte, seidenartige Wolle, dem Mohair ähnlich und durch ihre Kammwollenqualität bemerkbar, besaß. Der Eigenthümer der Heerde züchtete von diesem Lamme andere in Beziehung auf seine Figur und Wollcharakter ihm ganz gleichfallende Thiere hervor, und in jedem folgenden Jahre, so fährt der Bericht fort, waren die Lämmer der Heerde fort und fort von zweierlei Art ihrem Charaktertypus nach gefallen, nämlich eine Partie mit gekräuselter und elastischer Wolle in der Art der alten Merino's, nur um ein weniges länger und feiner, und die andre von der beschriebenen Wollqualität der neuen Race. Und wirklich erlangte. jener Züchter schließlich eine Heerde, welche ein feines, seidenartiges Bließ mit einem kleineren Kopfe, breiteren Flanken und einer geräumigeren Brust verband. Der praktische Randall spöttelt hierbei über diese Entstehungsgeschichte, indem er diese neue Züchtung als eine leidlich gute Gattung von Mestizschafen oder Bastarden zwischen einem Merinoschafe und irgend einer langwolligen Varietät analysirt. Denn „zufällige" Eigenschaften, so führt er aus, welche beim Züchten von reinblütigen Thieren von derselben Blutmischung sich entwickeln, wandeln niemals wie mit einem Sprunge die bestimmt ausgeprägten Charaktereigenthümlichkeiten in solcher Vollblutheerde weder in den wesentlichen Eigenschaften der Wolle noch in der allgemeinen Körperform um.

Gleichwohl sind derartige glaubwürdige Fälle von kräftiger Vererbung von zufälligen Eigenschaften, welche auch sichtbare Veränderungen zur Folge haben, im Allgemeinen häufig genug. Solche Fälle aber, welche bloß geringe und unbedeutende Abwandlungen oder Aenderungen begründen, und die daher von weniger gewiegten Beobachtern meist gar nicht bemerkt werden, sind sogar noch zahlreicher. Grade hierbei hat nun ein richtiges Herauserkennen dieser letztern und ein gleich-

---

*) Randall, The practical shepherd S. 101.

zeitiges Kultiviren immer nur der guten Eigenschaften darunter die begabteren Züchter daraus so manche ihrer allerglücklichsten Verbesserungen hervorbilden lassen, wie denn das in der That auch der geeignetste Weg ist, um die Nachzucht in Bezug auf irgend einen aufgestellten Punkt über das Niveau ihrer Eltern und aller ihrer Vorahnen zu erheben. Gleichwohl ist indeß grade dieser Weg der Verbesserung durch Verewigung der zufälligen Eigenschaften im Gegensatze zu dem altbestehenden Racentypus für den Züchter der Regel nach immer mit mehr Fehlschlägen als Erfolgen verknüpft. Namentlich ist es eine von zahlreichen Züchtern erlebte Erfahrung, daß grade ausnahmsweise gute Eigenschaften nicht die gleiche Möglichkeit gewähren, sie in erbliche umzubilden, wie dies im Gegensatze zu ihnen bei indifferenten oder schlechten Eigenheiten so mannigfach zutrifft.

Namentlich sind zufällige Eigenschaften mit weit weniger Wahrscheinlichkeit da vererbbar, wo sie speziell im Gegensatze zu besondern Charaktereigenthümlichkeiten der ganzen Gattung stehen. Und dies grade ist ein Grund, weshalb jene Entstehungsgeschichte von der Mauchampheerde als so unwahrscheinlich sich darstellt. Denn es ist nun einmal das spezifisch Charakteristische der Merinowolle ihre absonderliche Kräuselung und wellenförmige Entwicklung des Wollhaars schon von Alters her, und dies ist eine so bestimmt markirte Eigenschaft, daß sie niemals fehlt und genau sowie auch die Feinheit der Wolle von ihr untrennbar ist. Und darum klingt es so unglaublich, daß ein einziger schlichtwolliger Stär, wenn er eben zufällig und nicht als Mestizschaf hervorgebildet solche Wolle überkam, nur in Folge seiner individuellen Vererbungskraft diese Wolle auf seine Nachkommenschaft noch dazu von Vollblut Merino-Mutterschafen vererbt haben soll, also im Gegensatze zu der Vererbungskraft von diesen Thieren, welche die durch lange Generationen hindurch verstärkte Eigenschaft der Kräuselung des Wollhaars ihm gegenüber in den Kampf um die Vererbung führen konnten, den Sieg davon getragen und überwogen haben soll. War jener vielbesprochene Stär dagegen aber ein Kreuzungsprodukt aus einer langwolligen Race, so brachte er dann jenen erblichen Einfluß seiner schlichtwolligen und voraussichtlich reinblütigen Vorfahren in Widerstreit mit der Kräuselung von seinen Merinovoreltern, und bei fortgesetzter Inzucht und sorgfältiger Auswahl immer nur von langwolligen männlichen Thieren in der Nachzucht konnte dann freilich endlich diese Eigenthümlichkeit des langen Wollhaars das Uebergewicht über die kurzgehaarte Wollkräuselung, wenn auch freilich immer nur sehr langsam und allmälig, erlangen.

Noch muß in Betreff dieser Vererbung zufälliger Eigenschaften hervorgehoben werden, daß irgend eine außergewöhnliche Mißbildung einzelner Körpertheile oder sonst eine absonderliche Deformität die besondren charakteristischen Eigenschaften einer Heerde nicht zu alteriren pflegt, weil bei allen Thierarten, gleichviel sogar ob sie rein oder unrein gezüchtet sind, in der Natur jene bestimmte Tendenz vorwaltet, die normale Form eines Thiergeschlechts in der Nachkommenschaft zu erhalten und bezüglich wieder herzustellen, und nur in äußerst seltenen Fällen ist diese Tendenz nicht ausreichend, um siegreich durchzudringen, namentlich wenn ihr jene andre Tendenz, daß Gleiches auch Gleiches bildet, kollidirend entgegentritt, und dieser letzteren gegenüber Widerstand zu leisten. Und so kann es kommen, daß z. B. kleine Ohren oder Hörnerlosigkeit und dergleichen als Absonderlichkeiten gewisser einzelner Gattungen sich heraus entwickeln und dauernd weiter vererben.

Auf alle Fälle muß aber mit der allergrößten Sorgfalt Vorsorge dafür getroffen werden, daß niemals männliche und weibliche Thiere zusammengepaart werden, welche dieselbe fehlerhafte Eigenschaft und ganz besonders niemals solche, welche den gleichen **erblichen** Fehler besitzen. Denn in dem ersten Falle wird die individuelle Vererbungskraft von beiden Eltern vereinigt, um diesen Fehler in ihrer Nachzucht zu reproduziren, im letzteren Falle aber tritt dazu sogar noch der Umstand hinzu, daß beide, nämlich sowohl die individuelle wie die Familien-Vererbungskraft zusammentreffen, um den Fehler um so nachdrücklicher wieder hervorzurufen, und wenn er unter solcher vereinigter Kombination etwa nicht zum Vorschein käme, so würde dies schon für sich allein als das auffallendste Beispiel von einer zufälligen Abweichung in der Vererbung betrachtet werden müssen.

Werden aber in solcher Weise die gleichen individuellen oder gar Familienfehler und schlechten Eigenschaften von beiden Eltern auf ihre Nachkommenschaft übertragen, so überkommt diese letzte in Folge dessen die Fähigkeit, sie ihrerseits wieder in erheblich gesteigertem Grade oder Umfange, als die Elternthiere sie besaßen, weiter zu vererben. Vollends aber wird eine solche Potenzirung oder Verschlimmerung derartiger Eigenschaften da als unvermeidlich betrachtet werden müssen, wo der gewöhnliche Defekt im konkreten Falle die Natur einer organischen Krankheitserscheinung annimmt. Es ist dies ja eine Erfahrung, welche grade in der menschlichen Gesellschaft so häufig zu Tage tritt. Wenn beispielsweise Vater und Mutter mit Skropheln und vollends erblichen Skropheln, und wäre es auch nur in geringem Grade behaftet sind, so ist mit Sicherheit darauf zu schließen, daß die Kinder in einer bei weitem bösartigeren und destruktiveren Form daran leiden werden. Das gleiche Naturgesetz in Bezug auf die Vererbung von Schwächen und krankhaften Anlagen, welches von den Menschen gilt, gilt aber genau so auch für das Thierreich. Ganz ausnehmend befördert nun gar ein enges Verwandtschaftsverhältniß zwischen den beiden Eltern eine nachdrückliche Einwirkung der Uebertragung solcher Fehler in dergleichen Fällen, weil hier gleichzeitig dann auch noch der Einfluß der Gleichartigkeit des Bluts mit seine volle Wucht auf die Weitervererbung ausübt. Er muß somit bei allen fehlerhaften Eigenschaften, sobald der Züchter dieselben bei den zu paarenden Thieren wahrnimmt, ganz ausnehmend vorsichtig zu Werke gehen und alle diese vorher aufgeführten Umstände berücksichtigen, damit er nicht in die Lage kommt, jemals fehlerhafte Eigenschaften dauernd in seiner Heerde werden zu lassen. Und doch ist es bei alledem mit gewissen Defekten, namentlich in Bezug auf die Körperform, eine eigne Sache, daß nämlich dieselben auch wieder nicht vererben, obschon sie bei sonst vortrefflich zur Zucht geeigneten Thieren vorhanden sind. So hatte ein berühmter Sprungbock eine auf den ersten Blick fehlerhafte Schulter, da dieselbe viel zu dünn war. Der Stär vererbte die meisten Eigenthümlichkeiten von seiner Körperform sowie sein Bließ mit augenfällig markirter Kraft auf seine Nachkommenschaft. Und gleichwohl hatte nicht ein einziges von den jungen Lämmern jene dünne Schulter von ihm mitüberkommen, ein Umstand, der wohl darin seine genügende Erklärung findet, daß diese Beschaffenheit der Schulter bei jenem Bocke eine zufällige Eigenschaft war.*)

Wenn hierbei nun von einem Heerdenbesitzer die Frage aufgeworfen würde, ob es denn nicht gewisse äußere Kennzeichen gebe, woran es möglich wäre die künftige Entwicklung bei der Nachzucht schon im Voraus an den Elternthieren zu erkennen, so haben erfahrene Züchter dergleichen Merkmale allerdings herausgefunden und aufgestellt, welche unläugbar sich auch in der Praxis bewahrheiten.

So hat man, um ein Paar Beispiele davon zu geben, in dem Vorhandensein eines großen Kopfes, namentlich mit breiter Stirn und großen klugen Augen bei Edelschafen von jeher das

---

*) Randall a. a. O. Seite 109.

Zeichen von großer Männlichkeit und besondrer Vererbungskraft ge=
funden. Auch auf die Ohren legt man ferner bei Edelböcken ein vor=
nehmliches Gewicht. Dieselben müssen jederzeit kurz und dick sein,
dabei unten bewollt, oben dagegen nur mit Haaren und
nicht etwa mit Wolle besetzt sein, denn nichts schlimmeres giebt
es als die ganz bewollten Köpfe. Dünne Ohren sind ferner ein
sicheres Zeichen dafür, daß bei der Nachzucht von solchen Böcken
am Bauche und an den Vorderarmen ein schwacher und
mangelhafter Besatz zum Vorschein kommt. Schon an den blo=
ßen Ohren kann daher ein erfahrner Züchter die Entwicklung jener
Eigenschaften in der Nachzucht voraussehen.

In gleicher Weise giebt auch der Charakter der Wolle einen
ziemlich sicheren Anhalt für die Wollbeschaffenheit der künftigen Nach=
kommenschaft. Es ist nämlich ein gleicher Erfahrungssatz, daß jede
matte und glanzlose Wolle immer eine schlechte Vererbung an=
zeigt. Wo irgend also ein Heerdenbesitzer einen Bock, welchen er in
einer Stammschäferei anzukaufen beabsichtigt, mit so beschaffener Wolle
besetzt vorfindet, thut er gut sofort vom Ankaufe solches Thieres abzu=
stehen, weil er sonst ziemlich gewiß sein kann, daß sich diese Wolle
schlecht vererben wird.

2. Verschiedene Vererbungsfähigkeit in den einzelnen Heerden.

Für denjenigen, welcher jemals Gelegenheit nimmt in das spe=
zielle Detail der individuellen Charaktereigenschaften in den einzelnen Heer=
den näher einzugehen, wird sehr bald die Wahrnehmung an den eins
nach dem andern für sich beobachteten Thieren sich aufdrängen, daß
trotz aller Homogenität und Gleichmäßigkeit in dem Gesammtcharakter
einer einzelnen Heerde dennoch eine unverkennbare Verschiedenheit bei
genauerer Prüfung in den Thieren selbst zu Tage tritt. Vor allen
Dingen drängt sich bei solchem Forschen dem Kenner zunächst der Ein=
druck auf, daß durchgängig die Stäre im Allgemeinen höher
gezüchtet als die Mutterschafe sich darstellen, und dies greift
selbst bei Vollblutheerden sogar Platz. Und in der That liegt bei
tieferer Erwägung der Grund für diese Erscheinung nahe genug. Wenn
man nämlich nach allgemein anerkannten Grundsätzen als „rein"=
blütig gezüchtet eine solche Heerde bezeichnen muß, in welcher das ge=
sondert von andren Heerden des gleichen Schlages gehaltene Blut durch

lange Generationen fort und fort immer in seiner bestimmt erkennbaren Eigenthümlichkeit erhalten worden ist, bis dieselbe endlich dann eben nur eine Reihe von charakteristischen Familieneigenheiten repräsentirt und weiter vererbt, so wird wieder das „höhere“ oder „vollere“ (vollkommnere) Blut durch die besondere Auswahl von solchen reinblütigen Thieren, welche sich wieder durch bevorzugtere Eigenschaften vor den andren auszeichnen, herausentwickelt, uud es werden diese darauf in derselben Art abermals von den andren Thieren ihrer Gattung abgesondert und von ihnen sich deutlich unterscheidend zusammen nur unter sich fortgezüchtet, bis auch sie ihrerseits wiederum eine kleine vervollkommnetere Unterart in der großen Gattung bilden, welche somit für sich zusammengenommen das Charakteristische hat, daß sie in ganz gleicher Weise wie diese einen permanenten erblichen Charakter zur Schau trägt. Die Folge von solcher „höheren“ Züchtung, wie wir diese besondere Zuchtart in derselben Heerde fortan benennen wollen, zeigt sich nun aber darin, daß die zu dieser letztren Züchtung gehörigen Thieren nicht nur noch bessere Eigenschaften vererben als die übrige Heerde, sondern daß sie dieselben auch mit erheblich vermehrter Kraft und Gleichmäßigkeit weiter übertragen. Dieses letztere wird speziell wieder durch zwei Ursachen veranlaßt. Es entwickelt nämlich nach anerkannter Erfahrung eine derartige exklusive Unter-einander-Fortzüchtung von solchen Unterarten, wenn sie durch eine längere Reihe von Geschlechtsfolgen hindurch immer nach einem bestimmt verfolgten Züchtungszwecke fortgesetzt wird, mit der Länge der Zeit einen größeren Nachdruck in der Vererbungsfähigkeit grade dieser speziell fortgezüchteten wenigeren aber qualifizirten Eigenschaften, welche jener Züchtungszweck eben bedingt, und das wieder nach der alten Regel, worauf die ganzen Begriffe von „Blut“ und „Unterart“ basiren, daß je häufiger eine und dieselbe Eigenschaft durch Fortpflanzung in einer bestimmten Thiergattung wiederholt wird, um so nachhaltiger auch die Tendenz zur fernerweiten Reproduzirung sich ausbildet. Während also jene weniger vervollkommnet gebliebene Thiergattung nach mannigfachen verschiedenen Varietäten hin sich weiter fortbildet, herrscht bei der nach bestimmten Züchtungszwecken fortgezüchteten Unterart immer nur diese eine spezielle Richtung gleichmäßig vor.

Die andre Ursache aber, welche einer derartig „höher“ oder „voller“ oder „reinblütiger“ gezüchteten Unterart eine durchschlagendere Vererbungskraft jener spezifisch erblich gewordenen besondren

Eigenschaften giebt, besteht jedoch immer erst, nachdem solche veredelte Unterart in ihrem Charakter durch und durch festbegründet ist, in der aus diesem letztern Umstande hervorgehenden Begrenzung, welche gleichzeitig auch den Rückschlägen in solcher Unterart gesteckt wird, mit andren Worten darin, daß also diese Rückschläge hier seltener sich ereignen, die Fortzüchtung selbst somit weniger Störungen in den Individuen erfährt. Denn während in ähnlicher Weise bei der großen Gattung einer bestimmten Schafrace das einzelne individuelle Thier nach fünfzigerlei verschiedenen Voreltern zurückschlagen kann, welche alle der Regel nach in ihrer Weise sehr weit von einander verschieden sind, ist es bei der „höher" gezüchteten Unterart nicht anders möglich, als daß hier die Nachkommenschaft immer nur nach solchen Voreltern schlagen kann, welche unter sich eine sehr nahe Aehnlichkeit mit einander besitzen, es müßte denn etwa sein, daß zufällig einmal ein Thier über die gewöhnlichen Grenzen des Rückschlagens hinaus und nach weiter entfernten Voreltern arten sollte.

Mit dieser eben vorgeführten Betrachtung haben wir eine Charakteristik gegeben von der in den einzelnen Cabañen ohne spezielles System fortgezüchteten spanischen Original-Merinoschafrace und der höheren Fortzüchtung, welche dieselbe in Deutschland sowohl in der frühern sächsischen Elektoralrichtung als in der neueren östreichischen Negrettizüchtung erfahren hat, aus welchen heute die moderne deutsche oder schlesische Edelmerinorace hervorgebildet worden ist. Das Gleiche muß aber auch von der ursprünglichen englischen Leicesterschafrace gelten, welche an und für sich zwar mit guten Anlagen begabt, aber ohne systematischen Zweck in der hergebrachten Weise fortgezüchtet wurde, und dem seit der zweiten Häfte des vorigen Jahrhunderts durch die besondere Genialität des berühmten Robert Bakewell in systematischer Verbesserung herausgebildeten sogenannten neuen Leicesterschlage, welcher heutzutage schließlich die ganze ursprüngliche Leicesterrace sogar vollständig verdrängt hat. Und dasselbe muß endlich ebenso von denjenigen unter den verschiedenen englischen Downs oder Niederungsschafracen in den einzelnen Grafschaften Englands angeführt werden, welche heutzutage durch systematische Verbesserung vielfach zu „höher" gezüchteten Arten umgebildet worden sind.

Und nicht allein daß aus den größeren Schafgattungen sich vervollkommnetere Unterarten herausentwickelt haben, sondern wir finden denselben Unterschied von einer „höheren" und der gang und gäben gewöhnlichen Fortzüchtung auch in jeder einzelnen Heerde ganz ebenso wieder, wie wir dies bereits im Eingange dieses Abschnitts zum Ausgangspunkte der ganzen Betrachtung gemacht haben. Wir haben dabei von Anfang an darauf hingewiesen, daß die Böcke in den einzelnen Heerden im Allgemeinen durchgehends eine „höhere" Züchtung zur Schau tragen, ganz einfach, weil in jeder Heerde auf die bevorzugten Eigenschaften der zu Zuchtstären auserwählten Thiere ein besondres Gewicht gelegt wird und man eben nur die nach näherer Prüfung als gut zur Fortzucht sich qualifizirenden Böcke in den gewöhnlichen Schäfereien behält, die übrigen männlichen Thiere dagegen zu Hammeln macht und sie damit von vorn herein für den Schlächter bestimmt. Allein abgesehen von dieser allgemeinen Wahrnehmung ist es dann weiter auch eine notorische Thatsache, daß andrerseits wieder die Böcke in einer und derselben Heerde trotz der allgemeinen „höheren" Züchtung gleichwohl in Bezug auf die Vererbungsfähigkeit der charakteristischen Eigenschaften der Heerde erheblich von einander verschieden sind, indem sie grade diese so gesuchte Eigenschaft in wesentlich verschiedenem Maße besitzen. Und der innere Grund davon muß dann wieder in dem Umstande gefunden werden, daß eine jede Heerde und ganz besonders eine Stammschäferei, bei welcher die ganze Schafhaltung vornehmlich auf dem Bockverkauf begründet wird, ihre besondren und vorzüglicheren, so zu sagen, Blutsträhnen wieder in sich führt, und zwar selbst in dem Falle, daß alle einzelnen Thiere aus derselben ursprünglichen Abstammung hervorgegangen waren. Denn es ist eine allbekannte Sache, daß wie überall so auch bei den Schafen ein Thier vor dem andern und sichtlich bevorzugter ausfällt, und daß sich nicht bloß unter den männlichen Thieren besser zur Fortzüchtung geeignete Individuen vorfinden, sondern ganz ebenso auch unter den Mutterschafen vorzüglicher begabte Thiere sich bemerkbar machen, welche namentlich die vornehmlich gesuchte und unschätzbare Eigenschaft besitzen, daß sie ihre eignen guten Eigenschaften mit besonders durchschlagender Kraft auf ihre Nachkommenschaft vererben. Denn auf diesen Vorzug kommt es immer und immer wieder entscheidend bei jeder systematischen Züchtung an. Wenn aber schon ein Heerdenbesitzer und vor allem ein Besitzer einer Stammschäferei einen schönen Zuchtbock mit hervorragend günstig ausgeprägtem Charakter seiner Heerde und nachhaltiger Vererbungsfähigkeit nimmermehr aus seiner Heerde herausläßt und um keinen Preis feil hat, so sind ihm vollends derartige Mutterschafe von dem beschriebenen vorzüglichen Vererbungsvermögen ihrer bevorzugt besessenen Eigenschaften vom allerhöchsten Werthe und gradezu unschätzbar, so daß er sie sorgfältig von allen und jeden Verkäufen ausschließt. In ganz derselben Weise wird nun aber weiter auch ein jedes Mutterlamm aus der Nachzucht hoch gehalten und in ähnlicher Art von der übrigen verkäuflichen Heerde abgesondert hingestellt, welches diese gleichen bevorzugten Körper- und Wolleigenschaften und dieselbe Vererbungskraft ebenso überkommen hat. Und auf diese Weise bilden sich dabei allmälig in den größeren Heerden wieder Unterheerden hervor von „höherer" Züchtung und vollkommneren Eigenschaften als die Durchschnittsthiere der übrigen Heerde, welche mit den vollendeteren Böcken den eigentlichen Kern und Wurzelstock für die Fortzüchtung des eigenthümlichen und bevorzugten Charakters solcher Heerden ausmachen. Um aber diese Eigenschaften recht prägnant zu fixiren, wird nun noch durch Inzucht ein schöner Bock aus solcher bevorzugten Unterheerde mit seinen Schwestern und allernächsten Blutsverwandten ganz ebenso wie mit den übrigen hierzu gehörigen Mutterschafen gepaart, und so geschieht es denn häufig, daß eine Gleichartigkeit, ja Identität in dem bevorzugten Charaktertypus mit der Zeit sich in einer derartigen kleinen Gruppe ausbildet, welche bei reinem Blute die höchste Konstanz darstellt und die Eigenschaften dann grade immer auch durch fortgesetzte Geschlechtsfolgen bewahrt, so lange eben die einzelne Heerde zusammengehalten wird. Wir glauben wohl nicht zuviel zu sagen, wenn wir behaupten, daß es kaum eine namhaftere Stammschäferei giebt, welche nicht in der Heerde verschiedene solcher als bevorzugt anerkannter Gruppen oder Unterfamilien von unter sich vielleicht verschiedenem Werthe besäße, die aber immer für sich genommen bessere Thiere als die allgemeine Heerde sind. Und auf diese Weise wird es dann erklärlich', wie Zuchtböcke, welche doch aus derselben Heerde originiren und dasselbe Blut in sich fließen haben und sogar in ihrer äußeren Erscheinung einander unverkennbar gleichen, doch trotz alledem wesentlich in ihren Eigenschaften als gute Zuchtböcke verschieden sind, ohne daß man als Schlüssel zu dieser Erscheinung das Vorhandensein von einer unabhängigen auf keinen physischen Eigenschaften begründeten besonderen Kraft anzunehmen nöthig hätte.

Nach dieser Vorausschickung wird dann auch Jedermann sich sehr leicht den Umstand erklären können, warum die Vererbung grade der aus reinblütigen Heerden bezogenen Zuchtböcke auf die junge Nachkommenschaft von so verschiedner Wirkung sich darstellt. Wird nämlich ein aus „höherer" Züchtung hervorgegangener reinblütiger Stär zu gewöhnlichen oder gar Mestizmutterschafen von verschiedenem Blute und ohne bestimmt ausgeprägten Charakter zum Sprunge zugelassen, so wissen wir aus der vorhergehenden Betrachtung, daß jene nachhaltige Kraft seine Charaktereigenschaften zu übertragen, in solchem Falle durch keine ihr entsprechende Kraft auf der Seite des Mutterschafs in Gegensatz gebracht wird, und die naturgemäße Folge davon ist daher denn auch die, daß die Nachzucht in erstaunlich frappanter Weise nach ihm fällt. Wird aber weiter ein solcher „höher“ gezüchteter Zuchtstär mit reinblütigen Müttern aus seiner eigenen Heerde gepaart, die jedoch nicht zu jener auserwählt gezüchteten beschriebenen Kategorie gehören, aus welcher er selbst hervorgegangen ist, so wird in diesem zweiten Falle die Aehnlichkeit mit ihm bei der Nachkommenschaft schon bei weitem weniger markirt hervortreten, wiewohl dieselbe immer noch sehr deutlich erkennbar bleiben wird. Sobald aber endlich der Zuchtbock zu den aus der gleichen „höheren“ Züchtung wie er selbst hervorgebildeten besonders bevorzugten Mutterschafen zum Sprunge zugelassen wird, so ist in solchem Falle jene Aehnlichkeit der Lämmer nach ihm eine bei weitem schwächere noch und namentlich eine beträchtlich weniger gleichmäßig bei allen seinen Nachkommen hervortretende wie in den beiden vorher erwähnten Fällen. Der Grund hierfür ist einleuchtend der, daß hier seine mächtige durch lange Generationen verstärkte Vererbungskraft durch ein ihr durchaus ebenbürtiges und ganz gleich hervorgebildetes Vererbungsvermögen aufgewogen und paralysirt wird, nur mit dem einzigen Unterschiede, daß ihm bei diesen sonach gleichen Waffen die überlegene Kraft seines der Natur nach an sich immer stärkeren Geschlechtes zu Hülfe kommt.

Von allen diesen drei Fällen ist aber der erstgenannte Fall der regelmäßige. Es pflegen nämlich die Mehrzahl von den Heerdenbesitzern, welche Zuchtböcke aus fremden Heerden entnehmen, im Allgemeinen natürlich doch immer nur aus solchen Heerden diese Stäre zu beziehen, welche von besserem Charakter und höherer Züchtung als ihre eignen sind. Aus diesem einfachen Hergange findet aber dann auch jene auffallende Assimilirung der aus solchem Zuchtthiere hervorgegangenen Nachzucht mit ihm ihre einleuchtende Erklärung, und es wird namentlich in solcher Weise jene augenscheinliche Verbesserung motivirt, welche so häufig auf Rechnung des Ueberwiegens von dem männlichen Geschlechte beim Züchten geschrieben oder gar als eine dem speziellen Zuchtstäre eigenthümlich innewohnende glückliche Eigenheit seine Nachkommenschaft markirt nach ihnen zu gestalten, bezeichnet zu werden pflegt.

Nach Allem scheint so viel festzustehen, daß sei es bei der Paarung von Schafen derselben Heerde oder aus verschiedenen Heerden immer gleichsam ein Zweikampf um das Vorwiegen des Bluts zwischen dem zum Sprunge gelassenen Zuchtbock und dem jedesmaligen Mutterthiere eintritt, welcher unter normal vorausgesetzten Verhältnissen sich je nach dem Vorwiegen des reineren, das heißt hier durch längere Ge= schlechtsfolgen bei unvermischter Fortzüchtung in der Heerde überkommnen Bluts, außerdem aber freilich auch noch durch die dem einen von beiden gepaarten Thieren beson= ders innewohnende spezifisch stärkere und durchschlagen= dere Vererbungskraft seines Charakters entscheidet und danach die Bildung der Nachzucht je nach dem Vaterthiere oder dem Mutterthiere ihrer Charakterähnlichkeit nach bestimmt.

Wie eigenthümlich aber die Vererbungskraft eines selbst vorzüg= lichen Sprungstärs wirkt, und welches Geschick für den Züchter dazu gehört, diese Kraft in der Heerde auch zweckentsprechend auszubeuten und zu verwerthen, davon sei es hier zum Schlusse gestattet ein Bei= spiel aus unsrer neusten Gegenwart zu geben. Der von uns in der Zahl der hervorragenden deutschen Schafzüchter mit erwähnte Herr Lehmann=Nitsche hatte im Jahre 1863 aus der Hoschtitzer Heerde den berühmten Bock Nr. 153 obwohl dreijährig für dreitausend Gulden angekauft, und es unterliegt keinem Zweifel, daß dieser Stär männlich durch und durch, von einer seltnen Vollkommenheit und mit durch= greifender Vererbungsfähigkeit begabt war. Kein Wunder daher, daß alle Welt begierig war zu hören, mit welchem Erfolge dieser Stär in Hinsicht auf die Vervollkommnung und Verbesserung der Negrettiheerde seines neuen Besitzers wirken würde. Die Auskunft, welche wir der Güte des Herrn Lehmann über diesen interessanten Bock verdanken, lautet nun dahin, daß der Bock Nr. 153 Hoschtitz unläugbar höchst segensreich und mit Erfolg gewirkt hat, daß jedoch diese günstige Wir= kung vornehmlich nur dadurch erreicht worden ist, daß ihm das aller= vorzüglichste Material an Muttern, welches nur in der Heerde vorhan= den war, geliefert und zum Sprunge gegeben wurde. Insbesondre war dabei aber nöthig vornehmlich immer große und kräftige Körper unter diesen Schafmuttern ihm zuzuführen, welche dabei weniger fein in Bezug auf die Qualität der Wolle waren, so daß der Bock Nr. 153 also lediglich als Veredlungsbock wirken mußte.

Man ersieht hieraus, daß selbst der vollendetste und normalmäßig vorzüglichste Bock für sich allein doch nicht für die Hervorbringung einer schönen Nachzucht den Ausschlag giebt, sondern daß es zur Erlangung dieses Zweckes immer auch noch auf die richtige Auswahl der zu seinem Charakter geeigneten Mutterschafe wesentlich ankommt.

3. Welchen Einfluß hat das männliche, welchen das weibliche Zuchtthier auf die Nachkommenschaft?

In der vorhergegangenen Betrachtung ist zu wiederholten Malen der Einfluß des männlichen Zuchtthiers auf die Nachkommenschaft gleichsam wie selbstverständlich als ein tief eingreifender und entschiedener dargestellt und dabei immer als Voraussetzung angenommen worden, daß speziell grade immer Zuchtstäre zur Veredlung und Verbesserung einer Heerde nach einer bestimmten angestrebten Richtung hin angekauft und verwendet würden. So ausgemacht und feststehend ist indessen dieser Einfluß des männlichen Zuchtthiers denn doch nicht, im Gegentheil ist es eine namentlich seit neuerer Zeit lebhafter angeregte Frage, inwieweit der Züchtungszweck, eine bestimmte Viehrace und so speziell auch eine vorhandene Schafgattung zu verbessern, durch die Auswahl eines männlichen oder durch einen Wechsel in den weiblichen Thieren am geeignetsten erreicht werde? Thatsache, wie wir vorweg bemerken wollen, scheint nun doch zunächst zu sein, daß die allgemeinste Uebereinstimmung bei allen Klassen von Viehzüchtern darüber herrscht, daß das männliche Thier der Regel nach den Ausschlag giebt, daher man denn auch durchgängig findet, daß z. B. bei der Pferdezucht immer in Betreff der Auswahl des Zuchthengsts besondre Sorgfalt verwendet wird, während ihm umgekehrt wieder so häufig schlechte und wenig brauchbare Stuten zum Beschälen zugeführt werden, die meist zu andren Zwecken sich nicht weiter verwerthen lassen wollen. Und genau so ist es auch bei den Schafen. Denn ein Schafzüchter weiß einen vollendeten Zuchtbock nicht hoch genug anzuschlagen, während in so vielen Schäfereien ein vortreffliches Mutterschaf bei der Zucht eben nicht sonderlich geachtet wird. Nur beim Rindvieh verhält es sich anders. Daran ist aber die Milchnutzung von den Kühen die nahe liegende Veranlassung, welche namentlich in Milchwirthschaften darauf hinlenkt, bei der Auswahl der Milchkühe sorgsamer zu Werke zu gehen und so auch bei den jungen Fersen die Entwicklung ihrer guten Eigenschaften genau zu überwachen, weshalb denn auch in der Regel nur solches Jungvieh angebunden wird, welches eine gute Nachzucht von Milch= kühen verspricht und für sich selbst schon als viel verheißend sich dar= stellt, und es wird später ebenso wieder die junge Kuh vornehmlich nach ihrem ersten Kalbe beurtheilt.

An sich betrachtet sollte man aber eigentlich doch meinen, daß das weibliche Zuchtthier auf die junge Nachzucht einen größeren Einfluß haben müßte als das männliche, eben weil dieser Einfluß des Mutter= thiers ein lang dauernder und während der ganzen Tragezeit und hernach auch während des Säugens ununterbrochen wirkender ist, in= dem danach doch das Blut der Mutter eine so lange Zeitperiode hin= durch beständig durch die Adern des jungen Thiers fließt. Und gleich= wohl ist es eine ausgemachte Sache, daß die Lebenskraft grade des männlichen Zuchtthiers der Regel nach eine durchgreifende Ein= wirkung auf die Nachzucht hervorbringt.

Dies führt denn, da Niemand einerseits sowohl einen gewissen und zwar sehr wesentlichen Einfluß des Mutterthiers als andrerseits eben so wenig die nachhaltige Einwirkung des Vaterthiers zugleich auf die junge Nachkommenschaft in Abrede stellen wird, weiter zu der na= türlichen Annahme einer Theilung des Einflusses eines jeden von ihnen auf die Nachzucht, dergestalt also, daß bei der Hervorbildung des jungen Thiers das Vaterthier bestimmte Eigenschaften vererbt, während das Mutterthier seinerseits eben wieder gewisse andre Eigenschaften nach sich entwickeln läßt.

Gewöhnlich pflegt man nun in dieser Beziehung anzunehmen, daß die Mutter die eigentliche Körperkonstitution des jungen Thiers nachhaltig beeinflußt, wogegen wieder das Vaterthier eine größere Herr= schaft und Gewalt in Bezug auf die gesammte Bildung des Körpers, die Eigenschaften und die äußere Erscheinung des jungen Nachkommen besitzen soll. In Betreff der Schafe speziell hatten wir gelegentlich die von dem sinnigen Züchter der Vermont=Merinoheerde in Schlesien, Grafen Seherr=Thoß, beobachtete Erfahrung mitgetheilt, daß der Charakter, der Adel und die Sanftheit der Wolle mehr nach den Mutterschafen und dagegen die Figur, die Reich= wolligkeit und der Besatz nach den Böcken arten (S. 30), eine Ansicht, welche übrigens auch von dem berühmten Thierzüchter Hermann v. Nathusius=Hundisburg im Allgemeinen bestätigt wird, während im Gegensatz hierzu ein andrer schlesischer Edelschaf=

züchter, jener früher bereits genannte von Mitschke-Collande, abermals bei Gelegenheit der ihm widerstrebenden modernen Rambouillet-Züchtung den in einem Zeitungsaufsatze aufgestellten Rathschlag, die schlesischen Merino's mit den Rambouillets zu kreuzen, um mit den besseren Haareigenschaften der Negrettischafe die besseren Körpereigenschaften der Rambouillets zu vereinigen und zu diesem Behufe speziell Rambouilletböcke mit Negretti-Mutterschafen zusammenzupaaren, durch den Hinweis darauf zu widerlegen sucht, daß es eine ausgemachte Sache sei, daß sich die Körpergröße von der Mutter auf die Deszendenz vererbt, die Form dagegen mehr vom Vater auf die Nachzucht übergeht. Und er führt darauf zur Begründung dieser den gewöhnlichen Anschauungen widersprechenden Lehre aus, daß gegen diese Regel allerdings einzelne Ausnahmen vorkommen, daß aber im übrigen ein großer Mutterkörper die Ausbildung einer großen Frucht entschieden begünstigen müsse, und weist dann auf die freilich sehr heterogene Kreuzung zwischen Pferd und Esel hin, wo aus der Paarung der Eselstute mit dem Pferde der kleine Maulesel, dagegen aus der Kreuzung der Pferdestute mit dem Eselhengste das große Maulthier hervorgehe. Um also den Rambouilletkörper auf eine Negrettiheerde zu verpflanzen, werde man zwar die Körperform durch den Gebrauch eines Rambouilletbockes wohl nach und nach auf die Negrettiheerde übertragen können, aber nimmermehr die Größe, da vielmehr in solchem Falle die nothwendige Folge die sein werde, daß man die alte Negrettiheerde in der Körpergröße, aber nicht in der Qualität der Wolle behalten werde, erstere werde sich nicht vermehren, letztere dagegen sich entschieden verschlechtern. Nur bei dem umgekehrten Verfahren würde der in Rede stehende Zweck zu erreichen sein, denn indem man einen passenden Negrettibock auf eine Rambouillet-Mutterheerde setze, würde die Nachzucht den Mutterthieren in der Größe nicht nachstehen, wogegen die Haareigenschaften sich entschieden verbessern würden, wie dergleichen Versuche denn auch in Kammwollheerden bereits mit Erfolg gemacht worden seien.*)

Vergleicht man diese zuletzt aufgeführten Ansichten mit einander, so ersieht man sofort, daß sich beide schnurstracks widersprechen, denn Graf Seherr vindizirt die Vererbung des Wollcharakters den Mutter-

---

*) Der Aufsatz in der Nr. 49 der Landw. Zeitung für das Großherz. Posen pro 1866. — Man lese übrigens über diese Züchtung durch die Mutterthiere in unsrem Werke: „Die Wollproduktion unsrer Erde und die Zukunft der deutschen Schafzucht". Breslau 1864 bei U. Kern. Seite 327 f.

schafen, v. Mitschke-Collande dagegen den Zuchtböcken. Der erstere stellt als das Ergebniß seiner Beobachtung die Erfahrung hin, daß die Figur, also die Körpergröße, nach den Zuchtböcken sich auf die Nachzucht überträgt, v. Mitschke, daß sie nach den Mutterschafen sich richtet.

Wenn auch die Graf Seherr'sche Erfahrung die allgemeine Annahme für sich hat und die herrschende Ansicht über den beziehungsweisen Einfluß des Vaterthiers und des Mutterthiers eines jeden für sich in Bezug auf die Vererbung ihrer eigenthümlich individuellen Formen und andren Eigenthümlichkeiten auf die Nachkommenschaft vertritt, so geht doch aus diesem Widerstreite in den Erfahrungen zweier die Schafzüchtung zu ihrem Lebensberuf erwählt habender Stammheerdenbesitzer von bewährtem Rufe jedenfalls so viel hervor, daß die Anschauungen über diesen grade allerwichtigsten Punkt in der Thierzüchtung noch lange nicht geklärt sind, eine Wahrnehmung, welche zu einer eingehenderen Erörterung dieser Frage wohl den gegründetsten Anlaß bietet. Denn das möchte wohl das allernächste und wesentlichste bei jeder Schafzüchtung sein, daß der Züchter genau weiß und darüber mit sich völlig im Reinen sein muß, durch welche Mittel und Wege, ob durch Einwirkung vermittelst der Zuchtböcke oder durch die Muttern er seinen bestimmt vorgesteckten Züchtungszweck verfolgen und erreichen muß. Es sei verstattet zur Aufklärung dieses so wichtigen Theils der Züchtungslehre jetzt auf englische Quellen zurückzugehen. Während nämlich in früherer Zeit unter den englischen Züchtern die Ansicht die meisten Anhänger zählte, daß ein jedes von den Elternthieren einen Theil von allen seinen Eigenschaften oder eine Eigenheit hier und einen andern Charakterzug wieder da übertrage, wie grade der Zufall oder irgend eine besondere und unabhängige Kraft in jedem von den zum Sprunge verwandten Thieren, seine Eigenschaften markirt zu vererben, es zu Tage bringt, hat seitdem ein gewisser Orton in England die neue Theorie aufgestellt, daß der Körperbau und der thierische Organismus immer zur Hälfte auf die Nachzucht von beiden Elternthieren übergehe, wobei das männliche Thier ihr die äußeren Organe und die Bewegungskräfte verleihe, während das Mutterthier die inneren Organe und die vitalen Funktionen auf sie übertrage. In Folge von dieser Vertheilung der Eigenschaften beider Elternthiere würden somit die allgemeine Körperform, der Knochenbau, die äußere Struktur der Bewegungsmuskeln, die Beine, die Haut und die Wolle nach denen des Vaterthiers vererben, wogegen das Herz, die Lungen und die übrigen Eingeweide und in Folge davon auch alle jene Funktionen, auf welchen die Körperkonstitution in ihrer Integrität vornehmlich beruht, nach der Mutter ausfallen. Doch soll ein jedes von beiden Sprungthieren überdies noch einen gewissen Grad von Einfluß auf jene Theile und Funktionen ausüben, welche hauptsächlich von dem andern Elternthiere hiernach vererben. Und dieses letztere Gesetz der „Beschränkungen" jener zuerst hingestellten allgemeinen Regel erachtete Orton für kaum von geringerer Wichtigkeit zum richtigen Verständniß des Wesens von der Züchtung wie jenes obenangestellte Grundgesetz selbst.

Die gleiche Theorie führt auch der Engländer Walker in seinem Werke über die Kreuzungen aus, nur mit der einzigen Abänderung, daß er jene zuletzt von Orton zugelassenen „Beschränkungen" verwirft, also die Annahme ausschließt, daß bei der Züchtung jene bestimmte Anzahl von Organen, welche von dem einen Elternthiere übertragen würden, irgendwie durch das andere zeugende Thier modifizirt oder überhaupt auch nur beeinflußt werden könnte, und er stellt überdies dann auch noch die Hypothese auf, daß zwischen Sprungthieren von derselben Heerde sowohl das männliche wie ganz ebenso auch das weibliche Elternthier irgend eine von jenen beiden Einwirkungskategorien, also gleichviel welche, zu vererben im Stande sei.*)

Auch in der hochländischen landwirthschaftlichen Gesellschaft zu Schottland wurde diese Frage ausführlich in der Fassung vor einigen Jahren erörtert: „ob bei der Züchtung der Nutzthiere die junge Nachkommenschaft ihre größere Vervollkommnung und Verbesserung aus den hervorragenden Eigenschaften des männlichen oder weiblichen Zuchtthiers hernehme?" und es wurden hierbei vornehmlich dreierlei Ansichten geltend gemacht. Es wurde von der einen Seite ausgeführt, daß „das männliche Sprungthier für sich allein grade dasjenige sei, welches die größte Vererbungsfähigkeit unläugbar besitzt, und daraus die Behauptung hergeleitet, daß somit auch das männliche Thier allein als dasjenige hingestellt werden müsse, auf das man aus Gründen des gesunden Menschenverstandes und einer richtigen Züchtungstheorie ausschließlich bei der Verbesserung unsrer Nutzthierracen sein Augenmerk zu richten habe, eine Ansicht, welche durch mehrfache Beispiele von durchschlagender Vererbungskraft einzelner berühm-

---

*) Walker, »on intermarriage« S. 142. 145.

ter Zuchtthiere begründet wurde, und die mit der früher bereits er=
wähnten so ziemlich übereinstimmt. Die zweite Ansicht war dann
diese Orton'sche Theorie, welche dahin gefaßt wurde: „daß während
das männliche Thier die äußeren Qualitäten der späteren Nach=
kommenschaft einzuprägen vorwiegend die Kraft hat, das Mutterthier
im Gegensatz hierzu wieder mehr für die Imprägnirung der inne=
ren Eigenschaften einflußreich bleibe, woraus dann weiter gefolgert
wurde, daß das männliche Sprungthier überall da vorwiegend ausge=
wählt werden müsse, wo es darauf ankommt, die Farbe, das Fell oder
die Haut, kurz die äußere Form und Gestalt zu verbessern, während
man auf das Mutterthier da sehen müsse, wo die Milchergiebigkeit,
die Abhärtung, das Temperament und die Hebung gewisser Krank=
heitsdispositionen besonders angestrebt werden. Eine dritte Ansicht hielt
dann wieder die Mitte zwischen diesen beiden Auffassungen. Danach
soll die junge Nachkommenschaft jedesmal die Eigenschaften von dem=
jenigen seiner Elternthiere überkommen, welches momentan bei dem
Begattungsakte den größten Einfluß ausübe, weshalb es
jedenfalls nicht rathsam sei sich auf eines der beiden
Sprungthiere unbedingt und blindlings zu verlassen, son=
dern stets für die Züchtung immer nur die besten Stücke
von beiden Seiten auszuwählen.

Im Gegensatze zu diesen Ansichten der genannten Gesellschaft
stellt nun aber wieder ein alterfahrener englischer Züchter die sehr
beachtenswerthe Lehre auf, daß jede Verbesserung und Vered=
lung einer Race einzig und allein **dem Einfluß des
reinen Bluts** und niemals der Einwirkung des Ge=
schlechts des Individuums zugeschrieben werden müsse,
dergestalt, daß also nur auf solche Thiere, welche sorg=
fältig auserwählt werden und **rein** und unvermischt erhal=
ten sind, in Bezug auf ihre transmissive Energie oder
Vererbungsfähigkeit wirklich Verlaß sei, und es kommt dieser
Züchter schließlich zu der Ueberzeugung, daß bei den noch so dürftigen
Erfahrungen in dieser so schwierigen Frage nur ein rationeller Weg
geboten werde, nämlich jederzeit auf das beste männliche Thier
zurückzukommen, womit sich denn also dieser Züchter wieder auf die
erste Ansicht hinüber begiebt.

Auffallend ist es dabei jedenfalls doch, daß auch der durch sein
vortreffliches Werk über das Schaf bekannt gewordene Engländer

Spooner*) jene erwähnte von Orton aufgestellte Theorie ebenfalls mit nur wenigen Modifikationen adoptirt hat. In einem Aufsatze nämlich über das Kreuzungszüchten, welchen er in der Zeitung der königlichen landwirthschaftlichen Gesellschaft von England vor einigen Jahren veröffentlichte**), führt er in Bezug hierauf aus, „diejenige Annahme, welche die meiste Wahrscheinlichkeit für sich habe, sei die, daß die Vererbung der Eigenschaften von den Elternthieren bei jedem jungen Thiere immer zur Hälfte geschehe, indem ein jedes der Sprung= thiere die halbe Gestalt von seinem Körper im einzelnen Falle über= trage. In dieser Weise vererben also die Bildung des Rückens, der Lenden, der Hinterviertel und allgemein die Figur, die Beschaffenheit der Haut und die Größe nach dem einen Elternthiere, während an= drerseits wieder die Vorderviertel, die Bildung des Kopfes, das vitale und das Nervensystem sich nach dem anderen Elternthiere entwickeln, und man könne sogar dabei so weit gehen, daß man gradezu hinzu= fügen dürfe, daß die Bildung von jener ersten Reihenfolge von Eigen= schaften in der allergrößten Mehrzahl der Fälle nach dem männlichen und die der zweiten Kategorie nach dem Mutterthiere vor sich gehe.

Nicht ohne gute Begründung und praktische Erfahrung ist die Beurtheilung, welche der Amerikaner Randall über diese Orton'sche Lehre ausspricht.***) Als ein richtiger praktischer Züchter lehnt er die Kritik dieser Orton'schen Lehre mit den von den andern Anhängern derselben aufgestellten Abänderungen an die praktischen Resultate davon an und weist darauf hin, daß wenn diese Theorie der Wirklichkeit des praktischen Lebens entspräche, dann doch ganz eigenthümliche Ergebnisse daraus resultiren müßten. Denn nach der Orton'schen Meinung müßten, wenn man sie auf die Kreuzungen einmal anwenden wollte, die Wirkungen des Kreuzens, verhältnißmäßig gesprochen, schon mit der ersten Kreuzung abgeschlossen sein, weil eine jede von den durch die dann später fortgesetzten Kreuzungen nachfolgenden Geschlechts= folgen von gekreuzten männlichen und weiblichen Thieren danach im= mer auch fortfahren müßte auf ihre jedesmalige Nachkommenschaft substanziell dieselben halben Eigenschaften in der gleichen Ordnung und zwar beide mit Bezug auf ihre Körperform und allgemeinen Eigen= thümlichkeiten weiter zu vererben. Wäre dem aber so, so müßten,

----

*) Spooner, »On sheep.«
**) Journal of the Royal Agricultural Society. Jahrgang 1859.
***) Randall a. a. O. S. 107 f.

wenn man Halbblutthiere mit einander paarte, diese natürlich auch ihre eigenen wesentlichen Besonderheiten ungefähr ebenso gleichmäßig weiter vererben, wie dies bei einer Paarung von reinblütigen Thieren der Fall ist, und es müßte somit der Versuch, aus solcher Bastard- oder Mestizkreuzung eine permanente Familie hervorzubilden, — die beziehungsweise denselben Platz auch dauernd behauptete, welchen sie zwischen den beiden Original-Thiergattungen einnehme, aus denen sie hervorgegangen war, — jedenfalls doch mit günstigem Erfolge gekrönt sein, während solcher Versuch der Fortzüchtung von allen dergleichen aus Kreuzung hervorgegangenen Produkten unter einander thatsächlich und in der Wirklichkeit regelmäßig vollständig fehlschlägt. Es hat ferner nach dieser Lehre den Anschein, als wenn der Halbblutstär immer sogar mit Nothwendigkeit zur Fortzüchtung von Halbblutthieren verwendet werden müßte, während die Erfahrung im Gegentheil lehrt, daß die Halbblutböcke zu solchem Zwecke gradezu werthlos sind. Wie vollends Orton bei seiner Lehre die Rückschläge bei der Züchtung widerlegen will, das bleibt dabei ganz unerklärlich, da er derartige Fälle nicht anders wie eben nur als Ausnahmen betrachtet haben muß, denn sonst wäre es nicht möglich gewesen, daß er eine Reihe von Thatsachen, die dieser Lehre direkt entgegenstehen, als die Regel aufstellen konnte. Nach seiner Ansicht nämlich müßte doch mindestens die große Mehrheit von der Nachzucht aus Halbblutthieren, wenn man sie wieder mit Halbbluts, mit anderen Worten mit Bastarden oder Mestizen von dem gleichen Grade wie sie zusammenpaart, weiter fortfahren regelmäßig ihre ihnen speziell eigenthümlichen Charakter-eigenschaften fortzuvererben, was sie jedoch, wie dies jeder erfahrene Züchter nur zu wohl weiß, thatsächlich grade niemals thun. Und das Gleiche läßt sich doch auch von der Walker'schen Theorie sagen. Denn nach ihr müßten die Wirkungen vom Kreuzen unter Thieren von verschiedener Gattung als Regel schon nach der ersten Kreuzung absolut aufhören und unabänderlich werden, weil ja ein jedes von den später folgenden Geschlechtern in absteigender Linie jedesmal doch im-mer die gleiche Hälfte von der Organisation seiner speziellen jeweiligen Eltern ohne Ausnahme oder Modifikation vererben müßte, während andrerseits wieder zwischen Thieren von demselben Stamm die Ab-kömmlinge entweder permanent immer die gleichen väterlichen und mütterlichen Hälften zur Schau tragen oder gar in dem Falle von einer Inzucht schon in der zweiten Generation ganz genau so wie der erste Sprungbock nach ihren beiden Hälften von jenen zu erwerbenden

Eigenschaftskategorien sich herausgestalten müßten, eine Annahme, zu welcher Walker wirklich auch hingelangt*), welche aber bei nur einiger näherer Erwägung der wirklichen Verhältnisse im Leben sich als gradezu widersinnig erweist.

Und gleichwohl läßt sich auf der anderen Seite wieder nicht läugnen, daß diese Theorie von der Uebertragung der Eigenschaften vom Vater- und Mutterthiere immer grade zur Hälfte von jedem, doch ihre gar nicht zu unterschätzende Bestätigung aus den Thatsachen der alltäglichen Praxis zu erhalten scheint, sobald man dieselbe auf die Bastarde anwendet, also auf solche Thiere, welche aus der Kreuzung von bestimmt unterschiedenen Thiergattungen hervorgehen. Das treffendste Beispiel hierzu sind jene bereits von dem schlesischen Züchter v. Mitschke-Collande herangezogenen Paarungen von dem männlichen Esel mit der Pferdestute und wieder von dem Pferdehengste mit dem weiblichen Esel oder ebenso von der Ziege mit dem Schafe u. s. w. Sowie man aber einen Schritt weitergeht und diese Lehre auf die einzelnen Thierarten also z. B. die Schafe unter sich ausdehnen wollte, so wird ein jeder beobachtende Züchter sie aus seiner Praxis heraus für wesentlich unbegründet, ja gradezu illusorisch erklären müssen. Denn es ist, um nur ein Beispiel anzuführen, Thatsache, daß bei einer Kreuzung eines Merinobocks mit einem Mutterschafe aus einer Schafrace mit loser und ordinärer Wolle der Bock niemals weder vollständig noch auch nur annähernd das Gewicht, die Feinheit oder irgend welche anderen besonderen Eigenschaften seines Bließes auf die daraus hervorgehende Nachkommenschaft überträgt. Zwar läßt sich hierbei nicht läugnen, daß er ein Bließ auf sie vererbt, welches bei alledem erheblich schwerer und feiner wie das Bließ des Mutterthiers sich darstellt, und daß er namentlich, wenn man ihn dann noch einmal mit den aus der ersten Kreuzung hervorgegangenen Thieren paart,

---

*) Walker a. a. O. Seite 210: »Let the example be that in which of the animals subjected to in-and-in breeding, the father breeds with the daughter, and again with the grand-daughter. Now, it is certain the father gives half his organisation to the daughter (suppose the anterior series of organs) and so far they are identical. But in breeding with the daughter, he may give the other half of his organisation to the grand-daughter (namely the posterior series of organs), and as the grand-daughter will have then both his series of organs — the former from the mother and the latter of himself — it is evident that there exists between the male and his grand-daughter a quasi identity.

ein Vließ mit sichtlich vermehrtem Gewicht und Feinheit des Woll=
haars erzielen läßt, und daß so fort und fort eine jede nachfolgende
Paarung mit Merinoböcken je länger je mehr eine Umänderung des
Charakters der Vließe in solcher Nachzucht nach dem Merinocharakter
hin herausbildet, allein der Unterschied ist dabei nur immer der, daß
dieser Umwandlungsprozeß, wie jeder Züchter weiß, ein sehr allmäliger
und stufenweiser, keineswegs aber, was nach jener Theorie angenom=
men werden soll, ein unmittelbarer ist. Denn die Eigenschaften
eines bestimmten Charaktertypus vererben immer nur
schritt= und stufenweise, niemals aber nach Hälften.

Bringt man dann aber ferner jene Orton'sche Theorie auf die
Uebertragung der Körperform zur Anwendung, so ist wenigstens bei
Schafen ausgemacht, daß sie schon etwas mehr Begründung dem An=
scheine nach hat. So vererbt der Zuchtbock bei weitem häufiger als
das Mutterschaf seine allgemeine äußere Körperstruktur auf die Nach=
kommenschaft. Allein die weitere Annahme, daß dies nun immer
regelmäßig auch in der unabänderlichen Weise geschehe, wie die Or=
ton'sche Lehre behauptet, oder wie sein Anhänger Walker für den Fall
von Kreuzungen zwischen verschiedenen Racen es hinstellen will, oder
auch selbst nur in der Allgemeinheit, bis zu welcher der geistvolle Züch=
ter Spooner diese Vererbung ausdehnen zu müssen glaubt, wenn er
dieselbe auch bei Fällen von Rückschlägen oder von einem ausnahms=
weise vorkommenden Mangel an relativer Vererbungskraft beim Sprung=
bocke durchgreifen lassen will: alle diese Annahmen fallen in nichts
zusammen, sobald man den Prüfstein bei dem Lichte der thatsächlichen
Lebenserscheinungen an sie legt. Denn jeder Züchter erlebt es täglich,
daß überall und in jeder Lämmerheerde und ohne Unterschied, ob die
Heerde reinblütig oder aus Kreuzungen hervorgegangen ist, sich immer
und zwar mehr, wie einem lieb ist, einzelne Thiere vorfinden, welche
als vollständige Ausnahmen von dem allgemeinen Charaktertypus der
bestimmten einzelnen Heerde klassifizirt werden müssen, indem sie ohne
grade von ihren unmittelbaren Eltern zurückzuschlagen doch die allge=
meine Form des Mutterthiers und nicht die vom Zuchtstär annehmen.
Und ebenso wird man bei näherer Beobachtung es herausfinden, daß
die Anzahl derjenigen Fälle, welche selbst unter der Voraussetzung leb=
haftester Einbildungskraft als Beläge für jene Orton'sche Theorie von
einer strikten Vererbung der Eigenschaften von den Elternthieren nach
Hälften herangezogen werden könnten und namentlich von einer solchen
Vertheilung von jeden Eigenschaften, wie sie die Anhänger von jener

Theorie aufstellen, niemals die Mehrheit der Fälle in einer Heerde erreichen, ja faktisch kaum den vierten Theil ausmachen möchte, und als schlagende Belagsstücke dafür ließen sich kaum einige wenige Fälle herausfinden. Als allgemeine Wahrnehmung erblickt man in einer jeden Lämmerheerde einmal deutliche und entschiedene Nachbildungen je nach dem bestimmten Vater= oder Mutterthiere oder aber auch modifizirte Aehnlichkeiten nach beiden Elternthieren zugleich, die sich in verschiedenem Verhältnisse je nachdem in der äußeren Körperfigur, in dem Charakter des Vließes und der Beschaffenheit der Haut offenbaren. So hat das eine Lamm die Körperstruktur ganz nach dem Stär und dagegen wieder das Vließ ganz nach der Mutter, wiewohl es eigentlich in der täglichen Praxis nicht sehr häufig geschehen wird, daß grade diese beiden charakteristischen Eigenschaften in so prägnanter Weise bei der Nachzucht gesondert hervortreten, und namentlich niemals in dem Falle, wenn ein reinblütiger Zuchtbock mit einer aus einer Kreuzung hervorgegangenen Mutter gepaart wird, wogegen es als eine ganz gewöhnliche Erscheinung bei derjenigen Züchtung, wo beide Elternthiere von reinem Blute oder Kreuzungsprodukte sind, welche meistentheils den Zuchtstären in Bezug auf die Körperform nacharten, zu Tage tritt, daß der Charakter des Vließes mindestens zu gleichem Theile nach der Mutter ausfällt. Ein andres Lamm zeigt sodann wieder bis zu einem gewissen Grade eine getheilte Körperform nach beiden Eltern, indem es zum Beispiel die Bildung der Schulter von dem Mutterschafe und dagegen die Hinterviertel vom Sprungstär oder auch umgekehrt überkommen hat. Alle diese Fälle stehen aber der Orton'schen Theorie entgegen, weil jene erwähnten speziellen Eigenschaften grade zur selben Hälfte von der Körperorganisation gehören, welche nach dieser Lehre jederzeit als ein untrennbares Ganze von dem einen oder andren Elternthiere vererben sollen.

Schwerer zu widerlegen ist aber ferner jene Meinung, wonach die äußere Körperbildung nach dem Vaterthiere, die Entwicklung der inneren Organisation und namentlich der Eingeweide dagegen nach dem Mutterthiere sich übertragen sollen, weil, wie der Amerikaner Randall richtig hierbei hervorhebt, doch niemand den Thieren in den inneren Leib hineinsehen kann und selbst eine Sektion der Thierkörper nicht zu einer Verneinung führen würde, zumal bei gesunden Thieren, wo sich unmöglich irgend besondere und durchgreifende Unterschiede in den Eingeweiden nachweisen lassen würden, mit einziger Ausnahme vielleicht der bloßen äußeren Größe derselben.

Dasselbe muß sodann auch von der Ansicht gelten, wonach das Blutsystem von dem Vaterthiere und das Nervensystem von dem Mutterthiere vererben soll. Denn diese beiden zuletzt genannten Theorien können doch nur insoweit ihre Begründung finden, als solche innere Körperentwicklung durch äußere Erscheinungen, als da sind Konstitution, Körperkraft, Appetit und dergleichen zu Tage tritt. Ein jeder aufmerksame Züchter von schärferer Beobachtungsgabe wird aber die Erfahrung hierbei bestätigen müssen, daß die Nachkommenschaft alle jene Eigenschaften ebenso oft und vollständig von dem Zuchtstäre als von der Schafmutter und sogar selbst in dem Falle ererbt, wenn die jungen Lämmer die allgemeine Körperform vom Bocke in prägnanter Weise überkommen haben.

Fassen wir jetzt zum Schlusse diese ganze Frage noch in einem kurzen Resultate zusammen, so ist wohl soviel außer Zweifel, daß keine von allen den verschiedenen über die Vererbung der Eigenschaften des Vater= oder Mutterthieres aufgestellten Ansichten sich als unbedingte und ausnahmslose Regel hinstellen läßt, und daß es vielmehr eine bis jetzt noch nicht erkannte vitale Kraft ist, welche wir in der Empfin= dung des Unbegreiflichen als „Spiel der Natur" zu bezeichnen ge= wohnt sind, welche aber die Hervorbildung der aus den Paarungen zur Welt kommenden Geschlechter in ihrer Weise und mit der allergrößten Mannigfaltigkeit regelt, wiewohl es bei aller Abwechslung und aller unerwartetster Andersgestaltung, als der Züchter es erwartete, dennoch einige Erfahrungssätze giebt, welche die praktische Züchtung und fort= gesetzte Beobachtung herauserkannt und als maßgebende Grundsätze hingestellt hat. Dahin gehört denn allerdings die Erscheinung, daß der Zuchtstär in den häufigsten und bei weitem überwiegendsten Fällen die entscheidenden charakteristischen Eigenschaften von der Körperform vererbt, und man kann noch weiter gehen und behaupten, daß er am häufigsten damit auch die Körpergröße und auch noch verschiedene von den hauptsächlicheren Eigenheiten vom Vließe auf seine Nach= kommen überträgt, und zwar vornehmlich die Länge des Wollstapels, den haardichten Stand des Vließes und namentlich auch den Fett= schweiß. Andrerseits werden dagegen wieder die Feinheit und der allgemeine Charakter des Wollvließes, wenigstens wie es gewöhnlich den Anschein hat und unter übrigens sonst gleichen Verhältnissen, ganz in dem gleichen Maße sowohl von dem Sprungbocke wie von dem Mutterschafe nachgebildet. Und was dann ferner noch jene erhöhte Kraft grade bei dem Zuchtstäre betrifft, seine ihm eigenthümlichen

Eigenschaften weiter zu vererben, so ist in Bezug hierauf das Richtige wie überall so auch hier in der Mitte zu finden, daß nämlich diese Vererbungsfähigkeit nicht allein und lediglich eine zufällig in dem männlichen Geschlechte liegende Eigenthümlichkeit ist, sondern daß vielmehr hier noch andere Ursachen von gleicher Nachhaltigkeit mit im Spiele sind, von denen dann wieder die allererste und hauptsächlichste das reine Blut ferner die durch „höhere" Züchtung hervorgebildete Ueberlegenheit des Blutes und außerdem auch noch das überwiegende Vorwalten und Einwirken der individuellen Körperkraft des Bockes obenanstehen. Denn grade diese letztere Kraft, welche sowohl als allgemeine physische wie allerdings ebenso auch als spezielle dem männlichen Geschlechte eigenthümliche Kraft hervortritt, ist ohne Zweifel in erheblichem Maße geeignet jene allgemeinen Vererbungserscheinungen zu modifiziren. Welcher Züchter wüßte nicht zu bestätigen, wie jederzeit und ausnahmslos ein besonders starker Zuchtbock von mächtigerer Körperentwicklung, der dabei zugleich voll von innerer Kraft und vitaler Energie und ebenso durchdrungen von Geschlechtslust ist, auch bei weitem kräftigere und besser geartete Lämmer erzeugt und seine eignen Eigenschaften mit erheblich durchgreifenderem Nachdruck in ihnen ausprägt als ein schlechter, schwächlicher oder schlaffer Stär mit schon von Natur aus schwachem oder gar erschöpftem geschlechtlichem Vermögen, wie denn im Allgemeinen wohl die Regel sich von selbst versteht, daß ein jeder Zuchtbock durch und durch und in jedem Organ und jeder Körperfunktion männlich sein muß, wenn er Entsprechendes leisten und seine Charaktereigenschaften gut vererben soll. Und ein jeder praktische Züchter erkennt die großen Hoden und die kräftigen und festen Samenstränge, welche die Hoden mit dem Körper verbinden, in Bezug hierauf stets als die untrüglichen äußeren Anzeichen einer normalen geschlechtlichen Kraft heraus, wobei dann freilich immer eine regelmäßige kräftige Fütterung diese Potenz nicht wenig vermehrt und verstärkt.

4. Die Züchtung von großen Figuren.

Noch bleibt dann schließlich die Erörterung der ferneren Frage bei Zuchtthieren mit verschiedener Körperfigur Behufs der Erzielung von großen Thieren übrig, ob zweckmäßiger ein kleinerer Bock mit größeren Mutterschafen oder ein größerer Bock mit kleineren Muttern zu paaren sei, um eine Nachzucht mit den Figuren des größeren Thieres hervorzuzüchten? Im Allgemeinen sind die Ansichten hierüber verschieden oder vielmehr gradezu entgegengesetzt, wie wir dies schon bei früherer Gelegenheit bereits erwähnt haben. Gewiß ist nun, daß die englischen und neuerdings auch die amerikanischen Züchter sich durchgängig dafür entscheiden, daß sie die Verwendung eines kleineren Zuchtstäres auf die größere Mutter für die Erreichung des angegebenen Züchtungszweckes für zweckentsprechender und zuträglicher halten als das entgegengesetzte Verfahren und darum auch stets genau danach verfahren. Von dem englischen Züchter Cline wird dabei als der innere Grund für die größere Zweckmäßigkeit dieses Züchtungsweges die Ansicht aufgestellt, daß die von einem größeren Vaterthiere erzeugte Frucht im Mutterleibe eines ihrer Figur nach im Verhältniß zum Sprungstär kleineren Mutterthieres nicht Raum genug vorfinde, um sich seiner größeren Körperentwicklung entsprechend darin auszudehnen und zu entfalten, daß überdies aber die Frucht auch nicht die hinlängliche Nahrung darin erlange, da solche eben immer nur auf die Ausbildung einer kleineren Frucht von der Natur von Anfang an eingerichtet sei, und daß in Folge von dem Allen die junge Geburt dann auch nicht die richtige normale Größe und Körperproportionen im kleineren Mutterleibe ausbilden könne, daß überdies aber auch solche Frucht grade wegen ihrer besonderen Größe bei dem Akte des Gebärens für das Mutterthier nur zu leicht große Beschwerden, wenn nicht Gefahren herbeiführe, wogegen bei dem entgegengesetzten Verfahren, wenn also ein kleinerer Sprungbock mit einer großen Mutter gepaart wird, die daraus empfangene Frucht einen ungewöhnlich größeren Raum und eine besonders vergrößerte Nahrungsmenge im Mutterleibe des größeren Mutterthieres vorfinde, was natürlich nur die vorzüglichere Entwicklung des Körpers begünstigen könne.

Und in der That hat diese Ausführung viel für sich, vollends wenn man dabei beispielsweise ein zartgebautes Elektoral-Merinoschaf und einen englischen Cotswoldbock im Auge hat, der schon die Größe eines kräftigen Kalbes erreicht. Und so erklären denn auch die englischen Züchter, daß ein bedeutend größerer Bock, wie das Mutterschaf ist, niemals so gut dazu geeignet erscheine, um eine gute Nachzucht von großen Figuren hervorzuzüchten als ein Stär von mehr mäßigerer Körpergröße, und dies selbst dann, wenn die Mutterschafe von derselben Schafgattung sind. Allein noch ein andrer Grund, der gegen die Paarung übergroßer Zuchtstäre mit kleineren Müttern spricht, ist jedenfalls auch die vielfach bestätigte Wahrnehmung, daß solche besonders großen Thiere niemals jene höchste erreichbare Vererbungskraft und allgemeine Vorzüglichkeit in den ihnen eigenthümlichen Eigenschaften besitzen, welche eben eine gute Nachzucht geben und garantiren, und daß sie aus diesem Grunde schon an sich zu Zuchtböcken weniger geeignet erscheinen, selbst abgesehen von dem Größenunterschiede mit dem Mutterschafe. Indessen darf diese allgemeine Regel wiederum nicht soweit ausgedehnt werden, daß man darum etwa besonders große Stäre vom Springen ausschlösse, sofern sie eben nur in ihren übrigen Eigenschaften befriedigen. Gleichwohl steht immerhin soviel fest, daß sich die Natur in ganz unerwarteter Weise den Umständen nnd ihr gemachten Zumuthungen zu fügen versteht, im Gegensatze und zum Spotte von allen entgegengesetzt davon aufgestellten Theorien. Es haben aber überdies auch konstant durchgeführte Versuche von Kreuzungen kleiner Mutterschafe mit Böcken von beträchtlich größerem Schlage in England grade in allerneufter Zeit gezeigt, daß, wo es sich darum handelt, große Lämmer für den Schlächter und also zu Mastungszwecken zu erzielen, die allgemein vorherrschenden Befürchtungen in diesem Punkte sich als bedeutend übertrieben erwiesen haben. So paart man neuerdings jetzt in England allgemein die Down= und neuen Leicester=böcke mit allen den verschiedenen kleinen englischen Schafracen, um dadurch an Körper größere und frühreifere Lämmer für den Fettvieh=markt hervorzubilden. Und wenn hierbei auch die besonders kleinen und hörnerlosen Köpfe jener Down= und Neu=Leicesterschaf=Lämmer sie besonders zu einem leichten und sicheren Hervorkommen aus dem Mutter=leibe geeignet erscheinen lassen, so sind diese Lämmer gleichwohl doch allen sonstigen Uebelständen ausgesetzt, welche eine disproportionirte Größe vor und nach dem Gebärungsakte hervorrufen und im Ge=folge führen. Trotzdem hindert dies nicht und erachtet man in der Praxis diese Schattenseiten nicht für überwiegend genug, um jene erwähnten jetzt so modern gewordenen Kreuzungen nicht als im hohen Maße vortheilhaft für diesen bestimmten Züchtungszweck mit aller Energie durchzuführen und fortzusetzen.

5. Die Infektionstheorie.

Es erheischt die Vollständigkeit dieser Darstellung auch noch näher auf eine andere Frage einzugehen, in welcher ebenfalls eine große Ver=

schiedenheit der Meinungen obwaltet, und welche doch im Allgemeinen für wichtig genug für alle Züchtungen betrachtet und mehrfachen Erörterungen unterworfen wird, nämlich die sogenannte Infektionstheorie oder die Frage, ob das erste Bespringen eines Mutterthieres dessen spätere Nachkommenschaft aus andren Sprungthieren beeinflußt? Die Frage erscheint nicht ohne praktische Bedeutsamkeit. Sehr häufig finden sich nämlich die Züchter, namentlich bei der ersten Begründung einer Stammzuchtheerde, in der Lage, wenn sie die zu diesem Zwecke von auswärts her erworbenen männlichen Sprungthiere in Wirkung und Thätigkeit setzen wollen, daß es ihnen, sofern sie ihre Heerde durch Kreuzung verbessern wollen, an den noch unbelegten weiblichen Zuchtthieren fehlt, während es ihnen bedenklich erscheint, ob sie die übrigen Mutterthiere in der Heerde, welche bereits durch männliche Sprungthiere meist von derselben einheimischen Race belegt worden waren, jetzt so ohne Weiteres mit diesen neuerworbenen Sprungthieren paaren dürfen, ohne dabei riskiren zu müssen, daß jener Einfluß der ersten Sprungthiere nicht die spätere Nachkommenschaft von letztren benachtheilige. Bei den Schafheerden ist wohl immer ein verhältnißmäßig größerer Bestand von Zutretern in jeder geordneten Heerde vorhanden, während dies beim Rindvieh und den Pferden in der Regel schon schwieriger wird. Es fragt sich sonach, ist dieses Bedenken ein begründetes, oder kann ein solcher Züchter ohne Gefahr vor irgend welchen nachtheiligen Folgen in Bezug auf die neu zu begründende Stammheerde auch jene bereits anderweit belegten Mutterthiere zur Fortzucht verwenden?

Da ist es nun jedenfalls bemerkenswerth, daß mehrere bedeutendere Autoritäten unter unsren deutschen Züchtern jede derartige Beeinflussung läugnen und diese ganze Infektionstheorie verwerfen. So der berühmte Hermann von Nathusius-Hundisburg für alle Nutzthiere, der gediegene Verfasser „des Rindes" Professor May für die Rindviehzucht und der Verfasser des „deutschen Merinoschafs" A. Körte für die Schafzucht, und für letzteres Gebiet tritt auch der wiederholt genannte Amerikaner Randall dieser selben Ansicht bei, weil er aus seiner langjährigen Erfahrung und Beobachtung niemals einen Beweis für diese Infektionstheorie gefunden hat.*) Andrerseits findet sich aber im Gegensatze hierzu vornehmlich von den englischen Züchtern der Grundsatz aufgestellt und daran festgehalten, daß wenn

---

*) Randall a. a. O. S. 114.

ein Vollblutthier oder ein Thier von reiner Race jemals in seinem Leben von einem Thier, welches von andrer Race stammt, mit Erfolg besprungen worden war, ein in solcher Weise gedecktes Thier dadurch für alle späteren Zeiten ein Kreuzungsthier bleibt, und daß demgemäß auch nur Kreuzungsthiere, aber keine reingezüchteten oder Vollblutthiere in der späteren Nachkommenschaft von ihm' erwartet werden dürfen. Ja sie gehen sogar in Bezug hierauf noch weiter und dehnen diese Maxime dahin aus, daß ein weibliches Thier jederzeit immer nur solche Jungen sein ganzes späteres Leben hindurch hervorbringt, welche ihrem ganzen Charakter und Natürell nach demjenigen Vaterthiere gleichen, von welchem das Mutterthier zum ersten Male besprungen worden war, sei dieses Vaterthier nun ein aus einer Kreuzung hervorgegangenes oder derselben Race wie das Mutterthier selbst angehöriges.

Nach dieser letztangeführten englischen Auffassung leuchtet freilich soviel ein, daß wenn dieser Grundsatz, daß wirklich eine Infektion des Mutterthiers in Folge jeder ersten Befruchtung stattfindet, der korrektere ist, und wenn also eine einzige befruchtende Belegung oder Kreuzung den Charakter des gepaarten männlichen Sprungthiers für alle späteren Zeiten dem Mutterthiere, welches bei seinem ersten Belegtwerden dieselbe erfuhr, durch dessen Lebensdauer einprägt, dann daraus doch jedenfalls, so oft es sich um die erste Bespringung oder die Verbesserung einer Heerde durch neue männliche Zuchtthiere handelt, sorgfältige Rücksicht darauf genommen werden müßte, daß das weibliche Zuchtthier immer nur ein unbelegtes sei.

Forschen wir aber weiter nach der näheren Begründung für die innere Ursache von dieser Erscheinung, so stellen Dr. Harvey aus Aberdeen und Professor Mac Gillivray, zwei Schotten, darüber die Hypothese auf, daß der innige Zusammenhang und die engste Verbindung, worin der Fötus und das Mutterthier zu einander gegenseitig stehen, und welche sich vornehmlich in der absoluten Zirkulation des Bluts vom Fötus durch die Venen der Mutter und umgekehrt dokumentiren, dermaßen das Mutterthier mit den vitalen Funktionen solches ersten männlichen Sprungthiers imprägnirt, daß das Mutterthier dadurch für alle folgenden Zeiten seines Daseins unfähig wird seine eignen Eigenschaften und ebenso auch die des späteren Sprungthiers unalterirt und ohne die Mitwirkung und das Eingreifen jener letzteren Einflüsse auf ihre spätere Nachkommenschaft von diesem in seiner vollen Reinheit und Intaktheit zu übertragen, — eine Ansicht, welcher

ein deutscher Fachmann mit der entgegengesetzten physiologischen Dar=
legung nicht ohne plausible Begründung entgegentritt.*)

Es kann nicht in unsrer Aufgabe liegen, die verschiedenen von
den englischen Schriftstellern darüber angezogenen Beispiele hier aus=
führlicher zu erörtern. Nur in Kürze wollen wir die vielbesprochenen
Fälle zunächst von der von einem Quagga oder wilden Esel gedeckten
kastanienbraunen Stute des Earl von Morton anführen, welche
ein Fohlen brachte, das dem Quaggahengste in seinen charakteristischen
Eigenschaften und namentlich in Bezug auf die Formation des Kopfes,
der Ohren und speziell auch die Streifen auf den Schultern 2c. genau
gleich, und obwohl sie hernach drei Jahre nach einander von einem
schwarzen Araberhengste gedeckt wurde, immer nur auf das genauste
dem Quagga gleichende Fohlen zur Welt brachte. Ein andrer Fall
ist die von einem Zebra gedeckte englische Vollblutstute des Sir Gore
Ouseley, welche ein wie das Zebra gestreiftes Fohlen brachte, und
deren gesammte spätere Nachkommenschaft, trotzdem sie nachher nur mit
Vollbluthengsten belegt wurde, alles gestreifte Thiere blieben. Aus
der Rindviehrace erzählt ferner Professor Mac Gillivray von zwei
bekanntlich hörnerlosen Aberdeenshireküben, die zum ersten Male von
einem Shorthornstier besprungen eine jede ein hörnertragendes Kalb
mit Shorthorncharakter brachten und obwohl hernach immer nur mit
hörnerlosen Aberdeenshirestieren belegt, dennoch konsequent nachher nur
gehörnte Kälber gebaren.

Uns muß hier aber ganz besonders der aus dem Bereiche der
Schafzucht vorgetragene Fall näher interessiren. Ein Schotte, H. Shaw
aus Leochel, ein tüchtiger Züchter, hatte aus seiner Heerde sechs Stück
Schafmütter, gehörnt und mit schwarzem Gesichte, ausgewählt, von
denen er die eine Hälfte mit einem englischen Southdownbock und die
andere Hälfte mit einem Leicesterbocke bespringen ließ. Ersterer war
weiß, letzterer schwärzlich (dun) von Gesichtsfarbe, und beide waren
ohne Hörner. Die Lämmer daraus waren alle Kreuzungsthiere.
Im zweiten Jahre wurden diese sechs Schafmütter wieder von einem
Bocke, diesmal aus ihrer eignen Race, also mit Hörnern und schwar=
zem Gesicht, besprungen, und gleichwohl fielen sämmtliche daraus her=
vorgegangene Lämmer ohne Ausnahme hörnerlos aus und ihre Gesichts=
farbe war von bräunlichem Charakter. Der Besitzer Shaw ließ jetzt

---

*) C. Mahnke, Die Infektions=Theorie. Stettin 1864. Im Selbstverlag.
Seite 7 f.

absichtlich die sämmtlichen sechs Schafmuttern von einem vorzüglichen Bock aus ihrer eignen Race belegen, der namentlich ausgezeichnet vererbte. Die Wirkung von der besonderen Vererbungskraft zeigte sich denn auch sofort. Zwar traten bei den neuen Lämmern die Kreuzungseigenschaften weniger augenfällig hervor, gleichwohl waren aber zwei Lämmer wieder hörnerlos gefallen und von den übrigen vier Lämmern hatte das eine jene schwärzliche (dun) Farbe mit nur ganz kleinen Hörnern, die drei übrigen aber waren weiß im Gesicht und hatten auch nur sehr kleine runde Hörner. In Folge dessen erachtete der Züchter diese sechs Mutterschafe für dermaßen verdorben und in ihrem Blute in Bezug auf die Fortpflanzung unrein, daß er sie alle ausmerzte.

Und dem ähnliche Fälle werden aus der Schweinezucht und auch von Hunden angeführt.

Außerdem werden aber noch Beispiele von einer auffallenden Aehnlichkeit der Geburten mit solchen männlichen Thieren, mit welchen eine fleischliche Vermischung überhaupt gar nicht stattgefunden haben konnte, nämlich mit kastrirten Pferden und Rindvieh, ausführlicher besprochen, welche den Nachweis liefern sollen, daß auch unter den Hausthieren diese sogenannten Wahlverwandtschaften sehr wohl vorkommen können, indem die Einbildungskraft des Mutterhieres unmittelbar vor oder während des Begattungsaktes auf die körperliche Entwicklung und Formenbildung des von ihm gebornen jungen Thiers einen Einfluß ausübe. Doch übergehen wir auch diese Fälle, zumal dieselben andrerseits doch sehr vereinzelt für sich dastehen.

Aus allen diesen einzelnen Erscheinungen hatten wir bei Gelegenheit einer früheren Erörterung dieser Frage*) eine befriedigende Lösung derselben, welche namentlich auch den Erfahrungen der im Eingange erwähnten deutschen Autoritäten und der von ihnen aufgestellten Ansicht entspreche, dahin aufstellen zu können geglaubt, daß eine solche Beeinflussung des ersten Bespringens eines Mutterthiers für dessen Nachkommen aus anderen Sprungthieren nicht zu erkennen und darum auch nicht als vorhanden anzunehmen sei, so oft und so lange die späteren Sprungthiere von demselben Schlage oder derselben Race seien wie das Mutterthier und das Sprungthier, welches das erste

---

*) Schlesische landw. Zeitung Jahrg. 1866 Nr. 38 und 39 der Aufsatz: „Beeinflußt das erste Bespringen eines Mutterthiers dessen spätere Nachkommenschaft von anderen Sprungthieren?"

Decken vollführt hatte, daß dagegen aber das Gegentheil und eine Beeinflussung der späteren Nachkommenschaft allerdings in dem Falle als stattfindend angenommen werden müsse, sobald das erste Sprung= thier einer anderen Race oder einem anderen Schlage angehörte als die späteren Bespringer, mit anderen Worten, sobald es sich um eine Kreuzung des Mutterthiers mit einem Sprungthiere von andrer Race handelte, als zu welcher das Mutterthier gehört. Sei einmal ein solches Kreuzungsprodukt erzielt worden, so werde hierdurch das Fortpflanzungsprinzip in dem Mutterthiere derartig und zwar für dessen übriges Leben hindurch alterirt oder imprägnirt, daß wenn es danach später durch die Paarung mit Sprungthieren aus der eignen Race, zu der das Mutterthier gehört, wieder befruchtet werde, auf die daraus hervorgehende spätere Nachkommenschaft immer gewisse Eigen= schaften aus der Natur= und Körperbeschaffenheit des ersten Sprung= thiers mit übertragen würden und an ihr haften blieben, ein Einfluß, welcher auch selbst durch eine dem später bespringenden Vaterthiere innewohnende vorzüglichere Vererbungskraft nicht vollständig para= lysirt werden könne. Immer hatten wir zum Schlusse aber den von größeren englischen Züchtern wiederholt empfohlenen Rath dabei noch hervorheben zu müssen geglaubt, bei etwa vorzunehmenden Kreuzungen doch lieber nichts oder doch nicht zu viel zu riskiren, nament= lich da, wo man es mit besonders schönen Thieren zu thun habe, und vielmehr am besten Kreuzungen jederzeit nur mit solchen Thieren auszuführen, wo es auf die spätere Nachkommenschaft nicht grade sonderlich viel ankomme.

Wir müssen indessen an dieser Stelle bekennen, daß wir seitdem in Folge tieferen Eingehens auf diese Frage uns doch von dieser letz= teren von uns aufgestellten vermittelnden Hypothese freiwillig wieder abgewendet haben und jene Ansicht der hervorragenderen Züchter für die richtige halten, welche diese ganze Infektionstheorie negiren und also jede Beeinflussung der künftigen Geburten des ursprünglich von einem andern Sprungthiere gedeckten Mutterthiers entschieden in Ab= rede stellen. Recht prägnant führt namentlich der als Züchter mit Recht so hochangesehene Hermann von Nathusius=Hundisburg seine desfallsige Ueberzeugung aus*), und wir wollen auf dieselbe

---

*) Zeitschrift des landwirthsch. Central=Vereins der Provinz Sachsen pro 1863 Nr. 11: „Beiträge zur Lehre von der Thierzucht."

hier doch noch kurz zurückkommen, soweit sie das spezielle Gebiet der Schafzucht erörtert. Nachdem er jene aus der Pferdezucht und Rind= viehzucht für die Infektionstheorie aufgeführten Beispiele ausführlich zu widerlegen versucht hat, führt er in Bezug auf die Schafzucht aus, daß er bei seinen länger als zehnjährigen Versuchen über die Kreuzung verschiedener Schafracen von Anfang an auf die Infektion der Mütter seine Aufmerksamkeit gelenkt habe. Es seien dabei von ihm Schaf= mütter von verschiednen Schafracen beobachtet worden, welche vorher von racegleichen Böcken Lämmer geboren hatten und darauf von Böcken andrer Racen belegt wurden; es seien ferner Fälle zur Beobachtung gekommen, in denen jungfräuliche Merinomütter von Southdown= oder langwolligen Böcken Lämmer brachten und darauf, absichtlich des Versuches wegen, wieder von race=reinen Merinoböcken belegt wurden. Auf diese Weise seien von ihm weit über tausend Fälle notirt, in welchen eine Infektion der Mütter hätte hervortreten können. Her= vorzuheben sei dabei sogar, daß sich diese Versuche über Erscheinungen erstreckte, welche nach verschiedenen Richtungen zu Tage treten konnten. Auch habe es sich dabei nicht um feinere, leicht zu übersehende Unter= schiede zwischen den Elternthieren, sondern um die heterogenste Woll= form und um Größendifferenzen gehandelt, in welchen das eine Geschlecht das andre um das Vierfache des Gewichts übertraf, und ferner auch noch um die deutlichsten Verschiedenheiten der Gestalt, der Physiogno= mie, des Temperaments, um Farbendifferenzen, welche, wie bei den weißen Merinos und den so eigenthümlich und konstant gefärbten Southdowns tief in der Race begründet und dem ungeübtesten Auge sichtbar seien, sowie endlich noch um sehr große Hörner und unge= hörnte Köpfe. Alle diese Beobachtungen seien in der Erwartung, ja in der Hoffnung gemacht worden, einmal eine Infektion zu finden, allein auch nicht ein einziger Fall von Infektion sei je= mals vorgekommen. Dabei müsse aber in Betreff der entgegen= stehenden Erfahrungen doch nie vergessen werden, wie leicht Täuschungen möglich seien durch nicht beachtete Ueberfruchtung des Mutterthiers oder durch Mangel an Kenntniß des Stammbaumes der Eltern, welche etwa die Deutung der Erfahrung auf Rückschläge zulassen. Aber auch Täuschungen gröberer Art seien leicht möglich, wie einmal einige Merinomütter durch einen Southdownbock infizirt sein sollten, was aus den braunen Flecken hervorgehen sollte, welche die nachge= bornen reinen Merinolämmer hatten. Diese Flecke seien aber nicht von jener eigenthümlichen blaugrauen Farbe der Southdowns, sondern gelbbraun gewesen, eine Erscheinung, welche bei den Merinoschafen sehr oft vorkommt, wie sich denn schließlich bei genauer Untersuchung ergeben hätte, daß der Merinobock, welcher diese angeblich infizirten Lämmer erzeugt hatte, selbst diese braunen Flecke besaß.

Diese auf langjähriger und sorgfältiger Beobachtung beruhenden eignen Erfahrungen in Verbindung mit dem, was von zuverlässigen Beobachtungen über diese Infektion bekannt geworden, haben diesen namhaften Züchter doch zu der Ueberzeugung schließlich hingeführt, daß die ganze Infektionstheorie vorläufig und in ihrer jetzigen aktuellen Begründung ohne Werth für den prakti= schen Zuchtbetrieb ist, da unbezweifelt feststehe, daß ungleich mehr Fälle beobachtet worden, in welchen eine Infektion nicht erkennbar geworden, als umgekehrt solche, wo dieselbe vorgekommen wäre.

Wir glauben uns berechtigt, doch diese eben wiedergegebene Aus= führung, welche auch noch von andren gewiegten Autoritäten, wie namentlich auch von den hervorragenderen amerikanischen Züchtern die volle Beistimmung findet, vorläufig auch unsrerseits adoptiren und diese Infektionstheorie sonach negiren zu müssen.

6. Die Geschlechtsbestimmung der jungen Nachkommenschaft.

Wenn wir in dieser gegenwärtigen Betrachtung wieder auf die schon vielfach behandelte und ventilirte Frage zurückkommen: „Ob sich denn nicht für den Viehzüchter gewisse bestimmte Gesetze aufstellen lassen, die es ihm ermöglichen, auf ein bestimmt beabsichtigtes Ge= schlecht bei der zu erwartenden Nachkommenschaft durch sachgemäße Paarung maßgebenden Einfluß zu üben?" so geschieht dies weniger in der Absicht Neues in dieser Frage zur Sprache zu bringen, als vielmehr in dem Wunsche, daß es vornehmlich unsren Lesern genehm sein wird, das Hauptsächlichste von den bisher hierüber gewonnenen Erfahrungen einmal in kurzer Zusammenfassung sich zu vergegen= wärtigen.

In der That ist es sehr häufig für den viehzüchtenden Landwirth nur zu wünschenswerth, wenn es ihm möglich wäre das Verhält= niß der Geschlechter bei den Thieren, die er züchtet, zu kontrolliren und im Voraus zu bestimmen. Das wahrlich wunderbar harmo= nische Verhältniß, in welchem die Geschlechter von der Natur sich herausbilden und demzufolge im allgemeinen Durchschnitt so ziemlich zu gleichen Theilen von dem einen wie von dem andren Geschlechte hervorgehen, ist jedenfalls ein handgreiflicher Beweis für den Umstand, daß auch bei diesem Punkte die allweise Vorhersicht der Schöpfung gewisse genau feststehende Gesetze und Regeln aufgestellt hat, deren Kenntniß und praktische Anwendung eben nur noch zur Zeit ein Geheimniß für die Viehzüchter geblieben ist. Indessen haben doch schon zahlreiche zu diesem Behufe angestellte Forschungen wenigstens die äußerste Grenze zeigen lassen, bis wieweit diese Vorherbestimmung der Geschlechter in der Kontrolle des Menschen steht.

Der Besitzer einer Milchwirthschaft ist nämlich in besondrem Maße interessirt, nur Kuhkalben hervorgehen zu sehen, um aus ihnen seinen Bestand an Milchkühen zu ergänzen und zu vermehren, während auf der andren Seite wieder ein Viehmäster oder Weidewirth es ebenso für wünschenswerth erachtet, wenn er möglichst viele Ochsen herausbilden könnte, um große Fleischmassen durch die Sommerweiden zu gewinnen, nachdem ihm die Thiere im Pfluge und in der Wirthschaft die hergebrachte Zeit hindurch die gewohnten Zugleistungen verrichtet haben. Ein Züchter endlich, der eine Stammviehzucht eingerichtet hat, welche sich ihm zu einem rentablen Unternehmen gestalten soll, ist dagegen wieder ängstlich darum besorgt, nur jederzeit ein möglichst großes Verhältniß von zur Fortpflanzung geeigneten Zuchtthieren zu erzielen. Inwieweit also ein jeder einzelne Viehhalter zu seinem speziell verfolgten Zwecke diese Erzeugung in der gewünschten Art zu kontrolliren im Stande sein möchte, das ist eine Frage von großem Interesse und erheblicher Wichtigkeit für sie.

Bekanntlich hat nun der berühmte Hofkenner, unser Landsmann, in Bezug auf das Menschengeschlecht einige ziemlich glückliche Berechnungen und Hypothesen herausgestellt, und es ist ihm hierbei gelungen aus zahlreichen Beispielen den Nachweis zu führen, daß überall da, wo der Vater um ein Beträchtliches jünger als die Mutter war, das Verhältniß der männlichen Geburten zu den weiblichen sich auf volle 90,6 pCt. herausstellt, wo aber Vater und Mutter von gleichem Alter sind, sich dasselbe Verhältniß auf 90 pCt. ergiebt, und daß endlich wieder in dem Falle, wo der Vater beträchtlich, also etwa zwischen 9 bis zu 18 Jahren, älter als die Mutter war, dasselbe Verhältniß sich sogar auf 143 pCt. erhöht. In allen andren Fällen dagegen prävalirt das weibliche Geschlecht.

Da ist es nun doch gegenüber diesen Erfahrungen von großer

Bedeutung, daß der geistvolle Franzose M. C. C. de Buzareur=
gnes eine in ihrem Prinzipe ganz ähnliche Erfahrung auch in dem
Thierreiche gemacht hatte, indem er das Vermögen zu besitzen er=
klärte, bei Schafen die Geschlechter mit Sicherheit vorherzubestimmen.
Sein Prinzip hierbei war genau das gleiche wie das eben beschrie=
bene, nämlich, daß eine besondere überwiegende Körperkraft zur Her=
vorbringung des weiblichen Geschlechts und das Umgekehrte zur Er=
zielung des männlichen Geschlechts bei dem Mutterthiere hinwirke.
Aus diesem Grunde empfahl er, um weibliche Schafe zu gewin=
nen, daß man junge Zuchtböcke auswählen und sie zuvor auf
gute Weide bringen solle, und um männliche Thiere zu erhalten,
daß man drei= bis fünfjährige Sprungböcke nehmen und auf
geringere Weide lassen möge. Und wirklich erwies sich sein Ex=
periment als in hohem Maße gelungen. Denn bei seinem Versuche,
Mutterschafe zu erlangen, hatte er doch wirklich 76 weibliche Läm=
mer und nur 35 Bocklämmer in seiner Heerde gehabt, und bei
seinen auf Bocklämmer gerichteten Versuchen waren ihm 80 männ=
liche gegen 55 weibliche Lämmer gefallen. Diese Erfahrung veran=
laßte den Franzosen Cournuejouls zu einem ähnlichen gleichfalls
gelungenen Versuche. Er that eine Partie von 40 Stück Mutter=
schafen zu jungen Bocklämmern und auf gute Weide und eine zweite
Partie von ebenso viel Mutterschafen auf eine dürftigere Weide und
mit alten Sprungböcken zusammen. Das Resultat von diesem Ex=
periment war denn wirklich auch, daß von der ersten Partie 15 Bock=
lämmer und 25 Mutterlämmer und von der zweiten Schicht 26 Bock=
lämmer und 14 weibliche Lämmer fielen.

C. de Buzareurgnes war aber im Stande, auch noch fernerweit
nachzuweisen, daß bei verschiednen Partien von Schafen die An=
näherungen, je nachdem zu männlichen oder weiblichen Geburten,
sich jedesmal und im Ganzen und Großen nach dem Unterschieds=
verhältnisse des Alters der zusammengepaarten Thiere von beiden
Seiten regeln. So brachte er noch junge Mütter zu den ganz jun=
gen Böcken, und es brachten die zwei Jahr alten Mutterschafe 14
männliche und 26 weibliche Lämmer zur Welt, die drei Jahre alten
Mutterschafe aber wieder 16 männliche und 29 weibliche Lämmer,
während die vier Jahr alten Schafmuttern, zu alten Böcken und auf
magere Weiden gebracht, im Gegensatz hierzu 33 Bocklämmer und
nur 14 Mutterlämmer ergaben.

Ein Mehreres als diese eben wiedergegebenen Wahrnehmungen

läßt sich nicht als positiver Erfahrungssatz hinstellen. Jedenfalls genügt aber das bisher in Bezug auf diese Frage Konstatirte immerhin dazu, um darauf hinzuweisen, daß der Züchter zum mindesten doch einen nicht unbeträchtlichen Einfluß besitzt, das Verhältniß der Geschlechter bei der zu erzielenden jungen Nachkommenschaft zu überwachen, und daß über je mehr Kraft er in Bezug auf den Körperbau des Sprungthieres und die Futtermittel zu verfügen vermag, desto größer die Proportion zu Gunsten der weiblichen jungen Thiere ausfallen wird, sowie daß der umgekehrte Fall wieder zu Gunsten des männlichen Geschlechts sich gestaltet. So viel ist aber wohl unzweifelhaft gewiß, daß in diesem Prinzip Stoff genug liegt, um zu praktischer Erprobung seiner Richtigkeit unsre viehhaltenden Landwirthe anzuregen.

D. Das Verfahren bei der Schafzüchtung und die Züchtungsmethoden.

1. Rückblick.

Unsre Betrachtung hat sich jetzt zu dem praktischen Verfahren des Züchtens selbst zu wenden. Ehe wir jedoch speziell darauf eingehen, erscheint dies der geeignete Moment, daß wir das bisher unter den allgemeinen Grundsätzen der Züchtung Besprochene noch einmal kurz unsrem Bewußtsein vorüberführen, wie ein bewährter Züchter dieselben während seiner Züchtungsbestrebungen vor Augen haben und sie als die leitenden Gesichtspunkte seines Verfahrens hinstellen wird.

Wir hatten in dem Früheren zwei natürliche Gesetze kennen gelernt, welche die Grundlage der ganzen Züchtungslehre bilden und bei jeder systematischen Züchtung stets zur Anwendung gelangen. Das erste und oberste Gesetz war: „daß Gleiches auch immer wieder Gleiches hervorbringt", mit andren Worten, daß Alles, was wir in der Nachkommenschaft hervorzuzüchten wünschen und von ihr erwarten, schon in dem Elternpaare von ihr nothwendig vorhanden sein muß. Und grade diese Stabilität und Gleichmäßigkeit in der Natur ist es, welche das wahre und eigentliche Fundament von der ganzen im großen Weltall herrschenden Ordnung ausmacht, und nimmermehr sind wir

berechtigt etwa vorauszusetzen, daß jenes ewige Gesetz zu unserm Vor=
theile jemals außer Anwendung bleiben werde, gleichwie wir andrer=
seits aber auch niemals darum besorgt zu sein brauchen, daß wir auf
sein nachdrückliches Walten uns etwa nicht unbedingt verlassen könnten.
Das Nächste, was wir in Bezug hierauf kennen lernten, war die Bedeu=
tung des „reinen" Blutes und der „höheren" Züchtung, und wir er=
fuhren, daß die so bezeichneten Thiere jedesmal einer Familie zuge=
hören, welche durch lange zurückreichende und ebenso auch noch durch
lange nachfolgende Generationen jene Vererbungskraft durchgeführt enthält
und fort und fort weiterführt, vermöge deren immer nur Thiere mit
den bei der Züchtung besonders gesuchten und bevorzugten Eigen=
schaften hervorgebracht werden. Allein dieses große Grundgesetz, daß
Gleiches immer auch Gleiches hervorbringt, ist wie jedes andere Natur=
gesetz biegsam und dehnbar, und es kann daher durch das Verfahren
des Züchtens entweder abgeschwächt oder auch in seiner Wirksamkeit
erhöht werden, mit anderen Worten, es kann dieser Grundsatz der
Natur ebensowohl zum größten Nutzen als zum größten Schaden
dem es umwandelnden Menschen gereichen. Immer aber muß die
Existenz und die fundamentale Bedeutung dieses Gesetzes bei jedem
Schritte herauserkannt werden, welchen der Züchter in diesem seinen
Vorhaben thut.

Das zweite von den beiden großen vorerwähnten Naturgesetzen
ist aber dieses, daß die Kultivirung und die Intelligenz des Men=
schen fähig und im Stande ist jenes erste große Gesetz des „Gleichen
nach Gleichem" nach seinen bestimmten Züchtungszwecken zu modifi=
ziren, und zwar sowohl zum Guten wie zum Ueblen und bis zu der
weitesten Ausdehnung hin, wie immer dieselbe mit der elastischen Kraft
von diesem Gesetze selbst nur irgend verträglich ist. Denn es ist
gradezu unmöglich sowohl der Schädigung wie der Verbesserung
Grenzen zu setzen, deren jedes Ding, welches existirt, nun einmal
fähig ist, während es im Uebrigen doch immer noch seinem innern
Wesen nach sich gleich bleibt. Wenn uns also jenes erste Grundgesetz
belehrt, daß wir jedes lebende Wesen auf der Erde zu verbessern und
zu vervollkommnen vermögen, so wird ferner auch dem Züchter jene
ganze Kontrolle über diese Verbesserung des Thierreichs in die Hand
gegeben, soweit dieselbe eben möglich oder zu erreichen ist. Absolute
Einheit, Gewißheit und Beharrlichkeit in seinem Zwecke und dabei
doch wieder eine beinahe schrankenlose Abwechslung in den Mitteln und
Weisen von der Manifestirung dieses Zweckes, das sind die beiden

großen Hebel, mit welchen der Züchter bei allen seinen Unternehmungen operiren muß, um eine Race irgend einer Art zu verbessern oder zu verringern. Fassen wir dann weiter die zu dem Zwecke der Züchtung maßgebenden Grundsätze in wenigen kurzen Sätzen zusammen, so lassen sich dieselben in folgende Maximen präzisiren, wie wir solche von den angesehenen amerikanischen Züchtern hingestellt und befolgt finden:

1. Es ist im ganzen Thierreich und so auch speziell bei der Schafzucht gradezu unmöglich künstliche Eigenthümlichkeiten von irgend welcher Art in dauernde umzuwandeln. Es werden z. B. ab=geschnittene Schwänze niemals weiter vererben.

2. Natürliche Eigenheiten dagegen oder angeborne, wie sie auch heißen, sobald sie nur erst gleichmäßig in der besondern Gattung ent=wickelt sind, vererben dann auch mit Gleichmäßigkeit weiter. So ist kein Schaf von andrer Farbe als weiß oder schwarz oder beides gemischt.

3. Diese natürlichen Eigenschaften, selbst wenn sie auch nur als persönliche bei einem besondren Thiere sich darstellen, können gleich=wohl bis zu einem gewissen Grade auf die Nachkommenschaft über=tragen werden, so daß bei fortgesetzter Züchtung eine Thierfamilie daraus hervorgehen kann mit solcher Eigenschaft, die doch ursprünglich nur eine rein zufällige war, wie z. B. Hörnerlosigkeit, besondre Kopfbildung u. dergl.

4. Durch fortdauernde Vernachlässigung oder Unwissenheit, aber auch in Folge bedachter Absicht vermögen wir die Natur wesentlich dahin zu bringen, derartige zufällige Eigenheiten zu erzeugen und entstehen zu machen und sie zur Entwicklung von mißbildeten, un=fruchtbaren oder monströsen Thieren zu nöthigen.

5. Wir sind im Stande bei gelehrigem, ausdauerndem und nachgiebigen Ueberwachen der Natur dermaßen genau ihre Wege kennen zu lernen und ihre Begünstigung darin zu gewinnen, daß unsre wohlberechneten und auf Erfahrung begründeten Unternehmungen, sie in ihren desfallsigen Bemühungen im Hervorbringen der ange=strebten Art zu unterstützen, immer den reichlichsten Lohn in vermehr=ter Schönheit, Vorzüglichkeit und Wertherhöhung in den hervorgebrach=ten Produkten gewähren.

6. Hauptsache bleibt es aber gleichwohl immer, sorgfältig jederzeit solche Eigenthümlichkeiten bei der Züchtung zu vermeiden, welche rein persönlich den einzelnen besonderen Thieren anhaften, und dafür die zu paarenden Thiere nur immer mit Rücksicht auf ihre allgemeine Vervoll=kommnung in den ihrer Gattung charakteristisch anhaftenden Eigenschaften

auszuwählen, weil wir sonst in jenem erstern Falle eine außerordentliche, das heißt zufällige und darum auch vorübergehende Entwicklung jener besonderen Eigenschaften riskiren müssen, während wir im letztern Falle jene allgemeine Vorzüglichkeit und Vervollkommnung, die wir ja beim Züchten grade anstreben, zu erzielen erwarten können.

2. Das Züchten in der eignen Heerde.

Gehen wir jetzt auf das besondre Verfahren bei der Schafzüchtung über, so können zunächst die einzelnen speziellen Züchtungszwecke in den mannigfachen Schafhaltungen Deutschlands von sehr verschiedener Art sein. Vor allen Dingen ist die Zahl der gewöhnlichen Landschafe so wie der halbveredelten Schafheerden, welche also schon eine theil= weise Veredlung erfahren haben, nach Ausweis der darüber geführten statistischen Tabellen noch eine derartig große, daß sie die Zahl der wirklich edlen Merinos erheblich überwiegt, es wird also in allen derartigen Fällen nahe liegen, solche groben Schafheerden zu verbessern, und also die natürliche Aufgabe sein, die vorgefundenen Landschafe mit den edlen Merinoböcken zu paaren und daraus eine veredeltere Schaf= heerde hervorzubilden, oder aber, wo eben schon ein sogenanntes halb= veredeltes Material vorhanden ist, diese Veredlung fortzusetzen und weiter aufzubessern. Dies sind die Aufgaben, welche durch die Natur der Verhältnisse unsren deutschen Schafheerdenbesitzern vornehmlich gestellt werden, und es ist übrigens die Erreichung eines solchen Zieles immerhin schwierig genug. Es gehört dazu, daß eben ein Züchter dieser Art sich jedenfalls von vorn herein ganz genau damit vertraut macht, welche Art von Wolle und welchen Charakterthypus er in seiner Heerde erzielen will. Denn die erste und wichtigste Aufgabe ist und bleibt nun einmal für ihn, daß er gleich von Anfang an die rechte Wahl der Zuchtthiere trifft, um bei fortgesetzter Züchtung immer nur mit Böcken von diesem bestimmten Charakter die so müh= sam und nur sehr allmälig zu erlangende Konstanz in der Heerde festzuhalten. Deshalb ist es dann hernach sein höchster Beruf, daß er den von Anfang an vorgesteckten Züchtungszweck auch unverrückt und konsequent verfolgt und vor allen Dingen es mit der größten Umsicht vermeidet, jemals etwa verschiedenartige Zucht= thiere zu wählen. Denn der unausbleibliche Erfolg von solchem Wechsel in den Zuchtthieren ist bei der Schafhaltung wie bei jeder

andren Züchtung, daß er gewärtigen muß, entweder in seiner ange=
strebten Verbesserung zum Stillstand zu kommen oder im Gegentheil
sogar darin Rückschritte zu machen und von dem zu erreichenden Ziele
der Erlangung einer Heerde mit Konstanz und vollkommener Ausge=
glichenheit des Wollcharakters nur immer weiter noch entfernt zu werden.

Und gleichwohl ist ein solcher bestimmter Züchtungszweck immer=
hin noch von wenigeren Schwierigkeiten begleitet. Denn die Anzahl
von vortrefflichen Edelheerden in Deutschland und Oestreich ist zur Zeit
noch eine sehr große, die Frage von der Veredlung seiner eignen Heerde
mithin thatsächlich meist nur eine Vermögensfrage, die sich praktisch
immer nach den vorhandenen Geldmitteln richten wird, ob nämlich
der einzelne Heerdenbesitzer so viel Einkünfte besitzt, daß er fortgesetzt sein
Zuchtmaterial aus einer der am höchsten renommirten Edelheerden entneh=
men kann, oder ob er sich bescheiden muß, aus einer von den zahlreichen
aus diesen erst hervorgegangenen, meist weniger vollkommenen und hoch
veredelten kleineren Stammschäfereien die Böcke zu beziehen, die hier
natürlich billiger, aber darum keineswegs besser sind. Dennoch bietet
selbst diese letztere Bezugsquelle immer ein gar nicht zu verachtendes
Zuchtmaterial dar, vorausgesetzt nur, daß auch in diesen Heerden fort=
gesetzt stets ein reines Merinoblut fortgezüchtet worden und in der
Veredlung systematisch vorgeschritten ist. Wir ersehen also hieraus,
daß wenn nur ein Heerdenbesitzer von der beschriebenen Art jene all=
gemeinen Grundregeln jeder Züchtung genau innehält und keine Sprünge
macht, er schließlich es doch ohne sonderlich grade erhebliche Schwierig=
keiten zu einem befriedigenden Resultate bringen und eine den Anfor=
derungen der Neuzeit auch in Bezug auf gute Züchtung entsprechende
Heerde erzielen kann.

Das Verfahren aber, was in allen diesen bisher beschriebenen
Fällen als das natürlich gebotene sich erweist, ist das sogenannte
Kreuzungsverfahren, das heißt die Verbesserung der eignen Heerde
durch Zuführung von edlen Zuchtböcken aus der in Deutschland ver=
vollkommneten ursprünglich spanischen Merinorace.

Anders freilich und erheblich schwieriger ist die Lage der Besitzer
von Merino=Edelheerden und unter ihnen namentlich wieder jener
Züchter, welche, wie dies so häufig in unsrer neusten Zeit die
Aufgabe geworden ist, sich in Folge der die auf die hochedle Schaf=
haltung verwendeten beträchtlichen Futterkosten nicht mehr bezahlt machen=
den Wollpreise nothgedrungen in der Lage befinden, die durch lange
Jahrzehnte mühsam hervorgezüchtete höchste Wollfeinheit in ihren

Heerden, und zwar nicht selten mit blutendem Herzen und sehr gegen ihre eigne Neigung zu verlassen und zu der modernen Negrettirichtung überzugehen, also statt der bisher erreichten verschiedenen Stufen der Electafeinheiten jetzt eine Electa-Secunda- oder gute Primawolle, jedoch bei drei Pfund Durchschnittsgewicht von den einzelnen Stücken in der Heerde zu erzielen. Wir sagen hierbei, gegen die eigne Neigung, und wir sprechen damit ein Wort aus, welches namentlich von allen den hervorragenden Edelheerdenbesitzern vollständig nachempfunden werden wird. Indessen halten wir ihnen zur Beruhigung jenes Vorbild des früher bereits erwähnten Züchters der ihrer Zeit weit berühmten früheren Lichnowski'schen Heerden vor, welcher doch grade als Ergebniß seiner richtigen Erkenntniß von der geänderten Situation in unsrer aktuellen Neuzeit in praktischer Resignation eben diese zuletzt angedeutete Züchtungsrichtung den Heerdenbesitzern empfiehlt. (Seite 45.)

In der That ist aber diese neue Aufgabe um so mühevoller durchzuführen, je höher und veredelter solche Stammheerde in Folge langjährigen Fortbestehens herausgezüchtet ist. Denn hier haben wir es oft mit durchaus reinblütigen Heerden von höchster Konstanz und Ausgeglichenheit des Wollcharakters zu thun, welche durch die Einführung fremden Blutes, da nicht die gleiche Reinheit besitzt und nicht dieselbe Konstanz und Vererbungskraft durch ähnlich lange fortgesetzte Züchtung erlangt hat, nothwendig heruntergebracht werden und damit grade das höchste einbüßen müssen, was jemals durch intelligente Züchtung überhaupt erreicht werden konnte. Und auch hier wird das anzustrebende neue Züchtungssystem wiederum wohl nur durch Entnahme von Zuchtthieren aus fremden Heerden mit wollreicherem, aber minder feinem, und vielleicht auch minder haardichten Charakter, mit andren Worten ebenfalls durch Kreuzung, und zwar wenn auch in der eignen Merinorace, so doch von in entgegengesetzter Richtung entwickeltem Racentypus hervorgebildet werden können.

Wir werden von dem hierzu einzuschlagenden Verfahren bei der besonderen Besprechung der Kreuzungsmethode ausführlicher zu handeln haben. Jetzt wollen wir nur auf diejenige Kategorie von Schafhaltungen näher eingehen, welche ohne eine Aenderung in ihrer angestrebten Züchtungsrichtung vorzunehmen, lediglich die Verbesserung und Vervollkommnung der Thiere innerhalb der eignen Heerde und nur mittelst des ihnen darin zu Gebote stehenden Materials anstreben und zu erreichen zum Zwecke haben. Dies werden aber wieder, wie schon gesagt, Besitzer von gewöhnlichen Landschafen oder von nur halbveredelten Heerden sein, in deren Absicht es liegt, ihre Schafhaltungen in der hergebrachten Weise fortzuzüchten, sei es, weil sie darin die günstigste Futterverwerthung, worauf es schließlich doch bei jeder Schafzucht immer hauptsächlich ankommen muß, aus gereifter Erfahrung herausgefunden haben, oder weil irgend welche andre konkrete Verhältnisse ihnen dieses Verfahren rathsam erscheinen lassen. Wir wollen in Bezug auf dergleichen Landschafheerden übrigens doch auf die frühere Bemerkung verweisen, daß dieselben genau so reinblütig sein können, wie die schönste Merino=Edelheerde, in dem Falle nämlich, daß solche Schafrace durch lange Zeiten fortgeführte Inzucht unvermischt sich in einer bestimmten Gegend fortgepflanzt hat (Seite 49 ff.). Ihre Vererbungskraft kann deshalb auch eine ganz vorzüglich entwickelte sein. Andrerseits gehören in diese Kategorien aber wieder alle jene Edelheerdenbesitzer, welche bereits ihre Heerden in dem neuen Wollmassen=Züchtungssystem hervorgebildet und entwickelt haben, und deren Aufgabe es daher nun mit sich bringt sie in dieser neuen Richtung sorgfältig fortzuzüchten, oder auch solche, welche Fleischschafe oder sonst gesonderte Schafracen halten, deren Fortführung am bequemsten und zweckmäßigsten immer aus der eignen Heerde heraus geschieht. Vornehmlich sind es aber endlich die renommirteren Stammschäfereien, deren größte und höchste Aufgabe es immer bleibt, jede Kreuzung mit irgend welchen fremdartigen, selbst noch so edlen Elementen grundsätzlich zu vermeiden und ja jederzeit in ihrer oder einer nahen Schwester=Heerde fortzuzüchten, damit die Reinheit des Blutes und die Racenkonstanz, die sich in markirter Vererbungskraft und vollkommener Wollausgeglichenheit offenbart, nur im mindesten nicht alterirt werde.

Wenn nun aber grade die Kunst des Züchtens in der genauen Kenntniß des an sich so einfachen und doch wieder in seiner Ausführung so schwierigen Geheimnisses besteht, diejenigen weiblichen und männlichen Thiere auszulesen und mit einander zu paaren, welche sich am besten dazu eignen eine verbesserte und dabei auch in ihrem Charakter gleichmäßige Nachzucht hervorzubringen, so liegt der praktische Schlüssel zu dieser Kunst wieder in der unverrückten Vergegenwärtigung und Anwendung jener obersten Grundsätze der Züchtung. Wie es in Bezug hierauf ferner der erste Satz wieder ist, daß Gleiches auch Gleiches hervorbringt, so muß dieser Satz weiter gleichzeitig sowohl auf die Qualität des Blutes als auch auf die individuellen Charaktereigenschaften ausgedehnt und angewendet werden, weil sonst daraus für den Unerfahrenen Mißverständnisse und Irreleitung entstehen könnten. Denn es können zwei Bastard= oder Mestizthiere auf das vollständigste einander äußerlich gleichen. Wollte man sie aber des=halb ohne Weiteres und ohne Rücksicht auf ihr Blutverhältniß zu=sammenpaaren, so spricht auch nicht die geringste Wahrscheinlichkeit dafür, daß sich solche Thiere in ihrer Nachzucht reproduziren, oder daß ihre Nachkommen von den verschiedenen Jahren einander gleichfallen werden.

Bei der Auswahl der zu paarenden Zuchtthiere muß dann weiter, wie wir darauf schon früher aufmerksam gemacht haben, mit ganz besondrer Mühe und Vorsicht vermieden werden, daß niemals solche Thiere zu einander geführt werden dürfen, welche die gleiche fehlerhafte Eigenschaft oder denselben Mangel an sich haben, weil in allen solchen Fällen eine alte Beobachtung ergeben hat, daß jedesmals als Resultat von solcher Paarung die Nachzucht in Bezug darauf immer solche Eigenschaften oder Defekte in verstärktem Maße von beiden Eltern überkommt (Seite 79). Diese Regel ist natürlich nicht unabänderlich und ausnahmslos, und diese Verstärkung dürfte wohl nicht in der=selben arithmetischen Zunahme in der zweiten Generation in ihrer vollen Ausdehnung vererben, sofern die Züchtung zwischen der Nachzucht mit solchen in ähnlicher Weise fehlerhaften Thieren fortgesetzt würde. Gleichwohl veranschaulicht diese Annahme einer arithmetischen Pro=gression in der Vererbung von Fehlern die schlimmen Folgen von derartigen Irrthümern im Züchten in gewiß plausibler Form.

Es kann aber ferner eine fehlerhafte Eigenschaft eine individuelle, also zufällig grade dem einzelnen Thiere eigenthümliche sein, oder aber auch in der Familie oder Heerde liegen. Ist das letztere der Fall, so ist selbstverständlich die Vermuthung eine bei weitem stärkere, daß ein solcher Fehler sich auch immer auf die Nachkommenschaft über=trägt. Ein individueller Fehler stellt sich dagegen bisweilen auch als zufällige Eigenschaft dar, dann tritt er aber auch in der nächsten Nachkommenschaft selten mit sonderlichem Nachdrucke auf und ver=schwindet in der Regel demnächst in der folgenden Generation ganz. Immer aber erscheint es vorzuziehen, von einem Thiere mit einem leichten Defekte, jedoch aus einer vollkommenen und reinblütigen Familie oder Heerde zu züchten, als umgekehrt von einem noch so vollkomme=nen Thiere, sobald ein derartig leichter Defekt der Heerde als solcher anhaftet.

Und in der That wird die Hartnäckigkeit, mit welcher Familien=eigenthümlichkeiten in den Heerden bis auf die entferntesten

Geschlechtsfolgen hin sich übertragen, durch beständig vorkommende Beispiele bestätigt. Will man doch bekanntlich in jenen röthlichen, rehfarbnen und gelegentlich auch schwarzen Flecken, welche an den Beinen, Ohren und bisweilen sogar auf dem Leibe von neugeborenen Merinolämmern zu Tage kommen, Spuren von den feinwolligen Heerden Spaniens mit solcher Farbe wieder herauskennen, wie solche schon zu Anfang der christlichen Zeitrechnung von Strabo, Plinius und Columella beschrieben worden sind. So vererben in gleicher Weise ja auch die kurzen Ohren und Hörner oft durch viele Generationen.

Der richtige Weg zur Beseitigung derartiger Defekte auf der Seite des einen Elternthieres bleibt wohl immer, daß man dahin strebt, einen solchen Fehler durch die besondere Vorzüglichkeit des andren Elternthieres in Bezug auf denselben Punkt zu paralysiren. Ist also eine Schafmutter hochbeinig, so paart man sie am zweckmäßigsten mit einem Bocke, welcher kurzgestellt in den Beinen ist. Sind die Mütter merklich dünn im Bließe, so läßt man sie wieder durch einen ungewöhnlich dichtwolligen Stär belegen. Bekanntlich sind ferner die französischen Rambouillet's auffällig trocken in der Wolle und ohne Fettschweiß, eine Eigenschaft, welche sie auch mit den grobwolligen Landschafen gemeinsam haben. Um diese Eigenthümlichkeit zu beseitigen und zu überwinden und eine Nachkommenschaft mit Fettschweiß in den Bließen hervorzuzüchten, hat man solche Rambouillet-Schafmuttern mit auffallend mit Schweiß beladenen Böcken gedeckt, welche im übrigen als eigentlich zu reich an Fettschweiß betrachtet wurden, um sie für solche Mütter, die an sich schon hinlänglichen Fettschweiß besaßen, rathsam zu verwenden. Und der Erfolg einer solchen Paarung war, daß wirklich jene trockne Wolle in der Nachzucht sich verlor, und daß ausreichend mit Schweiß versehene Thiere erlangt wurden.

Indessen hat ein solches Züchtungsverfahren denn doch immer seine bestimmten Grenzen. Denn jedenfalls müssen hier Gegeneinwirkungen innerhalb des enggezogenen Kreises von einer eigenthümlichen Vorzüglichkeit und ebenso auch eigenthümlicher Gleichmäßigkeit in den andren besonderen Eigenschaften aufgesucht werden, und es dürfen namentlich die allgemeinen in der Heerde angestrebten bevorzugten Grundzüge weder dabei hintangesetzt und geopfert noch dauernd dadurch verändert oder gar zerstört werden, bloß um eben jene spezielle Absicht durchzusetzen und eine plötzliche Verbesserung in einem einzelnen Punkte hervorzubringen.

Dabei darf dann aber auch weiter nicht jener praktische Umstand übersehen werden, der von der äußersten Wichtigkeit bei der Auswahl der Zuchtböcke ist, und wir kommen damit auf einen früher bereits mit Nachdruck hervorgehobenen Punkt zurück, daß nämlich nicht alle Sprungstäre ihre Eigenschaften in gleichem Grade vererben. Es hängt vielmehr jene für die Züchtungszwecke so besonders geschätzte vorzüg=lichere Vererbungsfähigkeit vornehmlich wieder von zwei Eigen=thümlichkeiten ab, von denen die erste eben die Reinheit des Blutes ist, welches durch längere Generationen in einem abgeson=derten Kanale fort und fort geflossen war, und zwar immer durch Thiere hindurch, welche in so enger und inniger Gleichheit in allen ihren Eigenschaften sich forterhalten haben, daß dieselbe in Folge davon jene besondre nachdrückliche Kraft erlangt hat, welche sie dem Verer=bungsvermögen einer bestimmten Spezies gleichkommen läßt, jene Kraft nämlich, beständig immer nur Thiere von derselben Familie und bei=nahe von den gleichen individuellen charakteristischen Eigenschaften wieder zu erzeugen. Es ist dies eine Begriffsbestimmung von Blutreinheit, wonach das ungefügige grobe Landschaf von ebenso hochgezüchtetem und reinen Blute sich darstellt, wie das althervorgezüchtete spanische Merinoschaf.

Es gehört sonach wesentlich dazu, um sich die Beschaffung einer solchen Vererbungskraft für die Nachzucht zu sichern, daß namentlich ein jeder zur Zucht verwendete Sprungbock nicht bloß einen fleckenlosen Stammbaum aufzuweisen vermag, sondern daß er speziell für die Edelzucht auch, wenn dies irgend zu erreichen, aus einer alten, geson=derten und wohl markirten Merinoheerde seinen Ursprung herleiten kann, welche durch einen langen Lauf von Generationen immer als ein Ganzes und gleichmäßig fortgezüchtet wurde. Allein freilich finden sich Zuchtböcke von vorzüglicherer Vererbung selbst in den besten Heer=den nicht so zahlreich vor, und es ist wohl ein wahres Wort, welches ein begabter Beobachter darüber gelegentlich sagt, daß unter hundert Zuchtstären in einer Heerde ungefähr zehn bessere und zehn geringere, als die andern sich finden, daß aber der Rest der übrigen achtzig Stück in seinem Charaktertypus kaum von einander sich merklich unter=scheidet.

Und die zweite spezielle Eigenthümlichkeit eines guten Zuchtbockes, welche jene Vererbungskraft in ihm hervorruft, vermöge deren er seine Eigenheiten mit Nachdruck auf seine Nachkommen zu imprägniren die Gabe hat, ist jene ihm innewohnende konstitutionelle Kraft seines eignen Körpers. Er muß nämlich männlich durch und durch sein. Dazu gehört aber wieder, wie schon erwähnt, daß er gedrungen und schwer in jedem einzelnen Theile ist, und daß sein großer Hodensack beinahe die Erde fegt, und daß nichts einem Mutterschaf Aehnliches an ihm zu finden ist. Eine besondere Kraft und ein ungebeugter Muth sind dann die Aeußerungen jenes eben beschriebenen Natürels, und bei sonst gleichen Verhältnissen sind derartige Stäre grade solche, welche ihre charakteristischen Eigenschaften auf ihre Nachzucht sicher vererben.

Allein selbst wo die Reinheit des Blutes und jene konstitutionelle Kraft augenscheinlich sich gleich sind, besteht trotzdem noch eine unleugbare Verschiedenheit der einzelnen Individuen in diesem besonderen Punkte, in Betreff deren es kaum möglich ist zu sagen, wie sie veranlaßt werden möchte. Denn wohl Niemand wird mit Zuversicht zu erklären im Stande sein, daß er einen vollkommen vererbenden Zuchtbock besitze, bevor er solchen Stär eben nicht in der Wirklichkeit probirt hat und das Thier dabei bewährt gefunden worden ist. Ja, es gehen viele Züchter so weit, daß sie offen aussprechen, daß falls eben ein Zuchtbock nicht dafür anerkannt worden ist, daß er eine besonders vorzügliche und besonders gleichmäßige Nachzucht hervorbringt, auch das äußerlich herrlichste und kostbarste Thier sofort als untauglich zur Züchtung bei Seite gestellt werden müsse. Und in Wahrheit sind Zuchtböcke, welche verhältnißmäßig von unbedeutender äußerer Erscheinung und ohne außerordentliche individuelle Eigenschaften sich darstellen, sehr oft bei weitem bessere und brauchbarere Thiere in Bezug auf ihre gute Vererbung, als so manche äußerlich sehr stattlich aussehende und in's Auge fallende Thiere. Und dies ist eben die Bestätigung von jener aufgestellten, oft bewährten Regel, daß auf die Reproduktion von ausnahmsweise werthvollen Eigenschaften, und zwar gleichviel ob sie ausnahmsweise in Bezug auf die spezielle Varietät oder die Familie sind, zu der solch' betreffendes Thier gehört, niemals mit Zuversicht gerechnet werden darf, und sie sind jedenfalls weniger reproduktiv und vererbbar als ausnahmsweise schlechte Eigenschaften, welche letzteren freilich erfahrungsmäßig weit schneller sich zu übertragen scheinen, und es hat dabei den Anschein, als ob es tief in den Intentionen der weise wirkenden Natur läge, daß die Verbesserung von ihren Schöpfungen immer eine besondere hohe Kunst bleiben müsse, welche eine wohl geübte tiefere Beobachtungsgabe und Intelligenz beansprucht, nicht aber ein stümperhafter Prozeß werden könne, wobei sich Unwissenheit und Unklugheit versuchen dürften.

Soviel steht nach Allem fest, daß wer einmal einen derartigen bemerkenswerthen Stär von solcher besondren und vorzüglichen Vererbungskraft erlangt hat, auch ihn sich auf jede Weise zu erhalten und in der Heerde nutzbar zu machen suchen muß, gleichviel ob der Zuchtbock seiner Individualität nach in erster oder zweiter Klasse rangirt. Und grade diese markirt sich äußernde Vererbungskraft tritt mitunter sogar in solchem Maße frappant hervor, daß ein geübtes Auge sofort die Wirkungen davon in fremden Heerden herauszuerkennen und jedes einzelne Thier von der Nachzucht eines solchen Sprungstärs, ja sogar die weitere Nachkommenschaft von ihm, wenn sie unter einander fortgezüchtet wurden, für viele nachfolgende Generationen nachzuweisen im Stande ist.

Sehen wir uns jetzt zum Schlusse nach einem Paar praktischen Beispielen von der Züchtung in der eignen Heerde um, so gebührt unstreitig wohl die erste Stelle dem berühmten englischen Züchter Robert Bakewell, welchen wir schon früher als den Begründer der berühmten neuen englischen Leicester Heerde kennen gelernt haben. Denn nachdem er von den Viehhändlern die zu seinen Züchtungszwecken benöthigten Stücke aus der york-shirer Schafrace auserlesen hatte, gelang es ihm durch fortgesetzten Ankauf immer nur der besten Stücke, welche er von denselben aufkaufte, ehe diese Händler sie weiter an die übrigen Farmer veräußerten, einen brauchbaren Stamm von Zuchtschafen zu begründen, welche durch geeignete Fütterung von ihm sehr bald zu jenen gedrungenen, viereckig gestalteten und rapide fett werdenden Thieren, wie er sie grade brauchte, herausentwickelt wurden. Nachdem er aber diesen ersten Standpunkt erreicht hatte, fuhr er jetzt weiter mit unermüdlicher Konsequenz fort, Jahr aus Jahr ein immer nur die nach seiner Beurtheilung besten Stücke aus dieser so gebildeten eignen Heerde auszuwählen und mit einander zu paaren. Und so brachte er es endlich dahin, daß seine Heerde, wie wir früher gesehen hatten, eine Berühmtheit über ganz England erlangte und mit ihrem Namen als „neue Leicesterschafe" unter der Zahl der hervorragendsten Schafracen Englands eine hohe Stelle begründete.

Eine gleiche Leistung ist ferner die des Baron von Geißlern, des Begründers der hoschtitzer Negrettiheerde, in Betreff deren wir auf unsere frühere Ausführung im Eingange dieser Betrachtung (S. 10) verweisen. Und in ähnlichem Sinne muß man unter den vielen speziellen Stammschäfereien in Deutschland in der allerneusten Zeit die Leutewitzer Heerde hervorheben. Es war diese Heerde des großen H. A. Steiger nämlich schon während der Blüthezeit der hochfeinen sächsischen Electoralschafzucht den feineren Heerden des Königreichs Sachsen zugezählt, und ihr Besitzer befolgte damals in richtiger Benutzung der Zeitkonjunkturen jener Periode ebenfalls diese Feinheits-Züchtungsrichtung, weil sie sich zu der Zeit am vortheilhaftesten und gewinnbringendsten erwies. Als aber diese ausschließliche Feinheitsrichtung vorüber war, da richtete dieser gewandte Züchter von jetzt ab sein ganzes Augenmerk darauf große Körper hervorzubilden und die Figuren in seiner Heerde nach dieser Richtung der größeren Körperentwicklung und damit eines erhöhten Schurgewichts bei vollständigem Besatz der Schafe vermittelst der Prinzipien der Southdown-Züchtung zu verbessern, und damit er verband das von Perault de Jolewps befolgte Prinzip, nämlich eine feine Wolle auf einer dünnen Haut zu züchten. Diese beiden Prinzipien lassen sich nun aber nach der herrschenden Ansicht sehr wohl vereinigen, weil eine dünne Haut ebenso nothwendig für die Bildung und Entwicklung eines kräftigen und großen Körpers wie für die Erzielung einer feinen Wolle ist. Indem also Steiger nach solchem Prinzipe rationell fortzüchtete, gelangte er mit der Zeit dahin, dichte und wollreiche Vließe hervorzubilden, wobei er eben vornehmlich auf die Entwicklung eines haardicht gestellten Wollvließes nachdrücklich hinwirkte und die gleiche Bewachsenheit über alle Theile des Körpers bis zu dem Bauchbesatz und tief zu den Füßen herab gleichmäßig auszubilden strebte. So hat er jetzt endlich in seiner Heerde eine gleichmäßige, feine und regelrecht gestapelte Wolle über den ganzen Körper seiner großen Thiere erzielt, und auch die Vererbungsfähigkeit der Heerde wird von gewisser Seite und im Auslande, namentlich in dem fernen Australien, lebhaft gerühmt*), während in Deutschland grade über diese so berühmte Heerde doch hin und wieder Klagen bezüglich des Gegentheils, wer weiß, ob nicht zu Unrecht? laut werden.

Schließlich sei es noch verstattet an dieser Stelle einen Beleg für die früher ausgeführte Erfahrung anzuführen, wie ausnahmsweise und gegen die allgemeine Züchtungsregel aus einem einzigen mit besondrer vitaler Energie und Vererbungskraft begabten Zuchtthiere heraus eine Heerde begründet werden kann, in welcher die charak-

---

*) Dr. Schmidt in der citirten Australian and New Zealand Gazette v. 10. Juni 1865 S. 879. — Die letzten Schafschauen repräsentirten doch recht viele vortrefflicher Töchterheerden von Leutewitz!

teristischen Formen und Eigenschaften eines solchen kraftvoll männlichen Thiers auf die Nachzucht dauernd vererben und sich erhalten. Wir lesen in einem englischen Werke*) eine Beschreibung von der Hervorzüchtung einer neuen Varietät von Schafen in den Vereinigten Staaten von Nordamerika in folgender Weise beschrieben. Ein gewisser Seth Wright, welcher ein kleines Gut am Charlesflusse in der Nähe von Boston besaß, hatte eine kleine Schafheerde von der damals in Nordamerika gewöhnlichen Landschafrace erworben, welche aus fünfzehn Muttern und einem Bocke bestand. Eine von diesen Muttern brachte ein eigenthümlich kurzbeinig und mit ellenbogenartig gestellten Vorderbeinen geformtes männliches Lamm zur Welt. Man rieth dem Besitzer, jenen ersten Stär zu schlachten und dieses letztere Thier an seine Stelle treten zu lassen. Die Folge von der Züchtung mit ihm war aber die Hervorbildung einer neuen Abart von Schafen, welche allmälig über einen beträchtlichen Theil von Neu=England sich ausbreitete, bis die Einführung der Merinorace auch diese Abart in ihr aufgehen ließ. Jene erwähnte neue Schafart hieß damals allgemein die „Otter"= oder „Ankon"race, und sie zeichnete sich vor den übrigen Landschafen durch die kurzen Beine und jene ellenbogenartig geformte Krümmung an den Vorderbeinen bei allen Thieren aus, welche aus dieser speziellen Züchtung hervorgegangen waren. Auch waren diese Schafe bedeutend schwächlicher und kleiner von Figur als die gewöhnliche Landschafrace, dadurch aber grade weniger befähigt über die Grenzhecken hinüberzuspringen. Und grade dieser letztere Umstand war der Grund gewesen, daß diese Schafabart fortgezüchtet und weiter verbreitet worden war.

Diese beschriebene Heerde gewährt sonach allerdings ausnahmsweise einen treffenden Beleg für die Thatsache, daß einmal ein individuelles Thier, welches einen zufälligen Defekt zur Schau trägt, diesen Fehler auch dann zu vererben im Stande ist, wenn es gleich selbst aus einer Schafrace hervorgegangen war, welche diese Eigenthümlichkeit nicht besaß. Nur freilich bleibt immer die vorzügliche Vererbungsfähigkeit des ersten Zuchtthiers, von welchem die spätere Heerde ausgieng, als die entscheidende Ursache für die Möglichkeit jener Fortpflanzung von einer solchen besonderen Eigenschaft bestehen, und diese kann wieder nur aus der Konstanz seines Bluts sachgemäß hergeleitet werden.

*) Thomson's Annals of Philosophy. Vol. II. — Philosophical transactions of 1813.

3. Ist Kreuzung oder Inzucht vorzuziehen?

Wir werden uns jetzt zu der besonderen Art der Züchtung in der eignen Heerde zu wenden haben, welche mit dem Namen „Inzucht" bezeichnet wird und die Fortzüchtung in einer Heerde durch Paarung der allernächsten blutsverwandten Thiere unter einander bedeutet. Es herrscht nun aber ein ziemlich allgemein und weit verbreitetes Vorurtheil, wie vielfach in anderen Nationen so auch unter den deutschen Züchtern gegen diese besondere Züchtungsweise, und man zieht es lieber vor, theure Sprungthiere mit oft größtem Kostenaufwande aus Schäfereien von gleichartiger Blutbildung zu beziehen, als daß sich der einzelne Züchter entschließen sollte, durch Paarung der nächsten blutverwandten Thiere aus der eignen Heerde trotz der augenfälligen Gleichheit ihrer guten für die Züchtungszwecke angestrebten Eigenschaften das gleiche Ziel zu erreichen. Ja, es giebt viele Heerdenbesitzer, welche nicht Anstand nehmen sich lieber zu selbst heterogenen Kreuzungen zu verstehen, als daß sie an diese Paarung der nahe verwandten Thiere in ihrer Heerde herangehen sollten. Und grade dieser letztere Umstand macht es nothwendig, ehe wir zur näheren Erörterung der Inzucht übergehen, zuvor noch die Frage hier näher zu besprechen und darüber Klarheit zu gewinnen, welches Züchtungssystem, ob Kreuzung oder Inzucht, vorzuziehen sei?

Die Beantwortung dieser, wie jeder praktische Züchter sofort zugeben wird, im höchsten Grade bedeutsamen Frage hängt indessen wieder mit der Bedeutung des „Bluts" und der „Blutvererbung" in unsern Heerden auf das innigste zusammen. Wir haben nun aber für eine immer nur gleichartig aus derselben bestimmten Race rein und unvermischt fortgezüchtete Heerde den technischen Ausdruck „reinblütig" im gewöhnlichen Leben angenommen, während man mit „Vollblut" nach richtiger Erklärung wohl nur das Thier und als „vollblütig" diejenige Heerde bezeichnet, welche zwar ursprünglich durch Kreuzung meist der einheimischen Thierrace mit einer fremden und eingeführten Race hervorgegangen war, worauf aber diese Kreuzung durch eine längere Reihe von Geschlechtsfolgen und zuletzt soweit durchgeführt worden ist, daß die schließlich daraus hervorgegangene Race das edle oder bessere Blut jenes ersten Kreuzungsthiers nahezu vollkommen in sich trägt, während das Blut von der ursprünglichen oder einheimischen Race nur in geometrisch bis zu dem verschwindend kleinsten Quotienten ausgedrückten Maße der Berechnung nach, nicht aber freilich dem wirklichen Leben nach, vorhanden ist. Wir würden somit nach dieser Begriffsbestimmung auch unfre Frage dahin fassen können: „wenn wir zur Fortzüchtung oder Verbefferung unfrer Schafheerden Zuchtböcke ankaufen wollen, ist hierzu eine Stammschäferei, welche zu einer Voll= blutheerde entwickelt oder, welche aus reiner Züchtung her= vorgegangen ist, vorzuziehen?" In dieser Aufstellung der Frage werden wir im gewöhnlichen Leben häufig das Urtheil der großen Menge und das des tiefer von den Züchtungsprinzipien durchdrungenen erfahrenen Züchters auseinandergehen sehen, indem das gewöhnliche Publikum beide Ausdrücke und Begriffe für völlig identisch und gleich= bedeutend zu erklären pflegt, während ein gewiegter Züchter nicht schwanken wird eine „reinblütig" fortgezüchtete Heerde jederzeit einer „vollblütigen" vorzuziehen. Machen wir dies an einem bestimmten Beispiele klar, so hatte man bei Einführung der spanischen Merino= schafe nach den verschiedenen Ländern Europa's hin durchgängig den zweifachen Weg eingeschlagen, daß man einmal die überkommenen spa= nischen Original=Schafmuttern mit den Originalböcken unvermischt untereinander systematisch fortpaarte, und daß man außerdem ferner auch die einheimischen Schafracen mit den spanischen Böcken belegte und durch fortgesetzte Belegung der daraus in jeder Generation hervor= gegangenen Nachzucht immer wieder mit spanischen Böcken endlich nach längeren Geschlechtsfolgen jene ursprüngliche Landschafrace zu Vollblut= Merinoheerden umwandelte. Jedermann wird hieraus sofort über= sehen, was es bedeuten will, wenn wir jene aus unvermischter Fortzüch= tung der spanischen Originalschafe unter sich hervorgegangenen Heerden als „reinblütige" bezeichnen, während diese letzteren durch fortge= setzte Kreuzung von Landschafen mit spanischen Originalböcken all= mälig herausgebildeten Heerden als „Vollblut"=Merino's technisch hin= gestellt werden, ganz ebenso wie man unter den Pferden „reines" arabisches Blut und Araber=„Vollblut" unterscheidet und unter dem ersteren die immer nur aus reiner d. h. unvermischter Fortpflanzung von arabischen Hengsten mit arabischen Stuten fortgezüchteten Nach= kommen, unter „Vollblut"pferden dagegen wieder solche versteht, welche durch eine lange Generationen hindurchgeführte Kreuzung der einheimischen sogenannten unedlen Pferderacen mit arabischen Originalhengsten hervor= gezüchtet worden sind.*) — (Wir verweisen hierüber auf Seite 53 ff.)

____

*) Es bezeichnen die Engländer mit „Blut"=Pferd allgemein ein solches, worin überhaupt jemals unter seinen Voreltern arabisches Blut eingeflossen war.

Hiernach wird aber ein jeder Heerdenbesitzer zugeben, daß wenn ihm die Wahl geboten würde, ob er aus den vorbeschriebenen reinblütigen Heerden oder aus Vollblutheerden seine Zuchtthiere entnehmen könne, er sicherlich nicht lange sich bedenken und solche reinblütigen Thiere den aus Vollblutheerden entnommenen Stücken vorziehen würde. Die weitere Frage ist aber dann nur die, ob denn ein praktischer Unterschied und welcher? für die Züchtung zwischen dem reinen Blute und dem Vollblut im gewöhnlichen Leben sich geltend macht? Da wollen wir nun vor allen Dingen darauf hinweisen, wie sich als Regel das „reine" Blut bei jeder besonderen Thierrace auf den ersten Blick unverkennbar und charakteristisch herausscheiden läßt, während wir in Betreff des „Vollbluts" in großem Maße uns in der Lage befinden uns nur zu häufig lediglich auf das Zeugniß der Heerdenbesitzer oder Händler in Betreff der lang hergeholten Stammbäume solcher Thiere verlassen zu müssen. Freilich giebt es gewisse bestimmte natürliche Kennzeichen, die jedem erfahrenen Züchter genau bekannt sind, und welche in allen Büchern über die Thierzucht klar beschrieben und auseinandergesetzt sind, die speziell von den verschiedenen Thierracen handeln, und sie haben auch wohl das Gute, daß sie jeden groben Betrug unmöglich für alle die machen, welche eben ihr Geschäft in Bezug hierauf und auf die bestimmte Thierklasse verstehen. So wird sich ein Vollblut-Shorthornvieh ebenso leicht von den gewöhnlichen Rindviehschlägen herauserkennen lassen, wie ein Vollblut-Merinobock von einem Landschafe oder ein Vollblutpferd von einem Karrengaul. Allein wo es sich um Thiere derselben Gattung und von verwandter Züchtung handelt, da gehört wohl immer eine ausschließliche Beschäftigung und eine längere Routine dazu, um hier das Aechte vom Unächten herauszuscheiden. Wer also nicht sich die schwere Mühe nehmen will sich damit praktisch vertraut zu machen, der bleibt eben schließlich immer nur darauf angewiesen, wegen seiner Unkenntniß auf diesem Gebiete alles dem Zufall und dem guten Glücke zu überlassen. Und was ferner auch jene Gestütbücher und Heerdbücher betrifft, so sind dieselben zwar wie jedes andere Mittel der Reklame der öffentlichen Ankündigung oder Anpreisung unläugbar zu diesem Behufe von großem Werthe, aber es wäre wohl ziemlich voreilig, wollte man sich strikte darauf verlassen, daß auch alle jene Aufzeichnungen darin unumstößlich wahr und gewiß seien, da sich bei genaueren Prüfungen mindestens der Inkorrektheiten nur zu viele in diesen Aufzeichnungen vorfinden. Diejenigen Züchter aber, welche unbekümmert

um derartige Uebelstände oder in Unkenntniß von solchen ihre benöthig=
ten Zuchtthiere kaufen, können grade hieraus die wahre Ursache davon
herleiten, warum sie so viele Täuschungen und Querstriche in dem
Viehstamme, welchen sie züchten, erleben müssen.

Das ist nun aber wohl eine von den schlimmen Folgen, welche
die mannigfachen irrigen Auffassungen über die Blutmischung herbei=
geführt haben, daß man ein so besonderes Gewicht auf die in Bezug
hierauf gemachten Versuche legen konnte, dergleichen aus höherer
Züchtung, das heißt hier, in Folge von ursprünglicher Kreuzung
durch längere Generationen hervorgebildete Thiere mit den aus reiner
Fortzucht der speziellen Race nur unter sich fortgepflanzten Thieren
auf gleiche Linie zu stellen. Unläugbar ist es dabei allerdings zwar
immer, daß solche Vollblutthiere eine sehr erhebliche Verbesserung
und Veredlung der gewöhnlichen Land= und einheimischen Racen im
Gefolge haben, aber gleichwohl bleibt es immer ein schwerer Irrthum,
sie mit den reinblütig fortgepflanzten Thieren auch nur annähernd
gleichzustellen, ein Irrthum, der in seinen letzten Folgen immer schließ=
lich nur für den in einem Lande vorhandenen einheimischen Viehstamm
zum Nachtheile ausschlagen muß, welcher indessen eigentlich und in
Wahrheit wohl nur den weniger hierin erfahrenen Heerdenbesitzer zu
täuschen vermag. Wären, um ein Beispiel davon zu geben, die so
vielfach jetzt in Deutschland, ja über die ganze Erde hin verbreiteten
englischen Shorthorns ein Rindviehschlag, welcher aus einer Kreu=
zung von mehreren verschiedenen Rindviehracen ursprünglich hervor=
gebildet worden wäre, wie so vielfach von Unkundigen erzählt zu wer=
den pflegt, so würde es wenig Vortheil bringen diese Race durch
neue Kreuzungen umzugestalten, und namentlich auch durch fortgesetzte
Inzucht nicht, weil Beides bei derartigen aus Kreuzungen hervorge=
gangenen Produkten erfahrungsmäßig dahin führt, die Mischracen auf=
zulösen und die ursprünglich vorherrschenden Racen wieder mit ihren
besonderen Charaktereigenthümlichkeiten hervorzubringen, aus welchen sie
entstanden waren. Wenn man andrerseits aber sich davon überzeugt,
daß der Shorthornschlag eine gesonderte, eigenthümliche und in hohem
Maße vollkommene Rindviehrace ist, welche anfänglich möglicher Weise
vielleicht und vor sehr langer Zeit in Folge von natürlich angeborenen
Eigenthümlichkeiten in bestimmten Individuen hervorgeschaffen, hernach
auf das sorgfältigste fortgezüchtet und durch Kultur und menschliche
Intelligenz fort und fort verbessert und vervollkommnet worden ist
und jetzt weithin verbreitet und vervielfältigt über alle Gegenden der

civilisirten Erde angetroffen wird, dann wird man davon zurückkom=
men, eine solche Race als aus einer ursprünglichen Kreuzung hervor=
gegangen zu bezeichnen. Denn nur aus entschieden reinem
Blute kann ein so vorzüglicher Stamm hervorgezüchtet
werden, durch Kreuzung aber nimmermehr. Wenigstens beim
Rindvieh und bei Pferden nicht. Bei der Schafrace dagegen wird die
allgemeine Anwendbarkeit dieses Satzes, jedoch wohl zu Unrecht bestritten.

Das also ist der wahre und durchgreifende Unterschied zwischen
dem reinen Blut und dem Vollblut bei der Thierzüchtung, und darum
ist denn auch ebenso die reine Züchtung aus der eignen Heerde der
Kreuzungsmethode in ihren tieferen Folgen und für die Hervorzüchtung
eines verbesserten Thierstammes vorzuziehen, wiewohl wir als einzige
Ausnahme von dieser Grundregel andrerseits allerdings für die bloß
vorübergehenden Zwecke der Mastung wieder dem Kreuzungsverfahren
seine unläugbaren praktischen Vorzüge nicht schmälern dürfen.

4. Die Inzucht.

Wenn wir aber sonach in seinen dauernden Wirkungen das durch
ursprüngliche oder fortgesetzte Kreuzungen wenn auch noch so sehr ver=
vollkommnete Blut von dem reinen Blute bei der Züchtung mit
dauernden Zwecken gesondert hinstellen und an diesem von aller und
jeder Vermischung mit andren Racen rein aus sich und seinem be=
stimmten Stamme heraus fortgezüchteten Blute für die Züchtung fest=
halten, ohne Rücksicht darauf, wie vortrefflich immer jene andren
Racen an sich sein mögen, so finden wir uns dann natürlich auch nur
auf das Fortzüchten mit Thieren immer aus dieser einen bestimmten
Race beschränkt, eine Regel, welche so auch allgemein überall da gel=
ten muß, wo eben eine permanente Verbesserung als das Ziel der
Züchtung vorgesteckt wird. Das reine Fortzüchten ist deshalb
aber nothwendig auch ein In= und Inzüchten bis zu einem
bestimmt ausgedehnten Maße. Wie weit indeß dieser Grund=
satz seine Geltung hat, und durch welche Mittel und Wege wir an=
drerseits in den Stand kommen die nach allgemeiner Annahme
daraus hervorgehenden üblen Folgen zu vermeiden, das sind freilich
wieder Fragen, über welche die Ansichten sehr verschieden sind. Soviel
steht aber jedenfalls fest, daß die Fortzüchtung der in allernächster Blut=
verwandtschaft zu einander stehenden Thiere nicht nur die schönsten

Produkte hat hervorbringen laſſen ſondern überhaupt die vorzüglichſten in ſolcher ganzen Race erzielten Stücke. Die Richtigkeit jenes Satzes, daß dieſe Inzucht nur ein andrer Name für die reine Fort= züchtung iſt, geht daraus hervor, daß jede reine Züchtung ja im= mer grade das ausſchließliche Züchten nur in einer beſtimm= ten Race iſt, während die Inzucht dieſe Grenze enger zieht und die Auswahl der zuſammenzupaarenden Thiere auf einige wenige Familien oder gar nur eine einzige beſtimmte Fa= milie von der zu züchtenden Race beſchränkt. Wollen wir aber hierbei das eigne Beiſpiel und Vorbild der Natur zur Richt= ſchnur uns erwählen, ſo iſt ihr Walten grade in Bezug hierauf ebenſo unveränderlich wie die Methode ſelbſt, mit der ſie die einzelnen Thier= racen diſtinkt geſondert forterhält und ſie grade dadurch bis zur Voll= kommenheit hervorbildet. Denn alle die zahlreichen Thiergattungen, welche in der Natur paarweiſe lebend vorgefunden werden, werden auch immer wieder nur aus demſelben Wurfe des Mutterthiers neu fort= gepaart, und ſo geht dieſe Paarung von den engſten Geſchwiſtern und Blutsverwandten unter ſich von Generation zu Generation regel= mäßig fort. Und wieder bei den heerdenweiſe zuſammenlebenden Thie= ren haben wir die Erſcheinung, daß nicht nur jederzeit dieſelbe Heerde ſich unter ſich weiter fortpflanzt, ſondern hier tritt es grade aus in= nerer Nothwendigkeit hervor, daß unaufhörlich das allerſtrengſte In= züchten, und zwar nicht nur in der nächſten auf= und abſteigenden Linie ſondern auch unter den nächſten Kollateralen ſtattfindet. Bei allen ſolchen im Naturzuſtande lebenden Thierracen hindert nun aber ein gleichſam natürliches Geſetz das Emporkommen der ſchwächeren zur Weiterzucht untauglichen männlichen Thiere. Es haben dieſe Heerden nämlich ihren Anführer und Leiter, und während der Brunſtzeit gehen die heftigſten und mehrfach ſogar tödtlichen Kämpfe unter den männ= lichen Thieren in den Heerden vor ſich, um die Herrſchaft über die weiblichen Thiere zu erringen. Das abgehärtetſte, kraftvollſte und aus= dauerndſte männliche Thier geht als Sieger aus dieſen Kämpfen her= vor, und immer muß eine große Veränderung in ſeiner körperlichen Kapazität ſtattfinden, bis jener Kampf ſich wieder erneuert. Sobald aber ſolch' männliches Thier nachgrade ſchwach geworden iſt, ruft dann die nächſte darauffolgende Brunſtperiode denſelben Kampf von Neuem hervor. Der vormals unumſchränkte Beherrſcher der Heerde wird ſeinerſeits jetzt beſiegt, und der neue jugendliche Sieger, voll von Kraft und Mannhaftigkeit, wird ſtatt ſeiner fortan der Fortpflanzer der Heerde. In dieser Zeit seiner Herrschaft paart sich aber solch' Thier nicht nur mit seiner eignen Mutter und Großmutter und deren Schwestern, sondern mit den eignen Schwestern und den von diesen allen aus solchem Springen hervorgehenden Töchtern und Enkelinnen, und diese Fortpflanzungsart der Heerde repräsentirt somit einen Grad von Blutsverwandschaft, wie ihn in der That wenige Züchter wagen würden jemals bei ihren Züchtungen praktisch anzuwenden.

In beiden Fällen aber, sowohl bei den paarweise als auch bei den heerdenweise in der freien Natur zusammenlebenden Thieren, sind die Resultate, welche aus den Paarungen hervorgehen, eine vollkommene Gleichmäßigkeit und Vollkommenheit in jeder Spezies, welche bis auf die höchsten Punkte sich erstreckt, die durch die Lebensumstände und Verhältnisse ihnen gestattet werden. Die allgemeine in dieser Inzucht liegende tiefere Wahrheit ist aber unzweifelhaft die, daß der Züchter bei geschickter Inzüchtung das in der betreffenden Thierspezies vor= herrschende Blut, welcher Art dasselbe auch immer sein mag, bis zur größten Intensivität herausbildet, und daß er dadurch namentlich alle in der Race etwa früher vorgekommenen fremdartigen Beimischungen und Tendenzen allmälig abstößt und beseitigt, dadurch aber dann weiter wieder eine vermehrte Stabilität und Gleichmäßigkeit in den der Race charakteristischen Eigenthümlichkeiten hervorruft und schließlich zu dem Ziele hingelangt, daß er in der festesten und unvertilgbarsten Art, die überhaupt nur denkbar und erreichbar ist, alle jene bevor= zugten Eigenschaften solcher Race begründet, was immer dieselben im Einzelnen auch sein mögen.

Es kann aber hierbei nicht nachdrücklich und entschieden genug darauf hingewiesen werden, daß freilich diese ganze Frage von der reinen Züchtung oder der Inzucht genau und wesentlich mit einer anderen Frage zusammenhängt, über welche wir bereits gesprochen haben. Ist nämlich eine bestimmte Thierrace eine distinkt für sich gesonderte und reine Race, wie wir dies bei den Shorthorns vorhin nachgewiesen hatten, so ist und bleibt auch die Inzucht der beste und sicherste Weg, um eine solche Race zur höchsten Vervollkommnung auszubilden. Ist sie im Gegentheile aber eine gemachte, also eine durch Kreuzung aus verschiedenen Racen allmälig hervorgezüchtete Race, so ist für solchen Fall die Inzucht das sichere Verfahren, um alle jene Mischungsverhältnisse auf das grellste zu Tage zu fördern und diejenigen Racen wieder zum Vorschein zu bringen, aus denen solche gekreuzte Race ursprünglich bestand.

Gehen wir jetzt zur Besprechung der Inzucht im engeren Sinne oder der Paarung der nächsten Blutsverwandten unter einander über, so hat bei näherer Erforschung der tieferen Beweggründe, welche dieses zähe und andauernde Widerstreben und Nicht-Herangehen-Wollen an diese Züchtungsart hervorrufen, jene Analogie mit dem Menschengeschlechte sicherlich einen sehr großen Antheil daran. Es ist dem gesitteten Menschen ein so tiefer Abscheu vor der geschlechtlichen Verbindung mit den nächsten Blutsverwandten von frühster Jugend auf anerzogen und durch das spätere Leben dauernd befestigt, daß selbst ein sonst vorurtheilsfreier und in seinem speziellen Berufe gewiß mit unbefangener Lebensanschauung vorgehender Züchter wie instinktmäßig ungern sich dazu entschließt dieses für die Menschen höchste Verbotsgesetz im Thierreiche unberücksichtigt und außer Acht zu lassen.

Indeß dachten die alten Griechen freilich anders und laxer als wir in diesem Punkte. Wissen wir doch von unsren früheren Schuljahren her aus dem Cornelius Nepos, daß Cimon, der große athenienfische Feldherr, seine vollblütige Schwester zur Frau hatte, und es wird dabei ausdrücklich erwähnt, daß „weniger die Liebe als die Landessitte ihn zu diesem Schritte geführt hatte".*)

Wir erfahren ferner aus den Schilderungen über die in den Vereinigten Staaten von Nord-Amerika neuerdings begründete Ansiedlung von den über die ganze Erde schweifenden Zigeunern im Dorfe Percop nahe bei Pittsburg, daß sie dem Präsidenten Johnson, welcher bei seiner Rundreise durch die Staaten im Jahre 1866 auch ihre Kolonie besuchte, auf seine Frage, warum sie sich hier unheimlich fühlten und es vorzögen doch lieber jenseits des Meeres zu leben, die Antwort gaben, daß das amerikanische Gesetz sie insofern genire, als es Ehen zwischen den nächsten Blutsverwandten in auf- und absteigender Linie verbiete, wie denn die Jury einen Zigeuner darum zu schwerem Kerker verurtheilt hätte, weil derselbe seine Schwester geheirathet hatte und mit ihr Kinder erzeugte, wogegen das zigeunerische Gewissen nichts einzuwenden habe.**) Dieselbe Sitte der Heirathen unter den gleichen engsten Blutsverwandten besteht auch überdies den vielen Berichten zufolge unter den mannigfachen wilden Völkerschaften Ozeanien's.

---

*) Corn. Nepos, Praefatio und Cimon cap. 1.: »habebat autem in matrimonio sororem germanam suam, non magis amore quam more ductus.«

**) Breslauer Zeitung Nr. 87 vom 21. Februar 1867. Das Feuilleton: Präsident Johnson und die Zigeuner.

Allein andrerseits liegt doch wieder die Betrachtung nahe, ob es wohl wahrscheinlich und anzunehmen sei, daß jene höchste waltende Natur auf unsrer Erde alle in der Freiheit lebenden Thiere, sei es paarweise in Familien oder in Rudeln und heerdenweise, immer mit dem stark ausgeprägten, instinktmäßigen Triebe zusammenleben läßt fest zu einander zu halten, dagegen aber in keiner Thierart und nur bei dem Menschen eine Abneigung gegen die allernächste blutsver= wandschaftliche Geschlechtsvermischung eingepflanzt hat, damit gleich= zeitig ein physisches Grundgesetz aufgestellt haben sollte, welches diese selbe nahe blutsverwandte Vereinigung an und für sich zu einem Elemente der Verschlechterung der Racen und zu ihrem endlichen völli= gen Untergange werden lassen könnte. Das scheint denn doch nicht glaublich und annehmbar. Und in der That hat noch Niemand eine Verschlechterung oder Entartung aller jener ausschließlich durch solche nächste Blutsverwandschaft fortgepflanzten Thierracen zu behaupten gewagt. Der Löwe und der Tiger der heutigen Zeit sind genau die= selben Thiere in allen ihren kleinsten Eigenschaften geblieben, wie sie uns aus den Ueberlieferungen des Alterthums her geschildert werden, und noch ein andres recht schlagendes Beispiel zur Entkräftung der aus dieser engsten Inzucht gehegten Befürchtungen bilden jene wilden Ochsenarten, welche man in verschiedenen Gegenden Europa's fort= bestehen läßt. In dem Parke des Lord Tankerville zu Chil= lingham in der Grafschaft Northumberland in England und ebenso in dem Parke des Herzogs von Hamilton zu Chatel= herault in der Grafschaft Lancashire in Schottland werden in gleicher Weise bis auf den heutigen Tag noch wilde Ochsen in ihrer natürlichen Reinheit gehegt, welche alle charakteristischen Eigen= schaften der Wildheit, welche diesen ungebändigten Bewohnern jener Parkanlagen anhaften, von Geschlecht zu Geschlecht fortpflanzen, und es steht entschieden fest, daß durch eine lange Reihe von Jahrhunder= ten hindurch keine Kreuzung bei diesen wilden Ochsen stattgefunden hat, und dennoch erhalten sie sich unverändert und ohne auszuarten fort als die frappanteste Widerlegung von jener Verurtheilung des Inzuchtsystems in einer und derselben Heerde.*)

Die Thatsache, daß diese wilden Ochsen keine Veränderung ihrer

---

*) Wir verweisen über die nähere Beschreibung auf unsern Aufsatz: „Die Grundsätze der Rindviehzüchtung“ in dem sehr empfehlenswerthen, vor= trefflich redigirten Jahrbuche der deutschen Viehzucht von Wilh. Janke, A. Körte und E. v. Schmidt, III. Jahrgang, 2. Heft, Seite 110 ff.

Race zeigen, daß sie vielmehr unverändert jetzt schon Jahrhunderte hindurch sich gleich geblieben sind und auch voraussichtlich niemals sich je verändern werden, so lange sie rein und unvermischt gehalten werden, spricht ganz entschieden für das Inzüchtungssystem. Diese Thiere gewähren überdies aber auch ferner die vollkommenste Anwendung von jenem Grundsatze der Racenerhaltung und Fortführung in einer Heerde, denn bei ihnen ist thatsächlich jedesmal der Stier von der besten Körperkonstitution auch immer der Stammzüchter der ganzen Race während meherer Jahre für die Fortpflanzung, und es darf deshalb auch nicht Wunder nehmen, daß sie keine besonderen Eigenschaften, keine höhere Ueberlegenheit oder größere Züchtungsbevorzugung besitzen. Denn hier ist keine Auswahl und Paarung von gleichen Eigenschaften, von Symmetrie oder auch nur von allgemeiner Aehnlichkeit möglich, aber auf der anderen Seite haben wir dagegen wieder eine entschieden überlegene Körperkraft des in dem Kampfe um die Herrschaft in der Heerde als Sieger hervorgegangenen männlichen Zuchtthieres vor uns, also grade die vor allen andren am allermeisten darauf berechnete Eigenschaft, um Körperkraft, Abhärtung und Größe in der Nachkommenschaft wieder zu erzielen und zu vererben. Wiewohl wir nun freilich kennen gelernt und uns davon überzeugt haben, daß diese besonders nahe Paarung von Verwandten für alle physischen Unvollkommenheiten und Defekte im höchsten Maße verhängnißvoll und verderblich wird, weil diese übereinstimmende fehlerhafte Entwicklung solcher aus demselben Blutverhältnisse hervorgegangener Thiere eine um so prägnantere Uebertragung ihrer Fehler auf die Nachkommen naturgemäß bewirken muß, — und wunderbarer Weise wird von allen größeren Züchtern die schon früher erwähnte Bemerkung bestätigt, daß schlechte und fehlerhafte Eigenschaften weit bestimmter und kräftiger vererben, als dies mit den guten Qualitäten der Fall ist, — so steht doch andrerseits wieder fest, daß diese nahe Inzucht ohne nachtheiligen Einfluß für die Erreichung der höheren Vervollkommnung in einer Zuchtheerde ist. Denn es ist gewiß, daß die große Mehrheit grade von den allerberühmtesten Züchtern und Verbesserern der englischen Viehracen sehr nahe In= und Inzüchter gewesen sind. Wir erwähnen hierfür den schon mehrfach genannten Robert Bakewell, den Begründer der neuen Leicester Rindvieh= und Schafracen, Charles Colling und Bates, die Verbesserer der englischen Rindviehrace, und es ist in der That überraschend, wie rücksichtslos grade diese großen Männer mit der engen Verwand=

schaftszüchtung vorgegangen sind. Ein Paar Beispiele werden dies näher vor Augen führen und erläutern. Eins der prachtvollsten und vollendetsten Thierexemplare seiner Zeit war der berühmte von dem Züchter Charles Colling hervorgezüchtete Shorthornstier „Comet", welchen dieser für den damals vollends unerhörten Preis von tausend Pfund Sterling (6000 Thlr. Gold) verkaufte. Der Stammbaum dieses schönen Thieres ist nun aber kurz folgender. Der Stier „Boling=broke" und die ebenfalls hochberühmte Kuh „Phönix", welche beide bei weitem näher und enger noch mit einander verwandt waren, als Halbbruder und Halbschwester es sind, wurden mit einander gepaart, und aus ihnen gieng der Stier „Favorite" hervor. Dieser Fa=vorite wurde darauf mit seiner eignen Mutter Phönix zum Sprunge gelassen, und es entstand hieraus die Kuh „Jung=Phönix". Danach wurde Favorite noch einmal mit seiner eignen Tochter, eben dieser „Jung=Phönix" verkuppelt, und aus dieser letzten Paarung ist denn der berühmte „Comet" entsprossen.*) Und eine von den vorzüg=lichsten Zuchtkühen aus der Heerde des Sir Charles Knightly mit Namen „Ruhelos" (Restless) war das Produkt von einer noch länger andauernden In= und Inzucht. Folgendes ist ein Theil ihres Stammbaumes. Jener selbe Stier Favorite wurde mit seiner eignen Tochter und darauf wieder mit seiner eig=nen Enkelin aus dieser und so immer fort von Sprößling zu Sprößling in regelmäßiger Aufeinanderfolge durch volle sechs Generationen hindurch zusammengepaart. Und die letzte Kuh, welche somit das Resultat von der sechsten engsten In= und Inzucht war, wurde darauf zu dem Stier „Wellington" zugelassen, welcher wiederum aus der allerengsten Verwandschaftszucht, sowohl auf Seiten des Vaterthiers wie von der Mutterseite her, mit dem Blute vom selben Favorite hervorgezüchtet worden war. Und das Produkt von dieser letzten Paarung war dann die Kuh Klarissa, ein höchst bewundernswerthes Thier, und sie war die Mutter von der gedachten „Ruhelos".

In ganz gleicher Weise nahm der berühmte Shorthornzüchter Bates nicht den geringsten Anstand die Stierväter zu Tochter und

---

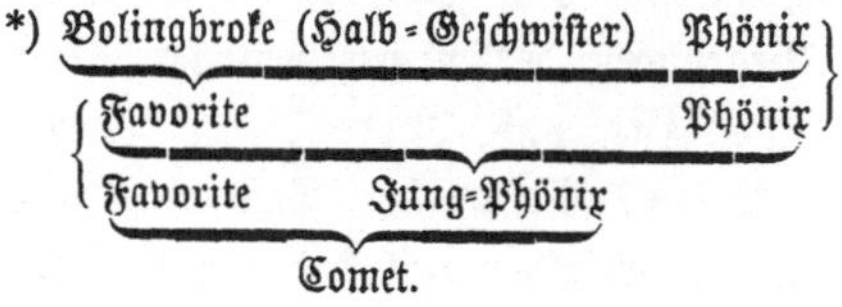

Enkelin und wieder den Sohn zur Mutter und Großmutter und ebenso Brüder und Schwestern ohne Unterschied mit einander springen zu lassen, wobei er immer nur an dem einen Grundsatze festhielt und ihn praktisch verwirklichte, jederzeit nur die besten Thiere zusammenzupaaren, ohne irgend welche Rücksicht auf noch so enge Blutsverwandtschaft. Genau dasselbe that auch der wohl bekannte Züchter der Herefordrace Price, dessen Heerde seiner Zeit als die beste in ganz England anerkannt war, wie er denn in einem Aufsatze in dem bekannten Farmer Magazine öffentlich sich dazu bekannte, daß er in den ganzen vierzig Jahren, wo er seine Heerde gezüchtet, weder wegen eines Zuchtstieres, noch einer Zuchtkuh halber jemals aus seiner eignen Heerde herausgegangen sei.

Und was hier vom Rindvieh gesagt worden ist, gilt ganz ebenso auch von den Schafen. So ist es eine ausgemachte Sache, daß jener selbe Robert Bakewell seine ursprüngliche Stammheerde von langwolligen Schafen zwar aus verschiedenen Heerden und Familien derselben Schafgattung, wie wir das früher kennen gelernt, entlehnte, wo er eben nur die von ihm zum Hervorbilden gewünschten Eigenschaften in höchster Vervollkommnung erlangen konnte, gleichwohl aber kann es nicht zweifelhaft sein, daß dieser hochbegabte Züchter auf Reinheit des Blutes bei seiner erst noch neu zu begründenden Heerde mit äußerstem Nachdrucke gehalten haben muß, wie denn sonst auch nicht eine so vorzügliche Heerde überhaupt hätte herausgezüchtet werden können. Hernach aber hat Bakewell notorisch ununterbrochen in engster Ver=wandschaftsnähe die einzelnen Thiere in seiner Heerde unter sich bis zu seinem Lebensende fortgepaart, und nicht die geringste Spur von Nach=lassen in den guten Eigenschaften oder von konstitutioneller Schwäche ist, so lange er lebte, in seiner Heerde jemals hervorgetreten. Und ein ganz ähnliches Beispiel bietet die früher beschriebene, (Seite 26 ff.) jetzt auch nach Schlesien verpflanzte Vermont=Merino=Heerde dar, die durch jenen in Amerika hochgerühmten Mr. Hammond in allerengster In= und Inzucht fortgezüchtet und herausgebildet worden ist.

Und trotzdem hat diese Inzucht grade vor allen andren Züch=tungsmethoden die große Gefahr im Gefolge, daß während sie bei richtiger Anwendung und Durchführung als der unfehlbarste Weg sich bewährt hat, in der umsichtigen Hand eines von klarem Verständniß des Züchtens durchdrungenen Meisters jene höchste Gleichmäßigkeit und Vervollkommnung in der Heerde erreichen zu lassen, sie auf der andren Seite sich doch wieder als ein ebenso gefährliches Spielzeug für den unerfahrenen Neuling im Züchten erweist, weil ein solcher seine Heerde und seine wesentlichsten Interessen durch falsches Vorgehen damit fastimmer dem sichren Ruine entgegenführt. Dazu kommt noch jene oft gemachte Erfahrung, welche wir schon kurz vorher zu erwähnen Veranlassung hatten, daß wenn man es jemals unternehmen wollte, eine künstliche Spezies, welche erst durch menschliche Einwirkung vermittelst der Kreuzung von verschiedenartigen Gattungen hervorgebildet worden war, durch Paarung der nächsten Verwandschaftsmitglieder etwa fortzuzüchten, der sofort zum Vorschein tretende Verlust der Vererbungskraft und die schnellste Entartung die unmittelbare Folge davon sein würden. Ja bisweilen konnte es auch ohne dieses gewagte Züchtungsmittel geschehen, daß bei solcher zur höchsten Potenzirung gesteigerten In- und Inzucht auf dem Gipfelpunkt der größten erlangten Vervollkommnung und Veredlung ein ebenso plötzlicher Herabsturz und gänzlicher Verfall einer derartig gezüchteten Heerde unerwartet daraus zu folgen pflegte. Das sind eben Gefahren, welche mit dieser zu engen Verwandschaftszüchtung hundertfach gemacht worden sind und welche deshalb dieses Inzuchtsverfahren nur in der Hand eines vollendeten Meisters im Züchten anempfehlen lassen. Jeder nicht vollendete Züchter muß freilich immer gewärtig sein, über kurz oder lang jene letztere Erfahrung auf Kosten seiner Heerde und mit großen Verlusten an sich durchzumachen. Trotz aller der großartigen Beispiele von mit höchsten Erfolgen gekrönten Inzüchtungen, und so groß die Zahl der Inzüchter immerhin auch ist, welche durch die glückliche Befolgung grade dieser Züchtungsmethode sich auszeichneten, so ist es doch ebenso gewiß, daß die Zahl derjenigen Züchter, welche Fehlschläge mit dem Inzüchten zu erleben gehabt haben, eine noch zehnfach größere ist. Als jener unübertroffene und unerreichte Bakewell seine verbesserte Leicesterheerde nicht weiter fortzuzüchten vom Schicksal berufen wurde, war es nach ihm doch nur eine äußerst geringe Anzahl unter allen den hervorragenden Züchtern der späteren Zeit, welche sich als befähigt dazu erwiesen jene Heerde ohne Beimischung von frischem Blute fortzuzüchten. Die übrigen mußten es erleben, daß wenn ihre Heerden auch grade nicht vollständig ruinirt wurden, die Thiere im Einzelnen doch immer eine delikate und zur Unfruchtbarkeit hinneigende Körperentwicklung über kurz oder lang offenbarten.

Sehen wir uns aber nach dem inneren Grunde für diese letztere Erscheinung um, so ist es am Ende so schwierig nicht ihn aufzufinden. Er liegt in den Veränderungen, welche mit unsren Hausthieren in

Folge ihrer durch die menschliche Pflege umgewandelten Lebens= und Ernährungsweise vorgegangen sind. Die Hausthiere sind allmälig bei uns dahin gelangt, daß sie so ziemlich dieselbe Behandlung erfahren wie der Mensch selbst. Man bringt sie in gut verwahrten Stallungen unter, wo sie vor den Einflüssen von Wind und Wetter bewahrt sind, man giebt ihnen ferner gleichmäßig zu bestimmten Tages= zeiten ihr regelmäßiges, oft vielfach abwechselndes und künstliches, ja stellenweise sogar warmes Futter, man läßt ihnen von frühster Geburt an eine sorgfältige Pflege angedeihen, auch haben sie eine mindere Bewegung, was Alles nothwendig zu einer beträchtlichen Verweich= lichung im Vergleiche mit den in der Freiheit lebenden Thieren und damit zu einer Veränderung des ganzen Körpersystems mit dem Laufe der Jahrhunderte hinführen mußte, vollends seitdem die züchtende Hand des Menschen der Natur auch dieses Geheimniß abzulauschen lernte und es unternahm neue Abarten hervorzubilden. Indem man aber dabei die schwächlichen Thiere mit den gesunden paarte, kamen Mißbildungen, Körperschwächen, Krankheiten und alle die Ursachen eines frühzeitigen Todes unter den verschiedenen Hausthierarten nach und nach zum Vorschein, was, da die Ursachen, die sie veranlaßt, ungestört fortdauern sollten, schließlich dahin ausarten mußte, daß alle jene Er= scheinungen als ein Theil von dem physischen System jener Thiere und zu erblichen Eigenschaften von ihnen allmälig herausgebildet wur= den. So geschieht es denn, daß die Hausthiere nicht in der gleichen ungebundenen Weise wie ihre Stammesbrüder in der Freiheit und Wildniß ihrem natürlichen Instinkte länger ungestraft folgen können, und die fortgesetzte weitere Vermischung von schwächlichen und krank= haften Thieren, und ganz besonders von schwächlichen und krankhaften nahen Blutsverwandten unter ihnen muß in Folge davon für die Zu= kunft genau ebenso vermieden werden, wie dies für das civilisirte Menschengeschlecht durch Gesetz und Sitte vorgeschrieben ist.

Fassen wir hiernach am Schlusse dieser Betrachtung alle Momente, die wir über die Inzucht kennen gelernt, zusammen, so kommen wir nach Allem doch zu dem Resultate, daß wir der großen Mehr= heit unsrer Schafheerdenbesitzer und ganz besonders allen denen, welche die Schafzüchtung nicht zum Gegenstande ihres ausschließlichen Berufes machen und zu einer Kunst zu erheben sich berufen fühlen, den Rath geben müssen, daß sie grundsätzlich in ihren Heerden Alles vermeiden, was irgend eine enge Blutsverwandschaftspaarung in=

volviren könnte, wiewohl andrerseits wieder allerdings doch kein Anlaß zu derartig übertriebenen Besorgnissen für die Inzucht unter den entfernteren Verwandschaftsgraden vorliegt, wie solche von so vielen Seiten ganz unbegründeter Weise gehegt werden, sobald eben immer nur die zusammenzupaarenden Thiere augenscheinlich kräftig und wohlgeformt sind und eine dauernde Gesundheit in der Heerde heimisch ist.

5. Das Kreuzen.

Den Gegensatz zu dieser letztbeschriebenen Züchtung von nahe mit einander blutsverwandten Thieren bildet nun aber das in diesen Blättern schon so oft und mannigfach berührte Kreuzungsverfahren, das heißt, die Züchtung von verschiedenen Gattungen, Varietäten oder Familien, nicht aber das Züchten von Thieren in derselben Familie mit einander, wenn gleich dieselben zu unter sich verschiedenen und nicht verwandten Einzelheerden gehören. Und in Wirklichkeit ist es grade diese Züchtungsmethode des Kreuzens, welche seit etwa einem Jahrhunderte die Umgestaltung und Verbesserung fast der gesammten in unsrer civilisirten Welt vorhandenen Schafracen hervorgerufen hat. Denn blicken wir hin nach allen Theilen unsrer Erde, so finden wir neuerdings fast überall die Schafzucht zum Gegenstande der besonderen Kultur gemacht, und die ungeheuren Mengen von Wollen, welche von Jahr zu Jahr in rapidester Zunahme der Produktion nach dem großen Weltwollmarkt von England zusammengebracht werden, geben den schlagendsten Beweis für die immer größere Ausdehnung, welche die Schafzucht und Wollproduktion auf allen Theilen unsres Erd= körpers nehmen. Die Hauptstätten dieser Pflege der Schafzucht bilden aber wieder jene erst seit der neueren Zeit der Kultur eröffneten und durch ausgedehnte Weideflächen hervorragenden Länder auf unsrer Erde, wie das umfangreiche Australien mit seinen Inseln, Süd=Amerika mit seinen weiten Weideflächen, Rußland, Süd=Afrika und namentlich noch Mittel= und Nord=Amerika, wo jetzt die Merinoschafzucht ebenfalls ihre besondere Verbreitung und Stätte gefunden hat.

Gleichwie nun ferner für die Pferdezucht die Veredlung der Pferderacen Europa's durch das arabische Pferd ausschließlich bewirkt wird, was in dieser Hinsicht ohne seines Gleichen auf der Erde dasteht, so sind es wieder für die Schafzucht zwei Racen, welchen diese kultur= historische Bedeutung der Verbesserung der vorhandenen Schafracen von einer höheren Bestimmung übertragen zu sein scheint, nämlich die spanische Merinorace für alle Wollproduktion und das englische Leicesterschaf für die Fleischproduktion, und man kann hinzufügen, auch für die Kammwollproduktion. Die gesammten Heerden Australiens sind aus solchen Kreuzungen mit diesen beiden Schafgattungen hervorgegangen, wobei indeß die Merinoschafrace erheblich überwiegt. In ganz Südamerika herrscht in allen Ländern die spanische Merinorace vor, mit welcher die einheimischen Racen durchgängig in Folge der Jahrhunderte langen Herrschaft der Spanier hier vermischt und gekreuzt worden sind, und es wird die systematische Kreuzung mit der Merinorace neuerdings dort immer weiter verbreitet.*)

Auf der andren Seite ist es wieder zum Erstaunen, in wie ungeheuer ausgedehntem Maßstabe die Kreuzung der Fleischschafe heutzutage grade wieder in Großbritannien betrieben wird. Bekanntlich ist nämlich der Hammelfleischkonsum Englands ein ganz kolossaler. Ein richtiger praktischer Blick, welcher auf einer langjährig bestätigten Erfahrung beruht, hat aber die englischen Züchter belehrt, daß grade die aus der Kreuzung des Leicesterschafs mit den übrigen einheimischen Schafracen hervorgegangenen Kreuzungsprodukte die für die Fleischproduktion am meisten geeigneten und gewinnbringenden Eigenschaften ergeben, nämlich eine frühreife Körperentwicklung und eine ausnehmende Mastungsfähigkeit. Und so finden wir, daß die Schafhaltung bei der gewöhnlichen Klasse der Landwirthe in England fast durchgängig darin besteht, daß mit besondrer Vorliebe nur solche aus Kreuzungen hervorgegangenen Schafe und zwar ausschließlich zu Mastungszwecken von ihnen aufgekauft, und wenn sie nach einigen Monaten mastreif geworden sind, geschoren und wieder verkauft werden, ein einträgliches Verfahren, das auch bei uns nicht fehlen wird sich einzubürgern, sobald nur erst mit der gehobenen Industrie im Lande auch größere Wohlhabenheit sich erzeugt und bis in die unteren Klassen der Gesellschaft sich mittheilt, welche dadurch zu der Lage erhoben werden, die regelmäßige Ernährung mit Fleisch an die Stelle der bisherigen Kartoffeln und des Roggenbrotes setzen zu können.

Wir haben indessen aus der früheren Betrachtung erfahren, daß doch auch das Kreuzungsverfahren seine bestimmten Grenzen hat. Sobald man nämlich zwei bestimmte Arten von Thieren, also z. B.

*) Man lese darüber: Kahl, »Observaciones sobre la cria de ovejas« Monte Video. 1865. Doch besteht dies Buch meist nur aus Auszügen unsres Buchs „die Wollproduktion unsrer Erde“.

das Pferd und den Esel, oder das Schaf und die Ziege mit einander paart, so wird jedesmal daraus eine bestimmte Varietät hervorgehen, welche man Bastarde nennt. Obwohl nun zwischen den verschiedenen Schlägen in einer und derselben Thiergattung äußerlich oft ein ebenso scharfer Gegensatz besteht, wie in diesem Falle etwa zwischen einem Pferde und einem Esel, so stellt sich doch zoologisch die Unähnlichkeit bei diesen beiden Kreuzungen bei weitem schärfer markirt heraus. Denn sobald die zoologische Verschiedenheit über einen gewissen von der Natur bestimmt vorgezeichneten Grad hinausgeht, so legt sich die Natur selbst dabei in's Mittel und läßt eine weitere Vermischung dann nicht mehr zu. So finden wir, daß alle Maulthiere fast ohne Ausnahme unfruchtbar sind. Bei den schlecht gewählten und allzu hetero- genen Kreuzungen von verschiedenen Schlägen derselben Viehrace aber findet sie einen anderen Ausweg heraus. Wenngleich nämlich aus einer solchen zu heterogenen Paarung bisweilen eine günstige Vereinigung der Eigenschaften von beiden Elternthieren und eine gewisse Gleichmäßigkeit in der Nachkommenschaft zu Tage tritt, so hat doch wieder eine wei- tere Paarung dieser Produkte unter sich, anstatt dadurch eine vermehrte Gleichmäßigkeit der Eigenschaften zu erzeugen, grade im Gegentheil fast immer zur Folge, daß solche Kreuzung mit ganz unbrauchbaren Misch- lingen endet, welche von einander grade ebenso abweichen wie von ihren Großeltern und die körperliche Entwicklung und guten Eigen- schaften von keinem ihrer Elternthiere besitzen. Und daraus finden wir denn die Bestätigung jenes ersten Züchtungsgrundsatzes, daß die Kreuzung von verschiedenen Thiergattungen, wie von Pferd und Esel, schon durch die Natur selbst in der ersten Geschlechtsfolge ihre Grenze findet, daß aber auch die fort- gesetzte Kreuzung von zu heterogenen Arten von derselben Thiergattung sich ebenfalls über die erste Generation hinaus als unzuträglich erweist. Wir werden zwar späterhin bei der Besprechung der englischen Fleischschafkreuzungen kennen lernen, daß einige der modern beliebten Fleischschafracen, wie die Oxfordshire- downs, aus der Weiterpaarung von den aus der Kreuzung der Leicester- und Southdown-Schafe hervorgegangenen Halbbluts herausgebildet worden sind. Doch sind dies seltene Ausnahmen, welche die große Regel nicht zu beseitigen vermögen, daß solche aus dergleichen Kreuzungen hervorgegangene Thiere nur immer wieder in der Linie entweder des Vaterthieres oder der Mutter wei- tergezüchtet werden dürfen. Es müssen also die weiblichen Thiere wieder von einem Bocke aus der Gattung oder der Heerde des Sprungstärs oder auch des Mutterthiers, dann aber die späteren Nachkommen daraus fortgesetzt immer nur in dieser einen bestimmten einmal gewählten Richtung fortgezüchtet werden, die männlichen Produkte einer ersten Kreuzung aber müssen überdies entweder sofort zu Hammeln und zur Mastung bestimmt oder ebenfalls, sei es in der Gattung, zu welcher der Vater, oder zu der ihre Mutter gehört, zur Zucht weiter verwendet werden. Man nennt das letztere Züchtungsverfahren einen Einschlag, wovon wir später noch ausführlicher handeln werden.

Wenn wir uns jetzt zur besonderen Erörterung des Kreuzungsverfahrens wenden, so ergiebt sich der Gang, den diese Betrachtung zu nehmen hat, ziemlich von selbst. Es kann nämlich die Schafhaltung entweder zu dem Zwecke der Wollproduktion fortgeführt werden oder für die Fleischproduktion. Für die Erzielung von Wolle hat sich aber, gleichviel ob Tuch- oder Kammwolle, wie wir schon kennen gelernt, die Merinorace heutzutage als die einzige bewährt, welche man hierzu über die ganze Erde hin zur Verbesserung und Veredlung der ausschließlichen Wollschafracen verwendet. Es kann aber weiter in Bezug auf diese Wollerzielung die Merinorace in einer zweifachen Weise zum Kreuzungsverfahren verwendet werden, nämlich einmal zur Veredlung von groben Schafracen, also namentlich durchweg von den Landschafen in allen den verschiedenen Ländern unsrer Erde, und das erweist sich allerdings als eine Kreuzung im eigentlichen Sinne, oder aber man kann auch die verschiedenen Merinoracen, wie dieselben im Laufe der Zeit in den einzelnen Heerden herausentwickelt worden sind, wieder untereinander züchten, um daraus eine neue Spezies oder Mittelrace hervorzubilden, also z. B. die deutschen Merino's mit den französischen sogenannten Rambouillet's paaren, und dies wird als eine Kreuzung im uneigentlichen Sinne zu bezeichnen sein. Für die Züchtung in Bezug auf die Fleischproduktion, für welche England die wahre und hauptsächlichste Stätte heutzutage bleibt, ist die Kreuzung mit der Leicester-Schafrace ebenso die allgemeine Regel, und es werden in Bezug hierauf wieder das Verfahren und die Resultate bei dieser Kreuzung der Leicesterrace mit den verschiedenen in England einheimischen Schafracen eines näheren Eingehens bedürfen. Danach werden wir also zuvörderst von der Merinokreuzung, und zwar zunächst mit ordinären Schafracen und dann der Merino's unter sich, und demnächst von der Leicesterkreuzung zu handeln haben. Außerdem giebt es nun allerdings noch die nach einer modern beliebten Ausdrucksweise »à deux mains«, das heißt sowohl für die Wollzucht als für die Fleischproduktion zugleich gehaltenen Schafracen, doch ist bei allen diesen Racen bei näherer Betrachtung jederzeit der eine von beiden Zwecken die Hauptsache. So bei den Rambouillet's, wo immer die Woller= zielung schließlich der Hauptzüchtungszweck bleibt und die Fleischschaf= qualität nur bei der späteren Mästung der Thiere in Betracht kommt, und ebenso wieder bei den Leicester's, wo immer die Fleischproduktion den Hauptzweck bildet und die Einnahme aus der allerdings weltbe= rühmten englischen Kammwolle erst in zweiter Linie steht. Es wird daher nicht erforderlich sein hierauf besonders einzugehen.

a. Die Merino- (Wollschaf-) Kreuzung.

1. Mit ordinären Schafracen.

Keine Kreuzung ist, wie wir sahen, allgemeiner über die ganze Welt hin verbreitet und hat nachhaltiger zur Verbesserung und Ver= edlung der auf der ganzen civilisirten Erde vorhandenen Schafracen beigetragen als die Kreuzung der Merinoschafrace mit den verschiedenen ordinären Schafracen in allen Ländern unsrer fünf Welttheile mit alleiniger Ausnahme von Asien. Und wirklich ist auch dabei der stets im Auge gehabte spezielle Züchtungszweck, die ordinären und grobwolli= gen Schafracen in den einzelnen Ländern durch die Merinokreuzung zu verbessern, in überraschend günstiger Weise durchgängig erreicht worden. So weisen, wie wir schon gelegentlich andeuteten, die statistischen Zu= sammenstellungen über die Schafhaltung in Preußen seit 1816 schla= gend nach, in wie erstaunlicher Weise die Anzahl der ganz edlen und der halbveredelten Schafe sich seit den letzten fünfzig Jahren vermehrt hat, und es steht wohl zu erwarten, daß nach anderen fünfzig Jahren die deutsche Viehzucht den Höhenpunkt erreicht haben wird, daß durchgängig unsre ordinären Landschafracen verschwunden und theils mit Merino= blut verbessert oder in Fleischschafe umgewandelt sein werden. That= sache ist aber, daß überall, und zwar nicht bloß in Deutschland, son= dern ebenso auch in allen andren Ländern die Landschafracen durch diese Merinokreuzung werthvoller geworden sind, indem sie erheblich in der Qualität ihrer Wollvließe gewonnen und in keiner der ihnen eigen= thümlichen Eigenschaften irgend wie sonderlich verloren haben. Das Kreuzen zwischen der Merinorace und den großfigurigen, früh mast= reifen verbesserten englischen Fleischschafracen zu dem Zwecke, eine neue

Schafgattung hervorzubilden, ist dagegen im großen Durchschnitte meist
weniger erfolgreich geblieben. Allgemeiner bekannt sind in dieser Beziehung die Kreuzungsversuche des Lord Western, welcher die Merino's mit den Leicesterschafen kreuzte, und zwar speziell Merinoböcke
mit Leicestermuttern fortgesetzt paarte. Allein das Ergebniß war, daß
sich zwar der Körper und die Fleischmasse bei der Nachzucht im Vergleich zu den Merino's verbesserte, ihre Wolle jedoch wich von
dem Merinocharakter ab. Trotzdem erzielte er eine Wolle mit schönem
Stapel und der ungewöhnlichen Länge von 12 bis 15 Zollen, die
eine Textur beinahe wie Seide so zart und glänzend zeigte, doch bei
alledem immer auffällig verworren aussah.*) Beiläufig bemerkt finden
wir aus dieser auffallenden Kreuzung die Richtigkeit jener herrschenden
Ansicht wunderbar bestätigt, daß die Figuren und der Charaktertypus
nach dem Vater, die Entwicklung der Wollqualität dagegen nach der
Mutter ausfällt.

Im Ganzen ist denn auch diese Kreuzung in England neuerdings
ganz aufgegeben worden, wie denn überhaupt heutzutage nur eine Merinoheerde, die aus einer Vereinigung der Heerden jenes Lord Western
und einer Mrs. Dorien rein fortgezüchtete Heerde des Mr. Stur-
geon von Grays, als noch in England vorhanden genannt wird.**)
Das einzige Beispiel von einer durchgeführten Kreuzung der Merino's
mit den Leicester's ist das bereits mehrfach erwähnte des bedeutenden
australischen Züchters C. Ledger, welchem es, wie wir früher schon
ausführten, wirklich gelungen ist diese Kreuzung bis zur vierten Generation zu vollenden und dadurch ein Kammwollschaf mit überraschend
langem Stapel und großer Figur hervorzubilden. Doch steht dieses
Beispiel unsres Wissens zur Zeit vereinzelt für sich und unerreicht
da und bildet daher eine bis jetzt unerhörte Ausnahme.

Wohl läßt sich freilich im übrigen voraussehen, daß die größten
und mit schwersten Bließen ausgestatteten Kammwoll-Merinoracen das
Bließgewicht selbst von den mit den schwersten Bließen versehenen
englischen Kammwollschafracen vielleicht noch vermehren würden, allein
es ist eine richtige Bemerkung, daß die Wolle durch solche Kreuzung
nicht nur als Kammwolle jene schöne Eigenschaft einbüßen würde,
wegen welcher grade die Kammwollen Englands so allgemein berühmt und
vortrefflich sind, sondern daß auch der charakteristische Merino-Wolltypus

---

*) Milburn, The sheep and shepherding. Seite 31.
**) Milburn a. a. O. Seite 32.

ebenfalls sicher durch solche Kreuzung beeinträchtigt, das Kreuzungs=
produkt mithin weder Merino noch Leicester werden würde, sondern
ein verhältnißmäßig werthloses Zwitterding zwischen beiden die Folge
bliebe, wie denn weiter auch alle Versuche, eine permanente Zwischen=
varietät von irgend welchem verlohnenden Werthe allmälig durch
Kreuzung der Merinorace mit Fleischschafen hervorzuzüchten, zu dem
Zwecke, dadurch die besonderen Vorzüge beider Schafracen zu kombi=
niren, bis jetzt immer bis auf die seltensten Ausnahmen fehlgeschlagen
und resultatlos geblieben sind.

Dagegen ist es doch in hohem Maße bemerkenswerth, wie wun=
derbar schnell und nachdrücklich der Merinocharakter bei der Kreuzung
mit ordinären Schafracen durchzuschlagen pflegt. Die Ursache hierfür
liegt wohl unzweifelhaft in der diesen Racen gegenüber überwiegend
größeren Reinheit des Bluts und ferner auch in dem erheblich größeren
Alter des Bluts von der Merinoschafrace im Vergleiche mit irgend einer
anderen, vermöge dessen solch' ein zur Kreuzung mit der gewöhnlichen
Schafrace verwendeter Zuchtstär eine Kraft und Zähigkeit in Bezug
auf die Vererbung seines Charakters offenbart, welche ihn zu einem
von der andren Schafrace schwierig zu überwindenden Material bei
jeder Kreuzung macht. Und die Folge davon ist dann andrerseits
wieder, daß die bestimmten Charaktereigenheiten von der Merinorace
jederzeit nur mit der äußersten Schwierigkeit beseitigt werden können,
und daß ihre Tendenz zurückzuschlagen und diese Eigenschaften immer
wieder in der Nachzucht zum Vorschein zu bringen, beinahe gar nicht
überwältigt zu werden vermag. Schon aus der ersten Kreuzung eines
Merinobockes mit solcher ordinären Race geht regelmäßig ein Produkt
hervor, welches im Vergleiche zu der Race des Mutterthieres augen=
fällig in Bezug auf Bließgewicht und Qualität der Wolle eine
große Verbesserung zeigt, und eine jede nachfolgende Kreuzung mit
Merinoböcken ruft sichtlich stufenweise eine Veredlung dieser neuen
Nachzucht hervor. Und grade bei diesen Kreuzungen zeigen sich vollends
die bevorzugten Eigenschaften von auserlesenen Zuchtböcken in wirklich
eminent augenscheinlicher Weise in der Nachzucht reproduzirt und jeden=
falls weit prägnanter, als sie bei der Paarung mit reinblütigen Me=
rinomuttern hervortreten. Den Grund hiervon hatten wir schon früher
kennen gelernt, es ist die überwiegende Kraft in dem Zweikampfe um
das größere Durchgreifen des eignen Blutes zwischen dem Vater= und
dem Mutterthier, welche hierbei den gewöhnlicheren Schafracen durch
den uralte Geschlechtsfolgen hindurch reinblütigen Zuchtstär die Oberhand

behalten läßt, während bei einer Merinomutter aus der eignen Heerde des Stärs das Blut dasselbe ist. Der Amerikaner Randall bemerkt hierbei, daß die Nachkommen in der zweiten Kreuzung von einem solchen besonders begabten Merinobock, also das Dreiviertel Merinoblut, sehr häufig schon weit werthvoller sich erweisen, als die Nachkommen von mittelmäßigen Merinosprungböcken in der vierten oder gar fünften Kreuzung, wo sie also doch schon $^{15}/_{16}$ oder gar $^{31}/_{32}$ Vollblut=Merino's sind.*) — Wir verweisen übrigens auf Seite 49 ff.

Dies führt uns weiter nochmals auf die vielfach ventilirte Frage, die wievielste Kreuzung genügend ist, damit eine aus solcher beschrie= benen Kreuzungszüchtung von Merinoböcken mit ordinären Schafen hervorgegangene Heerde eine Vollblut=Merinoheerde werde? Die erste Nation waren in dieser Beziehung die Franzosen, welche die Nachkommen aus der vierten Kreuzung je eines Merinobocks mit Landschafmuttern für ebenso gute und edle Wolle tragende Thiere wie die Original=Merino's erklärten. Der Kanzler Livingstone in sei= nem Werke über die Schafzucht**) stellt es als eine über allen Zweifel erhabene Thatsache hin, daß ein Sprößling von einem Merino= bocke in der vierten Kreuzung, selbst wenn die zur Kreuzung verwen= deten Mutterschafe die allerschlechtesten Wollträgerinnen waren, doch in jeder Beziehung der Race des Merinothieres ebenbürtig ist. Und in der That ist dies eine Ansicht, welche seitdem ziemlich allgemein und auch in Deutschland verbreitet ist, und für welche wir selbst bei frü= herer Gelegenheit uns ausgesprochen hatten***), wir bekennen, haupt= sächlich gestützt auf die Autorität jenes eminenten Schafzüchters, des Kapitäns Macarthur, des großartigen Begründers der australischen Merinoschafzucht, welcher in seiner Beschreibung von der Begründung dieser Merinozucht†) erklärt, daß nach der vierten Kreuzung der ordi= nären Schafe ein Unterschied dieser Nachzucht mit den spanischen Originalmerino's nicht mehr herauszuerkennen gewesen sei. Wir sind jetzt indeß freilich andrer Meinung geworden und halten dafür, daß allerdings überall da, wo es an den nöthigen Kapitalsmitteln fehlt

---

*) Randall, The practical shepherd. S. 127.

**) Livingstone, Essay on sheep p. 131 »No difference is now made in Europe in the choice of a ram, wether he is a full blood or fifteen — sixteenth.«

***) In unserm Werke: „Die Wollproduktion unserer Erde" ꝛc. Seite 328.

†) Macarthur, Statement of the introduction of the breed of fine woolled sheep in New-South-Wales, wiedergegeben in unsrem Werke, S. 91 f.

um die betreffenden Landgüter mit reinblütigen Edelmerino's von An=
fang an zu versehen, es besser und gerathener erscheint die in der
Gegend vorfindliche noch unveredelte Landschafrace mit dergleichen Merino=
böcken zu kreuzen, als von der Schafzucht ganz abzustehen. Allein die An=
nahme, daß die Abkömmlinge, welche aus der vierten oder selbst einer
noch so hoch vervielfachten Kreuzung mit solchen ordinären Schafracen
hervorgegangen sind, so ohne Weiteres mit den „reinblütigen", aus
spanischen Originalschafen unvermischt und ausschließlich fortgezüchteten
Merino's gleich und namentlich in Beziehung auf die ihnen innewoh=
nende Blutqualität identisch sein könnten, will uns nach reiferem
Studium dieser Züchtungslehre doch als eine etwas sehr gewagte er=
scheinen. Denn mit Recht wird das Argument dafür angeführt, daß
zwar das ordinäre und so zu sagen schlechte Blut nach arithmetischer
Berechnung aus solcher Nachzucht in Folge der Kreuzungen sich ver=
mindert, daß es aber thatsächlich und in der Praxis des alltäglichen
Lebens immer noch in den Nachkommen inhärirt, wie es denn wirklich
auch von Zeit zu Zeit und bald bei diesem, bald bei jenem Abkömm=
linge wieder in die Erscheinung tritt und die alten unvortheilhaften
Eigenschaften von der mütterlichen Schafrace wieder zum Vorschein
bringt, und zwar um so häufiger und markirter, je „reinblütiger"
wieder diese Landschafrace unter sich durch lange Geschlechtsfolgen hin
fortgepflanzt geblieben war, so daß sie häufig alle Berechnungen dabei
zu Schanden werden läßt. Mit Recht rühmen die Ausländer hierbei
von uns Deutschen, daß wir einen sehr bezeichnenden Ausdruck in
unsrer Sprache dafür hätten, indem wir alle und selbst die durch
lange fortgesetzte Züchtung hervorgegangenen Mestizschafe als „halb=
veredelte" Schafe technisch bezeichneten.*)

Das Verfahren bei solchen fortgesetzten Kreuzungen muß aber
immer mit äußerster Konsequenz in der Art durchgeführt werden, daß
der Züchter zunächst mit sich ins Reine kommt, welchen Charakter von
Wolle er erzielen will, also ob Kammwolle oder Tuchwolle, und ferner
ebenso, was für eine Gattung von Schafen, ob er hochfeinere Electorals
oder derbwolligere Negretti's zu erlangen beabsichtigt. Denn danach
muß er jedesmal die Auswahl der Zuchtthiere treffen, wenn er nicht
in der Veredlung stillstehen oder vollends Rückschritte machen will,
sondern rasch und entschieden vorwärts zu schreiten und namentlich mög=
lichst bald eine Ausgeglichenheit in dem Wollcharakter seiner neu zu

---

*) Randall, Fine wool sheep husbandry S. 108.

begründenden Heerde zu erreichen strebt. Namentlich ist nichts so gefährlich, als in dem einen Jahre aus dieser und in dem nächsten Jahre aus jener Schäferei die dazu benöthigten Zuchtstäre zu erkaufen, oder das eine Mal einen hochfeinen Bock und darauf wieder einen gröberen Negrettibock und so abwechselnd fort, oder wieder einen dichtwolligen und das nächste Mal einen langwolligen, etwa gar mit Kammwoll=charakter, zur Zucht zu verwenden. Eiserne Regel muß vielmehr stets sein, die Zuchtböcke für diese Kreuzungen unausgesetzt und fort und fort immer nur aus einer und derselben bestimm=ten Stammschäferei zu entnehmen, um ja nur zu einem fest=bestimmt ausgeprägten Charaktertypus und für die so wichtige Gleich=mäßigkeit in der Heerde den Grund zu legen. Namentlich ist bei der Auswahl der Böcke große Vorsicht auch darin nöthig, nicht Böcke mit irgend welchen auffallenden Fehlern anzukaufen, weil es sonst leicht kommen kann, daß derartige Defekte in die neue Heerde mit hinein=vererben, welche später immer nur mit der allergrößten Mühseligkeit, oder vielmehr oft gar nicht wieder herauszubringen sind.

Das fernere Verfahren ist dann aber, daß von der ersten Nach=zucht die männlichen Thiere ja nicht etwa zur Weiterzucht bestimmt, sondern sofort abgeschlachtet oder zu Hammeln gemacht werden müssen. Die weiblichen Lämmer werden dagegen wieder von einem genau dem ersten Zuchtbocke gleichenden Stär aus derselben Heerde belegt. Auch hier müssen die männlichen Dreiviertelblut=Lämmer ganz ebenso wieder von der Zucht ausgeschlossen und die weiblichen von Neuem mit einem Bock von derselben Heerde wie der Vater und der Großvater gepaart werden. Man versäume dann niemals auch bei dieser dritten Gene=ration ohne Zaudern die männlichen Lämmer abermals von der Zucht auszuschließen. Und erst die aus der vierten Kreuzung in der ange=gebenen Weise hervorgezüchteten Nachkömmlinge werden nach dem herr=schenden Sprachgebrauche als Vollblut=Merino's allgemein bezeichnet. Wir überzeugten uns aber, daß zwischen ihnen und den „reinblütig" fortgezüchteten Merino's immer noch ein merklicher und recht wesent=licher Unterschied statuirt werden muß, der namentlich noch in folgen=dem Umstande zu Tage zu treten pflegt. Als höchste Regel muß nämlich immer bei diesem ganzen so eben beschriebenen Kreuzungsver=fahren hingestellt werden, nicht nur die männlichen Abkömmlinge, welche aus der zweiten und dritten Kreuzung geboren worden sind, konsequent von der Züchtung auszuschließen, so günstig sich die Thiere, besonders wenn ein recht schöner, kräftig vererbender Merinostär zur Zucht ge=

nommen worden war, auch immer anlaſſen mögen, weil dennoch nur eine verfehlte und charakterloſe Nachzucht erfahrungsmäßig aus ihnen hervorgehen würde, ſondern vor Allem noch, daß möglichſt nur Zuchtböcke aus erwieſen reinblütig fortgezüchteten Heerden zu ſolchem Kreuzungsverfahren zugelaſſen werden. Denn grade hierbei tritt jener Unterſchied zwiſchen dem Vollblute und der Reinblütigkeit prägnant zu Tage, indem bei der Verwendung von ſolchen aus einem wenn auch bis zur vierten und ſpäteren Kreuzung durchgeführten Kreuzungsverfahren hervorgebildeten Böcken jederzeit ſehr bald ihre Vererbung als eine mangelhafte ſich herausſtellt und der ganze aus dem neu beabſichtigten Kreuzungsverfahren hervorzubildende Zucht= ſtamm fehlzuſchlagen Gefahr läuft, eine Beſorgniß, welcher ſich kein umſichtiger Züchter ausſetzen wird, die aber eben einzig und allein durch die Verwendung von reinblütigen oder mindeſtens doch aus einer ſehr langen Reihe von Generationen hervorgegangenen Zucht= ſtären mit Sicherheit beſeitigt wird. Man wende hierbei nicht ein, daß dies eine zu weit betriebene Beſorgniß ſei, und daß z. B. der gewiegte Begründer der auſtraliſchen Merinoheerden Macarthur ohne Weiteres dieſe aus der vierten und den folgenden Kreuzungen hervorgezüchteten Stäre zur Weiterzüchtung verwendet habe. Allein wir geben hierbei zu bedenken, daß wir es hier ja ſpeziell mit der Kreuzung von ordinären oder Landſchafracen mit den Merino's zu thun haben. Und wenn auch Kapitän Macarthur dieſe Kreuzungs= böcke aus der vierten und den ſpäteren Generationen gewiß ohne Be= denken zu den Merino's zugelaſſen haben wird, ſo wird er ſie an= drerſeits ebenſo gewiß nicht zu ſolcher ganz neuen Umwandlung von grobwolligen Schafracen in Merino's ohne Weiteres genommen haben.

Wir beſchließen hiernach dieſen Abſchnitt mit der Wiederholung jenes wichtigſten Züchtungsgrundſatzes, daß zu dem Zwecke der Umbildung von ordinären Schafracen in Merino's durch fortgeſetzte Kreuzung mit Merinoböcken ſtets nur Stäre aus reinblütig fortgepflanzten oder doch aus ſehr langen Geſchlechtsfolgen hervorgegangenen Merinoheerden ver= wendet werden dürfen, wenn nicht das geſammte Reſultat eines ſolchen Züchtungsverfahrens von vorn herein in Frage geſtellt blei= ben ſoll.

2. Die Merinoracen unter sich.

Wir berühren mit dieser jetzt zu beleuchtenden Züchtungsart der Merinoracen unter sich eine die unmittelbarsten Interessen unsrer deutschen Merinoheerdenbesitzer betreffende Frage. Denn fast ein Jeder von ihnen fühlt sich hierbei betheiligt. Entweder war es nämlich die hochfeine Electoralrichtung, in welcher seine Heerde in den früheren Dezennien fortgezüchtet worden war, oder es war eine geringere Wollqualität, die doch wieder nicht das entsprechende Schurgewicht brachte. In beiden Fällen und auch ganz allgemein muß und wird es die Aufgabe bei dem neu einzuschlagenden Züchtungswege sein, die Heerde umzubilden, um eine größere Wollmasse und gleichzeitig doch einen gewissen Feinheitsgrad, den wir in einer Electasekunda- oder guten Primaqualität als Durchschnitt gipfeln ließen, zu erzielen, überdies aber auch die modernen großen Figuren und wieder den vollkommenen Besatz einschließlich des Bauchs und bis zu den Füßen herab in den einzelnen Heerden einzuführen. Es tritt also an die Heerdenbesitzer die wichtige Frage heran, auf welchem Wege sie dies eben hingestellte Ziel am sichersten zu erreichen im Stande sein möchten?

Im Allgemeinen müssen wir nun die Frage als eine in unsrer heutigen Gegenwart noch nicht gelöste bezeichnen, ob grade das Kreuzungsverfahren von mehreren verschiedenen Merinoarten unter sich auch nun immer grade das allein geeignete und unfehlbare Mittel ist, um eine neue Varietät hervorzubilden, welche die Mängel und Schattenseiten von der einen Race beseitigt und dagegen die guten Eigenschaften sowohl von der früheren Heerde als von den neu hinzugekauften Abarten in sich vereinigt enthält. Gewiß ist es, daß die Spanier die langen Jahrhunderte hindurch, wie wiederholt erwähnt, andrer Ansicht waren, indem sie niemals die verschiedenen Cabañen gekreuzt sondern sorgfältig eine jede derartige Vermischung unter denselben vermieden haben und immer nur fortgesetzt in der eigenen Cabañe fortzüchteten.

In das entgegengesetzte Extrem waren dagegen die Franzosen, wie wir sahen, verfallen, als sie bei den von ihnen ursprünglich erworbenen Merinoheerden in bunter Mischung die besten Stücke aus allen den verschiedenen spanischen Cabañen ohne Sonderung aussuchten, wobei sie den Grundsatz befolgt hatten, nur die besten Merinoschafe zu nehmen, in welcher Cabañe sie solche immer finden mochten. Daher denn die allgemein aufgestellte Ansicht, daß diese verschiedenen

Charaktere von den einzelnen Cabañen noch bis heute nicht in einander
verschmolzen seien, und daß die französischen Merino's noch heute nicht
eine einzige homogene Schafgattung oder auch selbst nur eine Gruppe
von einer solchen bilden. Sehr viel hat freilich zu diesem Ergebniß
der Umstand beigetragen, daß das Fortzüchten in den Händen von
Personen, welche darüber verschiedene Ansichten befolgten, diese Heerden
nachträglich wieder auf eben so viele Abarten hat zurückführen lassen,
als ursprünglich die Zuchtthiere aus Cabañen hergenommen worden
waren. Leider aber mangelte es dann wieder den neugebildeten Abarten
an jener so nothwendigen Gleichmäßigkeit und an dem Charakter perma-
nenter Vererbung, welchen die ursprünglichen spanischen Schafe besessen hatten. Dazu freilich gehört, um solche Gleichmäßigkeit bei
derartigen Kreuzungen zu erzwingen, daß ein einzelner von wahrem
Züchtungsverständniß durchdrungener Wille die Ausführung in die
Hand nimmt und sie jederzeit dem bestimmten von Anfang an vorgezeichneten und planmäßig verfolgten Endziele zuleitet.*)

Andrerseits hat dagegen wieder das Kreuzungsverfahren zwischen
bestimmten Merinoracen doch zu sehr erfreulichen Resultaten geführt,
obschon grade dieses Verfahren bei uns erst in der neueren Zeit, wie
wir oben sahen, in Aufnahme gekommen ist, und es sind doch auch in
unsren deutschen Heerden gleich günstige Erfolge aus diesem Vorgehen
erwachsen. Wir müssen uns hierbei ins Gedächtniß zurückrufen, daß
die nach Sachsen gebrachten und später nach dem Kurfürsten (Elector)
des Landes, der ihre Einführung in Sachsen in den sechziger und sieb-
ziger Jahren des vorigen Jahrhunderts veranlaßt hatte, Electoralschafe genannten spanischen Original-Merino's in ihrer Mehrzahl aus
den Cabañen mit feinem Wollhaar**) her entlehnt worden waren,
während ebenso zwar die nach Oestreich zur gleichen Zeit im Jahre
1765 eingeführten spanischen Originalschafe aus gleich edlen Individuen bestanden haben sollen, — die Namen der Cabañen sind hier nicht
überliefert erhalten, — die später im Jahre 1802 aus Spanien abermals dorthin übergesiedelten Thiere dagegen aus dichtwolligeren Cabañen entnommen worden waren. Nach der gewöhnlichen Meinung

---

*) So urtheilen die nordamerikanischen Züchter im Allgemeinen über die
französischen Merino's. Randall a. a. O. S. 35 f.

**) Es waren die Cabañen Alfaro, Alcolea, Iturbieta, Bejar, Escurial und
Nigretti im Jahr 1765 und bei der zweiten Einfuhr im Jahre 1779 die Cabañen Cuenta, Iranda, Nigretti und Villa Paterna.

werden jene ursprünglich und zuerst nach Sachsen und Oestreich gebrach=
ten spanischen Merinoschafe als Infantado's bezeichnet.

Gewiß ist, daß man heutzutage von den Abkömmlingen dieser Ori=
ginal=Merinoschafe schwerlich und kaum noch mit authentischer Be=
stimmtheit den Nachweis von der jedesmaligen Cabañe beizubringen
im Stande ist, aus welcher die einzelne Heerde entsprungen war. Wir
finden aber doch seit Anfang dieses Jahrhunderts bereits die sächsischen
rein fortgezüchteten Electoralschafe zu einer bestimmt und charakteristisch
ausgebildeten feinwolligen Merinorace vereinigt und ebenso auch im
zweiten Jahrzehnt unsres Jahrhunderts die östreichischen Merino's
wieder zu einer Schafrace mit reichwolligem, dafür aber gröberem
Wollcharakter herausentwickelt vor, und wir entnehmen hieraus, daß
man also auch bei uns wie in Oestreich und Ungarn die Schafe aus
den verschiedenen Cabañen ohne Sonderung zusammen fortgezüchtet,
das heißt gekreuzt und sie bis auf die wenigen aus den spanischen Ori=
ginalschafen rein fortgezüchteten hochfeinen Edelheerden zu einem
Typus verschmolzen hat. Es darf nun auch nicht wundern, daß als
man in Sachsen die hochfeine Wollzüchtungsrichtung endlich auf=
zugeben sich entschloß, die jetzt vielfach vorgenommene Kreuzung der
Electoralschafe mit der mit größerer Berücksichtigung der Reichwollig=
keit und der Körperfiguren hervorgezüchteten östreichischen Merinorace
nicht anders als zu sehr günstigen Resultaten geführt hat.

In dieser Richtung hin und namentlich aus der Kreuzung mit der
bereits erwähnten berühmten Hoschitzer und ihrer Schwesterheerde, der
Czernahoraer Heerde sowie den aus ihnen hervorgegangenen Töchter=
heerden, zu welchen letzteren, wie wir sahen, auch jene Mecklenburger
Edelheerden gehören, und ebenso seit neuster Zeit auch aus der Kreu=
zung mit Böcken aus der Leutewitzer Heerde sind denn auch, seitdem
die Wollmassenrichtung neuerdings zur herrschenden Züchtungsrichtung
sich emporgeschwungen hat, fast durchgängig diese Heerden mit früherem
Electoralcharakter gekreuzt, und dadurch ist wieder die moderne Ne=
grettiabart hervorgebildet worden, welche gleichsam als die Reprä=
sentantin der neuen Wollmassenrichtung sich darstellt. Betrachten wir
diese neuen Negrettischäfereien in allgemeinem Ueberblicke, so läßt sich
nicht läugnen, daß da, wo die Züchter streng und konsequent das
Prinzip befolgten nur aus reinblütigen oder doch durch lange
Generationen exclusiv fortgezüchteten Edelheerden das Zuchtmaterial zu
entnehmen, in der That ganz vortreffliche neue Heerden hervorgegangen
sind, die zwar jetzt in der früheren Hochfeinheit herabgegangen sind,

dagegen aber in den Figuren und dem Besatz der Thiere es zu recht günstigen Erfolgen gebracht haben, zumal da, wo die Ausgeglichenheit der Wollvließe und die Gleichmäßigkeit und Konstanz in den Heerden erhalten geblieben sind. Dies glückliche Resultat hat denn namentlich auch die jüngste große Breslauer Schafschau in glänzender Weise dargelegt, von welcher der Gesammteindruck im Allgemeinen als ein erhebender bezeichnet worden ist, indem danach die neuste deutsche Schafzucht als auf einen höheren Standpunkt emporgerückt sich erweist. Von hochangesehenen und wohl urtheilsfähigen Besuchern dieser Schau ist übereinstimmend das Urtheil wiederholt ausgesprochen worden, daß im Vergleiche zu den Herrnstädter (1861), Brieger (1863) und Liegnitzer (1865) Schauen die jüngste in Breslau abgehaltene Schafschau einen Grad der Vervollkommnung und einen so sichren Fortschritt in der Edelzüchtung vornehmlich der Merinoschafrace vor Augen gestellt hat, daß diese letzte Breslauer Schau nicht anders als den bisherigen Bestrebungen in der Edelschafzüchtung die Krone aufsetzend erachtet werden muß.*) In der That, ein Urtheil, welches unsrer modernen deutschen Landwirthschaft zu hoher Ehre gereicht, weil es den faktischen Beweis von einer allgemein rationell durchgeführten Züchtungsweise giebt!

Anders und freilich sehr wenig befriedigend ist dagegen die Situation bei den ziemlich zahlreich und vielfach durch alle Gegenden Norddeutschlands vertretenen Schäfereien, in denen man plötzlich der allgemeinen Parole nachgebend sich auf die moderne Wollmassenrichtung stürzte und ohne Prüfung, ob reinblütig oder nicht, auf marktschreierische Anpreisungen hin aus ganz obscuren Mestizheerden das Zuchtmaterial und noch dazu die Zuchtböcke entnahm, welche bei der nun vorgenommenen Kreuzung mit den meist schönen Muttern der eignen Heerde den naturgemäß vorwiegenden Einfluß ihres Geschlechts mit in die Wageschale bei der Entscheidung des Charakters in der umzuändernden Heerde fallen ließen. Wir wollen uns hier einmal erlauben an unsere Leser, welche unsrer früheren Ausführung bis hierher mit Aufmerksamkeit gefolgt sind und sich mit dem so oft und auf das nachdrücklichste darin wiederholten höchsten Züchtungsprinzipe durchdrungen haben, daß grundsätzlich nur reinblütige Thiere als Kreuzungsmaterial verwendet werden dürfen, die Frage zu ihrer Beantwortung zu richten, was wohl nach den bisher hingestellten Züchtungs-

---

grundsätzen aus solcher Kreuzung zu erwarten sein wird? Die Antwort kann nicht schwer fallen. Zunächst hatten wir bei Erörterung der Frage, ob bei der Züchtung das männliche oder das weibliche Thier den Ausschlag und das Uebergewicht verleiht, doch uns schließlich über= zeugen müssen, daß die Vererbungskraft der Eigenschaften nicht sowohl nach dem Geschlechte sondern vielmehr nach dem Alter und der Reinheit des Bluts im Vater= und Mutterthiere sich entscheidet, und in noch größerem Maße, wenn derartige Thiere zur Züchtung verwendet werden, welche, wie wir es nannten, „höher" gezüchtet, das heißt längere Geschlechtsfolgen hin= durch und mit Erfolg auf ganz bestimmte Eigenschaften und Punkte hin hervorgebildet worden sind. Sind also in unsrem Falle die Muttern aus alten reinblütigen Heerden, so geben sie (zum großen Glück!) mit ihrer vollkommneren Vererbung dem unreinblütigen Bocke gegenüber den Ausschlag, und es überwiegen also im Allgemeinen ihre Eigenschaften, und sie thun dies mit noch vermehrtem Nachdrucke, so= fern sie aus der Zahl jener „höher" gezüchteten Thiere in den Heer= den entnommen worden waren. Die erste Kreuzung fällt also danach immerhin noch leidlich genug aus. Mit den fortgesetzten Kreuzungen solcher Mestizböcke mit der aus einer derartigen Paarung von rein= blütigen Muttern mit Mestizböcken hervorgegangenen Nachzucht treten dann aber in immer bedenklicherem Grade die Unzuträglichkeiten, welche das nicht reine Blut nun einmal herbeiführt, je länger desto mehr hervor, es kommen Rückschläge aller Art nach den unedlen Voreltern der Mestizböcke zum Vorschein, und vor allen Dingen verschwindet die Konstanz und Vererbung der Eigenschaften aus der neuen Heerde, welches beides ja eben nur der Ausfluß alt überkommenen und reinen Bluts ist, und schon nach wenigen Jahren ist es mit dem alten Ruhme und den bevorzugten Eigenschaften in solchen Heerden für im= mer dahin, und es bleibt dagegen schließlich nichts übrig, als noch einmal von vorne anzufangen, was, wie jeder erfahrene Züchter weiß, eine höchst entmuthigende Sache ist.

Man täusche sich auch darüber nicht, daß das gleiche Resultat, nur allerdings in mehr abgeschwächtem Maße, selbst für den Fall zu erwarten steht, wo sogenannte Vollblutböcke, das heißt aus vierter und späteren Kreuzungen mit andren Schafracen hervorgezüchtete Thiere zu solcher Umwandlung einer edlen Heerde in eine Negrettiheerde, mit andern Worten zu einem abermaligen Kreuzungsverfahren genommen werden. Denn weil doch nun einmal die erste Regel und das oberste

Prinzip bei jeder Kreuzung, wie wir sahen, ist und bleibt, daß immer nur reinblütige Thiere zur Begründung der neuen Abart verwendet werden dürfen, andrerseits aber keine noch so vielfach durchgeführte Kreuzung jemals reines Blut giebt oder es ersetzt, so wird auch hier die Folge die sein, daß nicht nur Rückschläge in unerwarteter Art in der Nachzucht vielfach vorkommen, sondern daß auch die Konstanz und die Vererbung aus der Heerde, wenn freilich langsamer und weniger grell, sich verlieren werden. Das sind nun einmal die Gefahren, welche das Kreuzen als solches in seinem Gefolge hat. Jeder Heerden= besitzer aber, der diesen in der Beziehung gefährlichen Züchtungsweg einmal einschlägt, muß daher auch diese Gefährlichkeit kennen und sie natür= lich sorgfältig zu vermeiden bestrebt sein, will er nicht über kurz oder lang empfindliche Nackenschläge davontragen. Und besehen wir uns ferner einmal solch' einen Mestizbock oder auch einen aus Mestiz= kreuzung durch mehrere Generationen hervorgegangenen Bock näher, was hat er denn für Eigenschaften, die er, vollends im Zweikampfe mit den Eigenschaften eines reinblütigen Mutterschafs diesem gegen= über entgegenstellen kann? Etwa besondere zufällige Eigenschaften, die er besitzt? In Betreff dieser haben wir kennen gelernt, daß sie grundsätzlich nicht und nur ausnahmsweise bei Zuchtthieren mit bevor= zugter Vererbungsfähigkeit auf die Nachzucht übergehen, oder wenn dies wirklich einmal eintrifft, dann regelmäßig in der zweiten Genera= tion wieder verschwinden. Und Familieneigenschaften, welche sich allein übertragen, müssen eben durch lange folgende Generationen im Blute dauernd befestigt sein, damit sie hierdurch sich zu vererbungsfähigen herausbilden. Hat aber ein Mestizbock, und selbst bei bis zur vierten Geschlechtsfolge durchgeführter Kreuzung etwa schon diese Eigenschaft in solchem Sinne? Man könnte es bejahen, von der Seite des Vaters her, und sagen, daß er die Bluteigenschaften von dessen Voreltern vererbt. Allein seine Mutter war vollends doch nur Siebenachtel Blut und deren Mutter gar erst drei Viertel Blut: wie will man dabei von Konstanz der Eigenschaften und der Vererbung reden? Im Gegentheil ist mit solcher Kreuzung in Hinsicht auf die Nachzucht mit der Vergangenheit, das heißt mit den Bluteigenschaften von jeder der beiden Zucht eltern gleichsam gebrochen, und es beginnt erst von ihnen ab wieder eine neue Blutbildung, die nur in Folge der Verwendung von besonders hochgezüchteten und deshalb vorzüglich vererbenden Thieren sich schneller zu begründen und zu befestigen vermag. Dies wenigstens ist die An= nahme erfahrener Züchter.

Es sei noch einmal hier eine Abweichung und die Heranziehung einer Vergleichung aus der Pferdezucht und Rindviehzucht gestattet. Mit Recht hebt ein großer englischer Züchter*) über das englische Rennpferd rühmend hervor, „daß in der Nachkommenschaft von fast jedem Racenpferde auch nicht der geringste Hauch von einer unedlen Eigenschaft herausgefunden werden könne, und daß, wenn jemals auch nur einmal eine Einmischung von gewöhnlichem Blute mit dem reinen Strome des edlen Araberbluts sich gemischt hatte, sich dieser Einfluß sofort in der geringeren Schönheit der Form und in den abfallenden Beinen, also grade bei den Punkten, worauf beim Rennpferde alles ankommt, sichtbar mache, und daß jedesmal mindestens zwei bis drei Generationen dazu erforderlich seien, um diesen Makel wieder zu verwischen und namentlich die üblen Folgen davon zu beseitigen." Und in ähnlicher, beinahe eifersüchtiger Exklusivität ist die Shorthornrace in England reinblütig fortgezüchtet worden, und nie würde ein englischer Züchter von Ruf eine Kreuzung derselben zulassen. Als einzige Ausnahme hiervon wird der berühmte Fall von den Nachkommen von einer Gallowaykuh ohne Hörner vertheidigt, welche der große Züchter Charles Colling mit einigen von seinen Shorthorns zu kreuzen sich entschloß, ein Fall, den wir bei andrer Gelegenheit ausführlicher beschrieben haben.**)

Jener geniale Mann nahm nur eine einmalige Kreuzung jener Gallowaykuh mit einem Shorthornstiere vor und hatte dann den glücklichen Gedanken, den aus dieser Paarung hervorgegangenen Stier zur Fortzüchtung bis an sein Lebensende immer nur mit Shorthornkühen zu verwenden, also nach der richtigen Züchtungsmaxime mit dem Kreuzungsprodukte in die Race des Vaterthiers (es konnte ebenso auch das Mutterthier sein,) zurückzugehen. Er hatte damit einen sogenannten Einschlag bei seinem Züchtungsverfahren versucht und durchgeführt, so daß nur ein bis auf den allerunbedeutendsten Quotienten sich reduzirender Antheil von Gallowayblut auf die spätere Colling'sche Shorthorngeneration übergieng. Die Anhänger der Colling'schen Shorthorns bezeichnen das Resultat dieser Kreuzung als das glücklichste von der Welt, indem hier jener schöne gradlinige Rücken, die wohlgebildete Abrundung in den Formen und die vornehmlich für die

---

*) Youatt and Martin, On Cattle. Seventh edition 1851.
**) Unser Aufsatz „Die Grundsätze der Rindviehzüchtung" im Jahrbuch der Viehzucht von W. Janke, A. Körte und C. v. Schmidt, Jahrg. III. Heft 2 Seite 114 f.

Mastungszwecke so vortheilhafte Weite der Hüften grade in Folge der Gallowaykreuzung von diesem Rindviehschlage durch den jungen Stier charakteristisch auf die Shorthornthiere übergiengen. Und gleichwohl hörten wir in England von angesehenen Rindviehzüchtern es äußern, daß ein jeder englische Zuchtkenner sich anheischig machen werde, jedwedes aus dieser Colling'schen Einschlags-Züchtung abstammendes Stück Rindvieh noch heute sofort und auf den ersten Blick von einem rein und unvermischt fortgezüchteten Shorthornthiere schon an seiner äußeren Körperbildung herauszuerkennen. Der vielbesprochene Glanz von jener gelungenen Kreuzung hat nach ihrer Ansicht heutzutage erbleichen müssen, und die allermeisten von den gegenwärtig tonangebenden Züchtern in England würden um keinen Preis eine von ihren werthvollen Shorthornkühen von irgend einem, und wäre dies der beste Zuchtstier aus jener ganzen Colling'schen Nachzucht, jemals decken lassen. So hoch hat man heutzutage in England gelernt und ist man dort gewöhnt, auf die unbedingteste Reinheit des Bluts zu halten!

Es ist nun aber bei uns in allerneuster Zeit, wie wir schon mehrfach auszuführen Gelegenheit hatten, die französische, sogenannte Rambouillet-Merinozucht zur größten Modesache geworden, und so drängt alles darauf hin, nun auch diese Rambouilletzucht bei sich einzuführen und an die Stelle der im Vergleich mit dieser nach der gewöhnlich gehörten Meinung gar nicht verlohnenden Negrettizucht zu setzen. Wo nun in Beziehung hierauf ein solcher Schafhalter glücklich genug ist, wo möglich einen Stamm reinblütiger französischer Originalmerino's, also Zuchtböcke und Muttern, zu erwerben und diesen unter sich fortzuzüchten, um so eine neue eigne Rambouilletheerde daraus allmälig zu begründen, da ist freilich wenig zu besorgen. Er wird höchstens sich sehr bald davon überzeugen, daß diese Schafrace starke Fresser sind und im Verhältniß zu den Negretti's das Futter doch vielleicht nicht entsprechend genug verwerthen wollen, wovon schließlich doch immer entscheidend Alles abhängt, und er wird auch in Bezug auf die Wolle ziemlich bald zu der Ueberzeugung gelangen, daß eine trockne und jedes Fettschweißes beraubte Wolle eben auch nicht in's Gewicht fällt, und daß solch' Rambouilletvließ, so massig es sich anläßt, doch auffallend wenig Wollgewicht wegen seiner Mattheit verhältnißmäßig ergiebt. Er wird dann sich aber auch bei dem Verkaufe der Wolle überzeugen, daß er mit dieser Kammwolle der Konkurrenz mit der ungeheuren australischen Wollproduktion ver-

fallen ist, welche immer mächtiger die Wollpreise beeinflußt und herab=
drückt, und zwar in jährlich zunehmender Progression. Darauf wird
solch ein Rambouilletheerdenbesitzer nachdenklich werden und die Ver=
gleichung mit den einheimischen Negrettis und mit seiner eignen
früheren Schafhaltung anstellen, und er wird sich dann überzeugen,
daß die langen Beine und der schmale Körper mit der spitzen Brust
von den Rambouilletschafen trotz der äußeren Größe und des Körper=
umfanges doch es nicht sind, welche eine große Figur so vortheilhaft
erscheinen lassen. Wir wiederholen hiermit die Endresultate, zu denen
man wenigstens in Oestreich und in Nord=Amerika in Bezug auf diese
französische Merinozucht gekommen ist. — Wo aber dagegen ein Besitzer
einer Merinoheerde auf den Gedanken kommt von dem Strom der
Mode blindlings sich treiben zu lassen und seine Heerde mit solchen
Rambouilletböcken zu kreuzen, um daraus eine Heerde mit großen
Thieren und Wollmasse zu erlangen, der wird freilich sehr bald zu
eigenthümlichen Erfahrungen in seinem Züchtungsverfahren gelangen.
Niemals ist nämlich, das ist ein alter Züchtungssatz, eine hetero=
gene Kreuzung rathsam, weil sie von zu vielfachen Fehlschlägen begleitet
ist und ein vollendeter Züchter zu ihrer Durchführung gehört. So
lange indessen, wie gesagt, der Besitzer glücklich genug ist, reinblütige
Rambouilletböcke zu diesem Kreuzungsverfahren zu erlangen, so lange
ist immerhin weniger zu besorgen. Die Nachkommenschaft wird zwar
die größeren Figuren der Rambouilletböcke, das heißt aber bei näherer
Besichtigung, die langen Beine, die spitze Brust und den schmalen
Körper zum Nachtheil ihrer bisherigen Körperentwickelung überkommen,
dagegen wird aber die Wolle allerdings sich besser hervorbilden, denn
es wird der fehlende Fettschweiß und damit auch ein größeres Ge=
wicht in die Wolle hineinkommen und ebenso ferner der Charakter
der meist losen und oft unausgeglichenen Rambouilletwolle durch die Aus=
geglichenheit und den haardichten Stand der Bließe von den edlen
und reinblütigen Schafmuttern sichtlich gewinnen. Denn wir wissen
ja, daß in Bezug auf den Charakter der Wolle das reinblütige Mutter=
thier durchgreift.

Traurig aber wird es endlich da aussehen, wo zu dieser Kreuzungs=
züchtung die Rambouilletböcke aus einer Mestizmischung hervorgegangen
waren und jetzt in derartigen edlen Merinoheerden zur Umbildung
der Heerden verwendet werden! Denn hier vereinigen sich die üblen
Folgen von der unreinen Blutmischung überdies noch mit den Nach=
theilen, welche eine solche heterogene Paarung mit sich führt, es sind

also doppelte Gefahren, welche durch solchen Zuchtstär bei der Paarung in die Heerde gebracht werden, und Alles, was wir kurz vorher von der Benutzung von Mestiz-Zuchtthieren ausführlich als nothwendige Konsequenzen geschildert hatten, wird in diesem Falle mit nur noch erheblich gesteigertem Einflusse in der Nachzucht sich geltend machen, und es kann nicht ausbleiben, daß binnen nicht allzulanger Zeit, wenn vollends das sorgfältig überwachende Auge eines routinirten Züchters dabei noch fehlt, solche Heerde total verdorben und zu Grunde gerichtet werden muß.

Wie groß aber doch jene gewisse Naivetät ist, welche bei uns in in Deutschland noch in Bezug auf das ganze Gebiet der Thierzüch-tung unter den betheiligten Grundbesitzern herrscht, das beweisen auf das schlagendste die in verschiedenen landwirthschaftlichen Blättern und Zeitungen unter den am Schlusse befindlichen Anzeigen enthaltenen Ausgebote von „Rambouillet-Halbblut-Böcken“ zum Verkauf, eine Freimüthigkeit, welche jeden englischen Viehzüchter mit Staunen er-füllen würde, wenn er erfährt, daß dies zu Zuchtzwecken geschieht und nicht etwa wie in England zu reinen Mastungsabsichten. Und gleichwohl finden dergleichen Halbblutböcke natürlich nur zu bereit-willige Käufer, denn die Thiere haben den Vortheil, daß sie — billiger sind, und die Billigkeit spricht erfahrungsmäßig bei unsren Landwirthen gewöhnlich das letzte entscheidende Wort! Was ist nun aber die Folge, wenn ein solcher Halbblutbock z. B. in einer schle-sischen Tuchwoll-Merinoheerde zur Zucht verwendet wird? In der Regel sind es Mecklenburger und Pommersche Stammschäfereien, in welchen solche Böcke zum Verkauf ausgeboten werden, und in diesen pflegen neben den unvermischt fortgezüchteten Rambouillet-Stamm-heerden auch noch Schafhaltungen von Merinokammwollheerden zu bestehen. Diese zum Verkauf gestellten Rambouillet-Halbblut-Böcke sind also die Produkte aus einer ersten Kreuzung von französischen Rambouilletböcken mit deutschen Kammwollmerinoschafen, und wir haben jenen Züchtungsgrundsatz kennen gelernt, wonach bei jeder Kreu-zung angenommen werden muß, daß gleichsam ein neues Blut, bezüg-lich eine neue Blutbildung für die Nachzucht damit wieder beginnt, also hier eine Treue in der Vererbung der Eigenschaften weder vom Vater noch von der Mutter her auf die Nachzucht solcher Kreuzungs-thiere stattfindet. Wir haben aber ferner kennen gelernt, daß alle heterogene Kreuzungen vermieden werden müssen. Eine solche hete-rogene Paarung würde aber an und für sich schon die Kreuzung eines

Tuchwoll=Merinoschafes mit einem Kammwoll=Merinoschafe darstellen. Aber noch bei weitem mehr heterogen ist doch ferner die Kreuzung des Tuchwoll=Merinoschafes mit den französischen Rambouilletböcken, die nicht nur einen ganz andern Merinocharaktertypus repräsentiren son= dern ebenfalls Kammwollschafe sind. Jetzt denke man sich vollends, daß ein aus einer Kreuzung eines Rambouilletbocks mit einem Kamm= wollmerino=Mutterschafe hervorgegangenes Halbblutprodukt den Grund= stamm und das Zuchtmaterial für eine edle Tuchwoll=Merinoheerde bilden soll, in welcher die modern beliebten großen Figuren und die größere Wollmasse hervorzubringen beasichtigt wird! In der That, wir fühlen uns überzeugt, daß jeder unsrer Leser mit uns sofort die krasse Absurdität eines solchen Züchtungsverfahrens und die schwer zu rechtfertigende Unbesonnenheit eines jeden Heerdenbesitzers herausem= pfinden wird, der so muthwilliger Weise daran geht, dadurch seine oft auf das mühsamste zu Konstanz und guter Vererbung hervor= gebildete Edelheerde zu verderben! Und gleichwohl fürchten wir, tauben Ohren dabei zu predigen, denn „Rambouillets!" ist nun einmal in allerneuster Zeit das Stich= und Loosungswort geworden, um das sich alle Interessen und Absichten bei der großen Menge der Schaf= heerdenbesitzer heutzutage drehen. Und große Thiere, je unförmiger und abstechender im Vergleiche mit der eignen Heerde, desto besser, das ist das fernere Ideal, wohin sich alle Wünsche richten! — Wenn es gestattet ist, unsere eigne subjektive Ansicht über diese Rambouillet= schafzucht hier anzufügen, so können wir nicht umhin sie mit beson= drem Interesse in ihrer weiteren Verbreitung zu verfolgen und lebhaft zu wünschen, daß sich dieselbe in denjenigen Gegenden in möglichst ausge= dehntem Maße heimisch machen möchte, wo das Klima und die Weide= verhältnisse ihre Haltung zulassen. Denn freilich für jede Gegend und jedes Klima sind diese Kammwoll=Schafracen nun einmal nicht geeignet. Sie gedeihen vortrefflich in den an der Nordsee und Ostsee angrenzenden Ländern, wo die feuchte mit Salzdünsten geschwängerte Seeluft die Wiesen und Weiden beständig feucht erhält und damit den Graswuchs erheblich befördert, wie wir denn dort schon jetzt einige vortreffliche Rambouillet=Stammheerden besitzen. In Schlesien dagegen und überall, wo dürftigere Bodenverhältnisse und mehr kärgliche Weiden die Regel bilden, da will nun einmal das Kammwollschaf nicht gedeihen, und das Klima selbst führt schon in nicht zu langer Zeit den Tuchwollcharakter der Heerden in solchen Gegenden wie von selbst zurück, ein bedeutungsvoller Fingerzeig, daß das Tuchwollschaf für solche Landstriche die einzig gebotene Schafart ist. Wir reden aber dieser Züchtung der Rambouillets ganz besonders deshalb das Wort, weil sie als eine à deux mains Schafrace gleichsam den Uebergang zu der Fleischschafzucht bilden und es eine erhebliche Zunahme des Wohlstandes unsrer deutschen Nation dokumentiren wird, sobald in unsrer arbeitenden Bevölkerung der Fleischgenuß erst sich allgemein heimisch gemacht haben wird. Wir sind aber ferner auch der festen Ueberzeugung, daß gleichwie es der deutschen Merinozüchtung in neuerer Zeit gelungen ist, das verzärtelte langbeinige Electoralschaf von dürftigstem Wollbesatze und Körperbau jetzt in ein gedrungenes, kurzbeiniges und dabei kräftiges Negrettischaf von gleichmäßig alle Theile des Körpers bedeckendem Wollbesatze umzubilden, es ganz in der gleichen Weise dem glücklichen Verständnisse unsrer deutschen Schafzüchter gelingen wird, auch bei diesen Rambouillets die Electoral- figuren, denn als solche muß die ganze Körperstruktur von ihnen im Allgemeinen bezeichnet werden, in kräftige, gedrungene, kurzbeinige und dabei mit breiter Brust und mit tonnenrundem Körper ausgestattete Thiere mit der Zeit umzubilden und namentlich auch den Fettschweiß in die Wolle hineinzuzüchten und zugleich den haardichten Stand, die Aus- geglichenheit und die Gleichmäßigkeit in den Wollvließen hervorzubilden. Ist das aber einmal erreicht, so werden ein höheres Schurgewicht von den Vließen und die spätere bessere Bezahlung der mastreif an den Schlächter verkauften Thiere sicherlich die Züchtung dieser großen Schafrace als eine vortheilbringende mit Recht sich erweisen lassen, wenn auch die Wollpreise mit der Zeit in Folge der übermächtigen Konkurrenz grade von den Kammwollqualitäten auf der ganzen Erde je länger je tiefer herabsinken werden.

Freilich können wir nicht umhin, diese eben hingestellte Auf- fassung von der Rambouilletzucht als eine eben nur individuelle und subjektive hinzustellen. Wenn wir uns dagegen andrerseits auf der Erde nach einem Anhaltepunkt zur Beurtheilung der Frage umsehen, welches Schicksal wohl voraussichtlich diese jetzt mit so ungemeiner Leb- haftigkeit und allgemein verfolgte Rambouilletzucht bei uns in Deutsch- land erfahren wird, so scheint uns der Verlauf, welchen diese selbe Rambouilletschafzucht in den Vereinigten Staaten von Nord-Amerika genommen hat, doch ein höchst bedeutsames Prognostikon für den Ausgang zu sein, welchen sie auch bei uns in Deutschland muthmaß- lich nehmen wird. Wir lesen darüber nämlich in einer bereits mehrfach angezogenen kleinen Schrift über die Feinwollzucht *) von dem genauen Kenner der amerikanischen Schafzuchtsverhältnisse Randall das sicherlich beachtenswerthe Urtheil, „daß das französische Merinoschaf zwar mit großer Schnelligkeit sich durch die nördlichen Staaten von Amerika verbreitet hat, daß es aber ebenso schnell jetzt wieder im Ver= schwinden begriffen ist. „Unsere Landwirthe", so fährt Randall fort, „haben doch schließlich den Eindruck davon gewonnen, daß dies Schaf erheblich weniger und dabei in der Qualität geringeren Werth habende Wolle im Verhältniß zu seinem großen Körper und Futter= aufwand produzirt als das amerikanische Merinoschaf, sowie daß es im Vergleiche mit diesem ein wesentlich schwächlicheres und weniger abgehärtetes Thier ist. Meine eignen Versuche von einer Kreuzung mit ihnen" — so führt er dann an einer späteren Stelle weiter aus — „sind, wie ich unverhohlen bekenne, weniger von Erfolg gekrönt gewesen. Nachdem ich diese Züchtung zwei Jahre lang trotz des gün= stigsten Zuchtmaterials sorgfältig durchgeführt hatte, bin ich neuerdings doch wiewohl nicht ohne ein gewisses Widerstreben zu der schließlichen Ueberzeugung hingelangt, daß für das nördlich=amerikanische Klima solche Kreuzungsracen nicht als so werthvoll sich erweisen wie die rein= gezüchteten amerikanischen Merino's" **)

Soweit diese französischen Rambouillets. Fassen wir jetzt zum Schlusse diese Züchtungsweise der Merinoracen unter sich noch einmal in einem kurzen Resultate zusammen, so muß doch darauf hingewiesen werden, daß trotz jener oftmals glänzendsten und ziemlich häufigen Erfolge mit der Kreuzung von verschiedenen Merinofamilien unter einander, welche namentlich da recht sichtlich hervortreten, wo der Züchtungszweck darauf gerichtet ist eine untergeordnetere Merinoschafart zu einer höheren Gattung zu veredeln, gleichwohl jene schon früher hervor= gehobene Wahrnehmung nicht außer Augen gelassen werden darf, daß die Zahl der Fehlschläge dabei doch immer eine erheblich größere

---

*) Randall, Fine wool sheep husbandry S. 93 und S. 102: »The French Merino spread with great rapidity throughout the Northern States, and is disappearing as rapidly. Our farmers have obtained the impression that it produces less wool in proportion to size and consumption, than the other Merino, wool of less value, and that it is essentially a weaker and less hardy animal.«

**) Randall selbst hat seine Heerden mit schlesischen Edelschafen aus der Fischer'schen (Wirchenblatt) und Baron Weidenbach'schen (Beitzsch) Heerden zugleich mit dem Züchter der Vermont=Merino's, George Campbell, veredelt. Randall, The practical shepherd. S. 39.

gewesen ist. Eine Kreuzung von verschiedenen Merinofamilien aus irgend welcher Race bloß um des Kreuzens willen und mit dem Gedanken, daß dies Verfahren an und für sich zuträglich für die Förderung der Gesundheit oder sonst sein möchte, oder in der ungewissen Hoffnung, daß daraus eine Verbesserung in dem Charakter der Heerde hervorgehen werde, welche nicht mit absoluter Gewißheit vorausgesehen werden kann, würde in der That als der Gipfel von Unverstand und falscher Auffassung sich darstellen. Ja, eine gleichmäßige Mittelmäßigkeit in dem Charakter einer Heerde ist bei weitem der Mittelmäßigkeit ohne Gleichmäßigkeit vorzuziehen, und derjenige Heerdenbesitzer, welcher die erstere in seiner Heerde besitzt, darf verständiger Weise niemals es unternehmen sie durch das Kreuzungsverfahren Preis zu geben, ohne einen ganz bestimmten Züchtungszweck dabei zu verfolgen, und einen ebenso bestimmten Plan, um diesen Endzweck zu erreichen, und überdies eine durchdrungene Kenntniß und Erfahrung im Züchten zu besitzen, wenn er es dabei überhaupt nur zu einem bescheidenen Grade von Aussicht auf Erfolg bringen will. Immer ist und bleibt es das Sichrere, sofern man seine Heerde verbessern will, strikt und strenge sich stets nur an einer und derselben Schafart zu halten, sofern dieselbe eben in ihren einzelnen Thieren alle die benöthigten Elemente von der gewünschten Verbesserung enthält, oder doch wenigstens so gute, wie überhaupt anderwärts zu erlangen möglich ist. Denn Thatsache ist und bleibt es, daß die allerglänzendsten Züchtungserfolge immer nur auf diesem Wege der reinen Fortzüchtung in derselben Art, und zwar bei allen Klassen unsrer Hausthiere gewonnen worden sind.

Ein erfolgreiches Kreuzen erfordert im Allgemeinen jederzeit ebenso viel Gewandheit und Geschick als ein gelungenes In= und Inzüchten. Weil aber die Kreuzungsmethode eine so überaus gäng und gäbe und gewöhnlich angewandte ist, so sind auch durch sie in weiter Verbreitung so zahlreiche Edelheerden neuerdings in ihrem früheren hohen Werthe herabgegangen oder mindestens doch in irgend welcher wichtigeren und permanenten Verbesserung verhindert worden. Man pflegt dabei solchen Heerden gar nicht erst die Zeit zu lassen sich in irgend einer Verbesserung so zu sagen festzusetzen und sie zur dauernden Eigenschaft zu machen, sondern man läßt in der Regel auf die eine Kreuzung ziemlich bald eine andre neue Kreuzung wieder folgen, und grade diese schnellen Kreuzungen hinter einander wirken schließlich derartig zerstörend auf den Familiencharakter solcher Heerde und bringen so

verschiedenartige und heterogene Familiensträhnen in der Blutbil=
dung der Thiere hervor, die sich in den auffallendsten Rückschlägen
von alten Eigenschaften äußern, daß nur zu häufig eine solche Heerde
als ein reines Quodlibet von allerlei Blutbildung am Ende aller
Enden sich darstellt, die damit alle die Vorzüge auch eingebüßt hat,
welche allein das Blut herbeizuführen im Stande ist, nämlich jene
Gleichmäßigkeit in der Heerde und eine mächtige Vererbungskraft.

Grundsatz muß es daher für jeden Züchter jederzeit, wie wir nicht
nachdrücklich genug hervorheben können, sein, daß er zuvor sorgfältig
beobachtet und überlegt, welchen bestimmten Charakter er in seiner Heerde
zum Ausdruck gelangen lassen und ausprägen will. Er muß also mit
sich von vorn herein über die Form, die Größe, die Länge des Woll=
stapels, die Qualität der Wolle u. s. w. genau im Reinen sein. Und auf
dieses bestimmt vorgebildete Ziel hin muß er seine ganzen Züchtungs=
bestrebungen konzentriren. Selbst in dem Falle, daß er sich in der
Lage findet einen frischen Zuchtstär aus einer nicht mit der seinigen
verwandten Heerde zu benutzen, — was keineswegs eine Kreuzung
ist! — darf er doch immer nur ein solches Thier nehmen, welches
seinem Züchtungsvorbilde so nahe wie irgend möglich entspricht. Hält
er dies für überflüssig, und verwendet er Böcke zur Zucht, die ein=
mal groß und lang im Körper, das andre Mal klein und kurz gebaut
sind, oder welche bald kurze, wollfettreiche und bald wieder langgestapelte,
trockne Wollvließe besitzen und jetzt feinwollig und dann wieder grob
in der Wolle sind, mit einem Worte, wenn er Thiere zur Zucht
auswählt, welche eins wie das andere von ihren jedesmaligen Vor=
gängern in irgend einer wesentlichen Eigenschaft sich unterscheiden:
so wird der Erfolg davon sein, daß er seine Heerde zwar nicht so
schnell verdirbt, wie das beim eigentlichen Kreuzen ganz gewiß geschieht,
daß er ihr aber doch immer einen ungeschlossenen und unhomogenen
Charakter verleiht und ihre Verbesserung und nachhaltige Vervoll=
kommnung durch solches Verfahren wesentlich verzögert, wo nicht mit
der Zeit ganz verhindert.*)

3. Große Merino=Thiere.

Wir können diese verschiedenen Arten der Merinozüchtung nicht
verlassen, ohne nicht noch eine Art der Züchtung zur Sprache zu

---

*) Randall, Fine wool sheep husbandry S. 106 ff.; Drf. The practical
shepherd S. 124 ff.

bringen, welche vielfach namentlich in neuerer Zeit aufgetaucht ist. Der Hauptmangel, welchen man den in der früheren hochfeinen Woll= richtung durch längere Jahrzehnte herausgebildeten deutschen und namentlich schlesischen Merinoheerden vorzuwerfen pflegt, sind die klei= nen Figuren, welche heutzutage grade um deshalb höchst unbequem sind, weil ja die möglichst großen Körper, und zwar je kolossaler um so besser, an der Tagesordnung sind und alle Welt danach strebt für die Nachzucht in der Heerde Thiere mit großen Gestalten hervorzu= bilden. Und dieses Bestreben, jenes vorgesteckte Ziel so schnell wie möglich zu erlangen, hat denn auch den Gedanken hie und da auf= tauchen lassen, die Merinoheerden durch Kreuzungen mit großen Landschafracen, z. B. den bairischen Landschafen, oder mit der englischen Southdownrace gleichsam zu ver= bessern, um auf diesem Wege in möglichst kurzer Periode die ge= wünschten großen Figuren in den Heerden hervorzuzüchten. Wir selbst erinnern daran, daß wir bei früherer Gelegenheit die Hervorbil= dung neuer Heerden durch solche Kreuzung, wohl verstanden von Southdownmüttern oder weiblichen Landschafen mit feinen Me= rinoböcken dargestellt haben*), allein hier war von der Hervor= züchtung von neuen Merinoheerden die Rede, und wir möchten uns in Folge mehrjähriger Züchtungsstudien doch eher geneigt erklären, diese ganzen Züchtungsmethode als eine zu heterogene nicht weiter grade anzuempfehlen. Ganz etwas Anderes ist dagegen die hier in Betracht gezogene Frage, bei der es sich darum handelt, bloß um die großen Figuren zu erzielen, Kreuzungen untergeordneter Schafracen in das Merinoblut hinein vorzunehmen. Die ganze Lösung dieser Frage beruht aber wohl sehr einfach auf der einen Betrachtung, ob ein verständiger Züchter wohl jemals es für möglich halten und für zulässig erklären wird, jenes durch mehr wie tausendjährige Fortpflanzung so tief befestigte und vervollkommnete Merinoblut, dessen hohe Qualität und mächtige Vererbungskraft sich in dieser so schnellen und nachhal= tigen Umbildung jedweder Schafrace in Merinoheerden, wo immer nur das Klima dies gestattet, auf das glänzendste bewährt hat, etwa durch irgend welche Kreuzung mit einer andren Schafrace verbessern zu wollen? Das wird gewiß selbst schon ein Laie im Züchten sofort als unzweckmäßig und gradezu absurd bezeichnen. Und das wäre es auch unzweifelhaft. Denn ein so vollendet edles Blut wie das der

---

*) Unser Werk: „Die Wollproduktion unserer Erde 2c." S. 327 ff.

altgezüchteten Merinoschafrace, welches in dieser höchsten Reinblütigkeit von keiner Schafrace der Erde heutzutage übertroffen wird, könnte durch eine solche Kreuzung doch nimmermehr verbessert sondern immer nur verschlechtert werden, und es ist dies etwa dasselbe, wie wenn Jemand vorschlagen wollte, in der edlen arabischen Pferderace, welche allerdings in ihrer Heimath und im Orient von auffallend kleiner Gestalt ist, durch Kreuzung z. B. mit der kolossalen englischen Clydes=daler Lastpferderace große Figuren herauszubilden. Wir halten deshalb auch trotz aller Aehnlichkeiten, welche grade z. B. das Southdownschaf in vielfacher Beziehung mit dem Merinoschafe hat, eine weitere Her=leitung der Unzulässigkeit einer solchen Züchtungsmethode für überflüssig.

Gleichwohl können wir nicht umhin, diesen Anlaß zu benutzen, um nochmals auf die Züchtung solcher großen Thiere in den Merinoheerden zurückzukommen. Bekanntlich fielen auf der Brieger Schafschau im Jahre 1863 die Merinoböcke der inzwischen verschollenen Peruzer Stammheerde durch ihre auffallend großen Figuren allgemein auf, und man erfuhr, daß diese Heerde freilich aus ganz vorzüglichem Materiale von dem dadurch bekannt gewordenen Züchter Sünder=Mahler in Prag hervorgebildet worden war, indem die Mütter dieser Heerde, wie man damals vernahm, von der allerdings rein aus den spanischen Originalschafen fortgezüchteten sächsischen Sehuschitzer Stammheerde her erworben, die Zuchtböcke dagegen aus der berühmten Leutewitzer Heerde des Herrn A. Steiger entlehnt waren, und man muß diese großen Figuren von der Leutewitzer Heerde mit eignen Augen genauer gesehen haben, um sofort zuzugeben, daß trotz aller Reklame nach Australien hin*) man hier eine wirklich schöne und mit außerordent=licher, unverkennbarer Begabung gezüchtete Heerde vor sich hatte. Als wir nun, ganz von diesem Eindrucke erfüllt, den rühmlich bekannten höchsten Vertreter der Ackerbauinteressen des Königreichs Sachsen, Geheimen Regierungsrath Dr. Reuning in Dresden nach der Erklärung fragten, wie es denn ermöglicht werde solche großen Merinoge=stalten hervorzuzüchten? da lautete die lakonische Antwort dieses geist=

---

*) Jener früher erwähnte Aufsatz des Züchters Dr. Schmidt in der austra=lischen und Neu=Seeland=Zeitung pr. 1865 stellt am Schlusse die Steiger'sche Heerde als die erste und einzige Heerde in ganz Deutschland hin, von der jene Kolonialzüchter überhaupt nur deutsche Zuchtthiere beziehen könnten. So hoch steht denn doch diese Heerde bei aller Vorzüglichkeit wohl nicht. Allein diese gut durchgeführte Reklame hat Herrn Steiger doch zahlreiche Käufer von den australi=schen Kolonien her zugeführt.

vollen Mannes: „Ganz einfach, wenn man die Thiere mit Stickstoff satt füttert." Gewiß ein sehr treffendes und von vollständiger Durchdrungenheit mit den Prinzipien der Ernährung unsrer Hausthiere Zeugniß gebendes Wort. Denn wir wissen aus der bekannten Justus von Liebig'schen Theorie, daß alle stickstoffhaltigen Nährstoffe, also die kleber- (Fibrin-) reichen Gräser und Körner, die eiweißstoff- (Albumin) haltigen Wurzel-, Knoll- und Oelgewächse und die käsestoff- (Casein-) reichen Hülsenfrüchte, wie Erbsen, Bohnen und dergl. grade darum so vorzügliche Futtermittel für alle Thiere abgeben, weil sich aus den sogenannten Proteïnverbindungen, dem Fibrin wie dem Albumin, zunächst der Körper in seiner Form herstellt und erhält, weshalb diese Nahrungsmittel denn auch unter dem Namen der plastischen, das heißt formbildenden bekannt sind. Aus ihnen entstehen nämlich bekanntlich die Muskeln, die Sehnen, die Nerven, die Haut und die Knorpel, mithin alles, was den Körper als solchen darstellt. Man füttere also die jungen Lämmer von früh auf „satt", das heißt, so viel sie nach richtiger Annahme fressen, und zwar reichlich mit diesen Futterarten, und der Erfolg eines solchen Verfahrens wird sich schon sehr bald in einer bedeutend größeren Körperentwickelung in der Heerde offenbaren. Schon früher hatten wir ja bereits einmal gelegentlich erwähnt, wie durch reichlichere Fütterung es gelang die Figuren der Negrettischafe zu vervollkommnen und namentlich jene tonnenrunden Leiber hervorzubilden und auch die Schultern der Thiere zu verbessern. Ein jeder Schafheerdenbesitzer hat es also ganz in seiner Hand, durch Hülfe solcher „Satt"-Fütterung seiner Heerde mit stickstoffhaltigen Futtermitteln sich große Thiere hervorzubilden. Genau dasselbe ist mit der arabischen Pferderace der Fall, die im Orient insgesammt kleine Thiere, in Europa aber überall groß und kräftig von Figur sind. Das macht die reichliche und ausschließliche Fütterung der Thiere bei uns nur mit Hafer und Heu. Wir selbst konnten uns im Oriente von der Wirkung dieser Fütterungsweise überzeugen. Ein preußischer hoher Beamter hatte im Oriente ein eben abgesetztes Araberfohlen von einem türkischen Pascha zum Geschenk erhalten, welches von Anfang an bei ihm mit Hafer und Heu reichlich gefüttert und auf das sorgfältigste gewartet, namentlich täglich zwei Mal gestriegelt wurde. Wir sahen die Elternthiere des Fohlens, beides von Gestalt wie alle ächten Araber ponyartig kleine Thiere, und wir sahen auch das Fohlen, als es einjährig war, und es glich so vollkommen einem jährigen Trakehner Fohlen und überragte schon jetzt seine Eltern so auffallend an Größe, daß uns diese Wirkung von vorzüglicher Fütterung und Wartung seitdem tief im Gedächtniß geblieben ist.

Wir wollen endlich hierbei noch an eine kleine Schrift erinnern, welche in den zwanziger Jahren dieses Jahrhunderts erschienen war und damals großes Aufsehen erregt hatte. Sie behandelte die Frage: „wie man große Pferde erzielen könne?" Der Kernpunkt dieser Frage war darin einfach in dem gutem Rathe konzentrirt, den Thieren nur immer von früher Jugend auf einen vollen Futtersack ununterbrochen zu gewähren. Und wirklich hat denn auch der bewährte Steiger=Leutewitz selbst in der zahlreichen Versammlung des schle= sischen Schafzüchtervereins in Breslau bei Gelegenheit der i. J. 1867 dort abgehaltenen Schafschau das Geheimniß der Hervorzüchtung seiner großen Thiere unverhohlen offenbart, indem er als das ebenso einfache wie erfolgreiche Mittel zur Erlangung dieses Zieles den praktischen Rath ertheilte, die Thiere nur jederzeit, vornehmlich aber in ihren ersten Jugendjahren, beständig reichlich und kräftig zu füttern und gut zu pflegen, ein Rathschlag, welcher allgemein und durch Akklamation als wahr und richtig anerkannt und bestätigt wurde.

Wenn es zum Schlusse gestattet wird, grade bei dieser Gelegen= heit einen kurzen Blick zurück auf die jüngste in Breslau abgehaltene große Schafschau zu werfen, welche auch für die vorliegende Frage so manche lehrreiche Gesichtspunkte darbot, so können wir zunächst, wir bekennen, mit großer Befriedigung die Wahrnehmung bestätigen, daß die dort mannigfach ausgestellten Rambouilletschafe doch nicht die besondere Aufmerksamkeit und das lebhafte Interesse unter den Besuchern dieser Schau gefunden, wie man im Allgemeinen erwartet und namentlich für das durch spärlichere Weiden und Futtermittel im Allgemeinen charak= terisirte Schlesien gefürchtet hatte. Unstreitig waren aber auch einige vortreffliche Vertreter von dieser französischen Kammwoll=Massenrich= tung darunter zur Schau gestellt. Vornehmlich zeichnete sich ein Bock aus,*) welcher als Rambouillet die besten Eigenschaften vertrat und von sachkundigen Züchtern das Urtheil für diese Züchtungsrichtung er=

---

*) Die besten Rambouillets hatte nach übereinstimmendem Urtheil Herr Behmer aus Berlin ausgestellt. Es fanden sich darunter zwei bis drei Böcke von Prima=Wollqualität, die sehr schön und kräftig im Haar, und fünf Muttern, die in der Figur nichts zu wünschen übrig ließen, auch dabei ein nobles Haar, wenn auch nur von Sekunda=Wolle zeigten, besonders aber jener im Texte er= wähnte Bock, der sich als ein wunderschönes Thier darstellte und gerechten Beifall errang.

rang, daß, wenn es gelingen würde, eine ganze Heerde von solchem Materiale zu schaffen, wie dieser Bock darstellte, — was aber freilich seine großen Schwierigkeiten haben dürfte! — man diese Rambouillets im Ganzen und Großen mehr mit Erfolg in Pommern und Mecklenburg und allen futterreichen Gegenden, und besser als die Negrettischafgattung züchten können würde. Doch wurde dabei die Bemerkung nicht zurückgehalten, daß bei diesem schönen Exemplare leicht möglicher Weise eine Negrettimischung durchgelaufen sein könne. Recht treffend wurde sodann ferner von gewiegten Züchtern mit Nachdruck darauf aufmerksam gemacht, daß nur für futterreiche Wirthschaften diese Art der Schafzucht passend sei, und hervorgehoben, daß die Ernährung eines solchen Rambouillet=Bockes beinahe die gleiche Quantität erfordere und eine Weidefläche von derselben Ausdehnung beanspruche, wie für eine kleine märkische Kuh. In diesem Sinne hat sich denn auch der weithin wohlbekannte Rambouilletzüchter v. Homeyer=Ranzin ausgesprochen, welcher der Erste war, der diese französische Kammwollschafrace nach Deutschland brachte und daselbst heimisch machte, und welcher auch auf dieser Schafschau vortreffliche Exemplare davon ausgestellt hatte, indem er es wiederholt und freimüthig zu Grundbesitzern aus dem Großherzogthum Posen, die von ihm solche Thiere beziehen wollten, erklärte, daß nur in futterreichen Gegenden diese Schafrace einen befriedigenden Ertrag zu liefern vermöge, und wo das nicht der Fall, also namentlich auf sandreichen und minder graswüchsigen Bodenarten, es jedenfalls das gerathenste sei ruhig nur bei der hergebrachten Negrettizucht zu bleiben.

Sehen wir von den ebengenannten Schauthieren ab, so sprachen freilich die übrigen Rambouillets durchgängig weniger an. Vornehmlich fiel es auf, daß sich unter ihnen Thiere mit Senk=Rücken behaftet mehrfach vorfanden. Woran dies lag? ist nicht bekannt geworden, doch konnte es nicht fehlen, daß der Eindruck davon sehr ungünstig für die ganze Rambouilletzucht wirkte.

Allein, was das Entscheidende für diese Schafrace bei jener Schau war, das war doch die Wahrnehmung, daß es auch unter der Negrettischafrace Thiere gab, welche den Rambouillets in Bezug auf die Körpergröße und die Wollmasse wenig nachgaben. Ja, es fand sich sogar ein Negrettibock vor, welcher die Rambouillets an Körperumfang sichtlich übertraf. Es hatte nämlich ein Herr von Neumann auf Weedern bei Darkehmen unter seiner Merinokammwollheerde einen Bock ausgestellt, welcher kolossal in der Figur und gleichzeitig sehr kräftig in der Wolle war, wie man bei der Rambouilletgattung nicht gefunden hat. Und die Abstammung von diesem merkwürdigen Bocke war, daß Boldebucker Böcke auf Gerdeshagener Muttern (beides Mecklenburg) gesetzt waren. Hier ist also sowohl die Körpergröße wie auch der Wollreichthum der Rambouillet= schafrace erreicht, wenn nicht sogar übertroffen dargestellt. Doch können wir die Vermuthung nicht zurückhalten, daß dieser auffällig große Bock doch am Ende wohl aus Rambouillet's, vielleicht von Ranzin (v. Ho= meyer) und von Gerdeshagener Muttern abstammen möchte. Dann erklärt sich nämlich sofort seine Größe und sein Wollcharakter. Gleich= wohl bleibt diese Wahrnehmung jedenfalls als eine charakteristische bestehen, daß thatsächlich doch also auch hier bei der Negrettischafrace alle Eigenthümlichkeiten von dieser französischen Rambouilletschafgattung getreulich reproduzirt und erreicht worden sind, und wir glauben nicht zu fehlen, wenn wir, gestützt auf dieses Ergebniß, es als einen allge= mein gültigen Satz hinstellen, daß in futterreichen Wirthschaften der gleiche Ertrag von den Negrettischafen sich erzielen läßt, genau wie von den Rambouillets. In dieser Beziehung hat unter andern der in der Zahl der hervorragenden Züchter bereits aufgeführte Herr Lehmann auf Nitsche im Großherzogthum Posen schon das Möglichste geleistet. Denn er hat bereits so schwere Thiere an Lebendgewicht in seiner Negrettischafrace hervorgebildet, daß sie zwölf Monat alt doch schon 119 Pfund wogen, während das Lebendgewicht der Rambouillets 140 Pfund durchschnittlich beträgt. Um nun zu zeigen, daß sich bei uns mit den Negretti's genau dasselbe erreichen läßt, was die Rambouillets leisten, so beabsichtigt Herr Lehmann jetzt und noch in diesem Jahre folgendes interessante Experiment zu machen. Er will nämlich eine Anzahl Negrettilämmer zunächst volle vier Monate säugen lassen und sie dann ausschließlich im Stall füttern, dabei ihnen aber statt Wasser regelmäßig Kuhmilch geben in der Absicht, schon nach Ablauf eines Jahres bei diesen Thieren die Größe und das Lebendgewicht von den Rambouilletschafen zu erzielen. Wir glauben gern, daß er dieses kühne Ziel erreichen wird, worauf beiläufig schon mehrfache Wetten für und wider gemacht worden sind, da es sich ja bloß um die Differenz von 119 Pfund zu 140 Pfund, also nur um 21 Pfund Mehrgewicht handelt, das er den Thieren anfüttern muß. Jedenfalls würde die Erreichung dieses Ziels ein großer Triumph und ein augenfälliger Beweis für den Höhenpunkt wahren Züchtungsverständnisses sein, welcher dem deutschen Geiste zu erlangen möglich geworden ist.

Damit glauben wir aber wiederholt den Schlüssel zur Erlangung der so allgemein angestrebten großen Thiere gegeben zu haben. Man füttere eben nur die jungen Lämmer von frühester Jugend und ihrer ersten Entwickelung an unausgesetzt und mindestens bis zum vollendeten zweiten Jahre, wo der Körperausbau seinen Abschluß findet, „mit Stickstoff satt," das heißt, zur Genüge mit recht nährreichen Futterstoffen, und der Erfolg von solcher systematischen Ernährungsweise wird nicht ausbleiben und sich in den erwünschten großen Figuren und größerem Wollreichthum offenbaren!

Noch wollen wir endlich hierbei eine Bemerkung über die Entwicklung des Schweißes in den Wollen anfügen. Wenn es nämlich eine richtige Beurtheilung der französischen Züchtungsweise ist, daß die Franzosen es verstanden haben die Electoralformen bei ihren Rambouillets sich vergrößern zu lassen, während wir in Deutschland wieder diese so erlangte Größe für unsre Heerden benutzen, um dadurch unsre guten Formen zu verbessern, das heißt, sich größer gestalten zu lassen, oder mit andren Worten den kleineren Formen unsrer deutschen Merino's die größeren Formen der Rambouilletkörper und namentlich deren größere Körperschwere durch die Kreuzung mit ihnen einzuimpfen, so wird von solchen Beurtheilern dann aber auch noch grade auf die Schweißlosigkeit der französischen Wollen ein besonderes Gewicht gelegt und diese Eigenschaft im diametralen Gegensatz zu der herrschenden, auch von uns in dieser Betrachtung verfochtenen Ansicht, welche diese vollständige Schweißlosigkeit der französischen Wollen für eine durch die Züchtung zu verbessernde fehlerhafte Eigenschaft hält, vielmehr grade als ein Vorzug des französischen Züchtungsverfahrens hingestellt. Diese Züchter begründen ihre Ansicht durch die allgemeine Betrachtung, daß das den Schafen gereichte Futter doch jedenfalls in marktgängige Waare verwandelt werden müsse, und das sei bei Schafen in Wolle und in Fleisch oder Körper, nicht aber in Schweiß, und darum seien auch die modernen deutschen Negretti's streng genommen eine so verzüchtete Schafgattung, weil man bei ihnen eben den massenhaften Schweiß mit hervorgezüchtet habe. Man beruft sich zum augenfälligen Beweise für diese Ansicht auf die verschiedenen englischen Schafracen, bei denen der englische Züchtungsverstand durchgängig Fleisch oder Körper und Wolle, niemals aber zugleich damit auch noch Schweiß hervorgezüchtet habe, denn bei den englischen Schafracen sei durchgängig die Wolle immer schweißlos, während man in Deutschland im Gegensatze hierzu Wolle und Körper oder Fleisch und gleich-

zeitig damit auch noch den Schweiß regelmäßig herausbilde. Schon die Be=
rechnung des Lebendgewichts schweißhabender und schweißloser Schafe ergebe
dann auch die Richtigkeit jener Ansicht. Denn nehme man beispiels=
weise bei ersteren etwa immer je 12 Pfund Lebendgewicht als aus je
3 Pfund Wolle, 3 Pfund Schweiß und 6 Pfund Körper bestehend
an, so kämen dafür bei schweißlosen Schafen je 3 Pfund Wolle, je
1 Pfund Schweiß und dagegen je 8 Pfund Körper etwa zum Ansatz,
und das beweise schlagend den Vortheil von der Züchtung schweißloser
Schafe.

Gewiß ist dies eine Argumentation, welche sich ganz plausibel
anhört. Bei näherer Erwägung muß hier indessen doch in Betracht
kommen, daß bei der Züchtung von Wollschafen, wo also die Woll=
erzeugung die Hauptsache ist, nach alter praktischer Erfahrung
eine gewisse Quantität von Wollfett eine unerläßliche und natürliche
Beigabe ist, wie denn auch die mannigfach vorgenommenen chemi=
schen Analysen der Schafwollen ergeben haben, daß mit dem Wollhaar
auch immer zugleich das Wollfett entwickelt und ausgebildet wird, und
gleichsam einen integrirenden Bestandtheil von der Wolle ausmacht.
Wer wüßte nicht, wie jener ölige und flüssige Fettschweiß der Electoral=
schafe in der Blütheperiode der Feinwollzucht von den Fabrikanten und
Käufern dieser Wolle selbst als Bedingniß und selbstverständlich vor=
ausgesetzte Eigenschaft bei eben diesen hochedlen Wollen allgemein be=
trachtet und solche Wollen mit diesem schönen öligen Schweiße, weil
sie sich grade so vorzüglich verarbeiten, besonders gesucht wurden,
während freilich im Gegensatze hierzu jener dicke talgartige Fettschweiß,
welcher durch die Mecklenburger Negrettizüchtung namentlich in so
vielen Edelheerden verbreitet und hineingezüchtet worden ist, allerdings
wegen seines Uebermaßes an Schweiß mit Recht getadelt wird. Wir glauben
aber, das Richtige hierbei ist dieses, daß auf den Wollmärkten immer
die mittelst kalter Wäsche rein gewaschenen Wollen die Regel für den
Preismaßstab der Wollen bilden, nicht aber, daß es die Absicht der
Käufer wäre, ausschließlich etwa nur die nach chemischer Entfaltung
zurückbleibenden reinen Wollhaare zu kaufen. Mit andren Worten,
die Wollkäufer kaufen regelmäßig die Wollen mit dem nach der kalten
Wäsche noch zurückbleibenden Wollfette auf, das somit selbstverständlich
bei dem Wiegen der Wolle erheblich mit in's Gewicht fällt. Bringt
also ein Rambouilletzüchter diese schweißlose Wolle gleichzeitig auf den=
selben Markt, so ist eben die natürliche Folge, daß diese altherge=
brachte Observanz beim Wollkaufe auch für diese schweißlosen Ram=

bouillet=Wollen zum Maßstabe gemacht wird, und daß dieselben daher geringere Bezahlung finden, weil sie wegen des ihnen mangelnden Fett=schweißes im Vergleiche mit den Negrettiwollen eben nicht in's Ge=wicht fallen. Und darum grade scheint es denn auch ganz verständig und rationell, wenn die deutschen Rambouilletzüchter, genau so wie dies auch die amerikanischen gethan haben, durch Kreuzung mit fett=schweißreichen Böcken dies Wollfett hineinzuzüchten bemüht sind. Die Schweißlosigkeit der englischen Schafracen kann endlich dabei nicht in Betracht kommen, weil diese durchschnittlich Fleischschafe sind, also die Fleischproduktion bei ihnen der Hauptzweck ist, während die Woll=erzeugung dagegen immer nur nebensächlich mit in Betracht kommt.

So lange also die Wollzüchtung bei uns in Deutschland der hauptsächliche Nutzungszweck von der Schafhaltung ist, wird auch auf die Hervorbringung einer gewissen verhältnißmäßigen Menge von Fett=schweiß immer geachtet werden müssen.

b. Die englische Leicester- (Fleischschaf-) Kreuzung.

1. Die britischen Schafracen.

Es gehört zur Vollständigkeit unsrer Aufgabe, daß wir jetzt auch einen Blick auf die Fleischschafracen werfen, welche vornehmlich in England ihre Kultivirung und Ausbildung heutzutage erfahren, weil diese das Vollendetste auf diesem Gebiete der Fleischafzucht repräsen=tiren, was unsre Neuzeit kennt, und es wird hierbei vor allen Dingen für manche Leser vielleicht erwünscht sein, daß wir sie mit den eng=lischen Schafracen im Allgemeinen bekannt machen.

Gewöhnlich werden in den englischen Büchern über Schafzucht die in England vorhandenen Schafracen in drei Kategorien getheilt, nämlich in Wollschafe, bei denen also die Wollerzielung voransteht, ferner in Fleischschafe, bei denen die Fleischproduktion den Haupt=zweck ausmacht, und in die nach dem modernen Ausdrucke à deux mains=Schafe, die sowohl Woll= als Fleischschafe sind. Wollten wir aber in Betreff der Wollschafe den deutschen Begriff anwenden und etwa voraus=setzen, daß diese Schafracen lediglich der Erzeugung von Wolle halber in England gehalten würden, und daß die Wollerzielung also bei ihnen so wie bei uns der entscheidende und ausschließliche Zweck ihrer Haltung sei, so würden wir uns im Irrthume befinden. Denn es werden, wie wir uns sehr bald überzeugen werden, sämmtliche Schafracen Englands

und so namentlich auch diese sogenannten Wollschafe mit der Leicesterschafrace gekreuzt, und zwar vornehmlich grade ihrer dadurch erheblich
beförderten Fleischproduktion halber. Es sind also jene Wollschafracen schon
keine reinen Wollschafe nach unsren Begriffen. Und ferner befolgt man
auch in Betreff ihrer ebenso wie mit allen übrigen englischen Schafracen die Sitte, daß man sie schon im zweiten, höchstens im dritten
Lebensjahre zur Mast aufstellt und auf die Fettviehmärkte bringt, ein
sichrer Beweis dafür, daß wie überhaupt bei allen britischen Schafracen, immer doch die Fleischproduktion die Hauptsache auch bei diesen
sogenannten Wollschafen bleibt.

Wir gehen jetzt zu einer kurzen Skizzirung der einzelnen britischen
Schafracen über, wobei wir indeß die englische Eintheilung beibehalten
wollen, dabei jedoch stets eingedenk unsres Hauptzwecks die verschiedenen bei den einzelnen Schafracen in England gebräuchlichen Kreu-
zungsmethoden mit ihnen jedesmal mit vorführen.

a. Wollschafe.

Zu den Wollschafen in obigem englischen Sinne gehören nun
aber speziell die nachfolgenden Gattungen.

1) Die Teeswater-Race, eine ungewöhnlich langwollige und
beinahe riesenhaft große Schafart, die es oft bis zu 240 engl. Pfund
Körpergewicht bringt, die aber in ihrer Reinheit sehr selten heutzutage
geworden ist, weil man sie regelmäßig mit den Leicesterschafen kreuzt
und dabei speziell in der Weise verfährt, daß man einen Leicesterbock
statt eines Teeswaterstärs auf die Heerde von Teeswatermuttern setzt.
Die Muttern sind noch durch ihre besondere Fruchtbarkeit berühmt, da
sie regelmäßig zwei, sehr oft aber auch drei Lämmer auf einmal bringen, und außerdem sind sie treue Mütter zu ihren Lämmern und sehr
milchreich.

2) Die Romney Marsh- oder Kent-Race, eine in ihren
äußeren charakteristischen Eigenschaften den Teeswaters ziemlich ähnliche
abgehärtete Schafart, gewöhnlich mit einem Körpergewichte von 140 engl.
Pfund, mitunter jedoch bis 160 Pfund und einer Kammwolle von bis
zu neun Pfund vom Stück. Auch diese Race ist mit Nachdruck und
Erfolg mit der neuen Leicesterschafrace gekreuzt worden, und es ist
durch diese Beimischung des Leicesterbluts ein feineres Thier hervorgegangen, welches zwar in der Quantität nicht aber in der Qualität
der Wolle durch diese Kreuzung zurückgegangen ist, überdies aber in

Folge davon eine tiefere und weitere Brust, mehr gerundete Rippen und kürzere Beine erlangt hat, so daß dieses Kreuzungsprodukt ein besser zur Mastung geeignetes Thier geworden ist, ohne daß es darum doch wieder für das Klima und die Bodenbeschaffenheit seiner Heimath weniger geeignet geworden wäre. Als die Haupterrungenschaft aus dieser Kreuzung wird aber in England die angesehen, daß während diese Race sonst erst in drei Jahren zu Markte gelangte, sie jetzt schon mit zwei Jahren an den Schlächter verkauft wird. Die Wolle end= lich ist in Folge dieser Kreuzung zwar kürzer und dichter im Vließe geworden, dagegen hat dieselbe nicht in ihrer feinen Staplung ver= loren und ist daher auch gleich gesucht von den Fabrikanten geblieben.

3) Das Lincolnschaf gleicht ebenfalls den erst beschriebenen beiden Schafracen, wie denn alle drei muthmaßlich denselben Ursprung haben. Es ist ein auf hohen und knochigen Beinen gestelltes Thier mit kleinerem Gesichte und von großer und grober Körperstruktur und hat vom Kopf ab bis zum Schwanze hin eine Länge von oft bis zu vier= und einem halben Fuß. Das ganze Schaf giebt den Eindruck von einer etwas ungeschickten Form, doch wenn es voll mit seiner so werth= vollen Wolle bewachsen ist, werden dadurch alle seine Mängel bedeckt. Denn dann sieht das Lincolnschaf wie eine einzige lebende Wollmasse aus von zwischen fünfzehn bis achtzehn Zoll Länge des Wollhaars. Dies Schaf ist denn auch das wollreichste von allen englischen Schafen, denn sein Vließgewicht beträgt zwischen zwölf bis vierzehn Pfund im Durchschnittspreise von 12½ bis 15 Sgr. für das Pfund, und sein Körpergewicht dabei bis 140 engl. Pfund. Die Wolle ist endlich als vorzügliche Lüstrewolle berühmt.

Auch das Lincolnschaf ist mit dem Leicesterschafe gekreuzt und dadurch freilich die Größe in etwas reduzirt, auch die Länge vermin= dert worden, während dagegen aber die Fettbildung im Innern wieder belebt worden ist. Bei den Niederungsheerden liebt man nur einen kleinen sogenannten Einschlag des Leicesterbluts, dagegen ist bei den Wolds=Lincolns voll drei Viertel Leicesterblut auf ein Viertel Lincoln= blut eingeführt und üblich. Die Einwirkung auf die Wollquatität hängt dabei natürlich von der größeren oder minderen Kreuzung mit den Leicesters ab.

Die Lincolnschafe werden regelmäßig mit zwei Jahren an den Schlächter verkauft und oft auch erst in diesem Zeitpunkte zum ersten Male geschoren, wo das Schurgewicht bis zu 20, ja 25 Pfund steigt.

Vorzüglich gemästete Lincolns sind schon bis auf 300 engl. Pfund (271 Zollpfund) Lebendgewicht gebracht worden.

4) Das Ryelandschaf ist ein kleines aber gedrungenes Thier, welches wegen seiner feinen weißen Wolle berühmt und in den Roggen produzirenden Distrikten von Herefordshire zu Hause ist. Es scheert nur zwei Pfund Wolle und hat ein Körpergewicht von 52 bis 64 Pfund.

Man hat nun diese Schafart wegen ihrer Tuchwollqualität in England mit den Merino's zu kreuzen versucht, wobei man Ryeland-Muttern mit Merinoböcken paarte. Das Ergebniß war das gewöhnlich bei Kreuzungen erlebte. Die erste Kreuzung war überaus gelungen. Das Bließgewicht, früher bloß zwei engl. Pfund, wurde um ein Pfund vermehrt, die Wolle sowie die Staplung wurden feiner und der Körper größer, auch das Fleisch wird überdies als unübertroffen gerühmt. Allein die Züchter begiengen den Fehler, in welchen fast alle Kreuzungszüchter zu verfallen pflegen, und weßhalb auch das Kreuzungsverfahren selbst in England in so schlechten Ruf gekommen ist. Sie züchteten nämlich diese Kreuzungsprodukte unter einander, und daher kam es denn, daß sie in drei oder vier Geschlechtsfolgen diese Race derartig verschlechterten, daß ihre Wolle jetzt beinahe gradezu unverkäuflich wurde. Natürlich hätten nach der ersten Kreuzung die daraus hervorgegangenen Thiere entweder auf die Merinorace, die aber schwerlich dadurch verbessert worden wäre, oder auf die Ryeland's zurückgeführt, oder, was vielleicht noch zweckmäßiger gewesen wäre, es hätte ein Stamm ausdrücklich, um mit ihm zu kreuzen, bereit gehalten werden müssen, wodurch man dann stets einen frischen und dauernden Bestand von neu gekreuzten Thieren erlangt hätte. Letzteres ist englische Sitte.

Man hat es ferner versucht, diese Thiere in Bezug auf ihre Körpergröße durch Kreuzungen mit den Leicester-, Cotswold- und Southdownschafen zu verbessern, allein der Kontrast in den Figuren war doch ein zu großer, und es giengen in Folge davon alle wünschenswerthen besseren Eigenschaften der Ryelandrace mit denen der andren Schafrace verloren, und man hat deshalb diese Schafrace sehr bald andren vortheilhafteren Fleischbildnern nachgestellt.

5) Die Shropshireschafe sind wohl nur als eine klimatische Varietät von der Ryelandschafrace zu bezeichnen, nur daß ihr Wollstapel ein besonders feiner ist. Auch sie sind wegen ihres geringen

Körpergewichts von 36 bis höchstens 56 engl. Pfund bei bis zu zwei Pfund Schurgewicht außer Mode gekommen.

6) Dagegen ist das Wiltshireschaf das größte von den englischen feinwolligen Schafen, da die Böcke gemästet 70 bis 100 Pfund Gewicht erreichen, und sie geben dabei 2½ Pfund ausnehmend feine Wolle. Uebrigens sind sie langbeinige und schwerfällige Thiere, welche nur ziemlich langsam zu mästen sind, weshalb sie auch nur auf einem einzigen Gute bei Hendon gegenwärtig rein fortgezüchtet werden.

7) Endlich ist das Berkshireschaf ein noch kleineres Schaf, welches feine Wocke produzirt. Alle drei letztgenannten Racen werden nicht mit den Leicesters gekreuzt.

b. Fleischschafe.

Um die englische Fleischschafzucht richtig und in englischer Auffassung zu verstehen, wird es zweckmäßig erscheinen, vorweg diese englische Anschauung, nämlich was bei den Engländern unter einem Fleischschafe verstanden wird, hier näher mitzutheilen. Danach wird von den englischen Züchtern das Schaf lediglich als eine Maschine angesehen, durch welche die gereichten Futtermittel in eine mehr concentrirte, kräftigere und solide Nahrung verwandelt werden, indem das Schaf die fleischbildenden Bestandtheile derselben assimilirt und in den ihnen entsprechenden Formen ansammelt. Mit andern Worten, das Schaf gilt für eine Maschine, welche das rohe Material für die menschliche Nahrung in für ihn nicht verdauliches und assimilirbares Fleisch umbildet. Mit der zunehmenden Verbesserung der Fleischschafracen ist man nun in England allmälig dahin gelangt, daß man die Fettbildung entweder gleichmäßig über den ganzen Körper der Thiere erzielt hat, wie dies mit den Leicesterschafen der Fall ist, oder daß das Fett sich zwischen den Muskelablagerungen anhäuft, so wie dies bei den Gebirgsschafen und den Southdowns sich entwickelt. Die Ursachen dafür scheinen aus physiologischen Erscheinungen und aus der Naturgeschichte dieser Thiere hergeleitet werden zu müssen. Jene Schafrace nämlich, für welche die Leicesters den Typus darstellen, ist eine höchst phlegmatische Thiergattung, welche üppig und dabei träge ist, und daher wird auch die Fettablagerung nicht in das Muskelfleisch in Folge der Muskelthätigkeit der Thiere hineinverarbeitet, sondern es häuft sich vielmehr unter ihrer ganz ausnehmend weichen, nachgiebigen und elastischen Haut an, im Gegensatze zu den Gebirgsschafen, bei denen sich wegen ihres thätigen und mehr kraftvollen Lebens das Fett in den Muskeln ablagert, woher denn das mit Fett durchzogene, marmorartig gestreifte Muskel= fleisch entsteht.

Das Fleischbildungsverfahren ist denn auch bei diesen Schafracen so zu sagen ganz englisch. Die innere Fettbildung ist nämlich der erste Prozeß bei allen englischen Fleischschafen. Es wird ein Netzwerk von Fett entwickelt, welches die Eingeweide um= hüllt, und eine andre gleiche Masse häuft sich an den Nieren an. In solcher Weise beginnt das Fett sich am Rumpfe abzulagern, in Folge dessen die Seiten vom Rumpfe sich erheben und auspolstern, so daß man die Rückenknochen nicht mehr zu fühlen vermag. Diese Fett= vermehrungen nehmen dann stufenweise auf dem Rücken zu, bis der ganze Rückgrat verschwindet und statt der vorstehenden Knochen sich eine Höhlung längs der Rückenlinie bis zur Schulter oder möglicher Weise auch bis zum Nacken hin bildet. Danach häuft sich das Fett an den Seiten an, geht dort bis zu den Flanken vor und bildet dadurch die Brust, die Schultern und das Brustbein um. Man ersieht hieraus, wie allmälig und stufenweise die gesammten Tendenzen des Schafs in allen Klimaten dahin gebracht werden, jenes fette Fleischschaf hervor= zubilden. Wenn aber alles dies durchgeführt ist, so ist das Schaf fett oder mastreif (prime).

Nach solchen Grundsätzen erfolgt nun aber vornehmlich die Züch= tung der jetzt zu beschreibenden Fleischschafracen.

8) Das schottische Hochlandsschaf mit schwarzem Ge= sichte oder das Haidenschaf (the Blackfaced or Heath sheep) gilt als die den vollendetsten Hammelbraten für Feinschmecker gebende Schafrace in dieser Kategorie. Ein vierjähriger schottischer Hammel, wenn er vollendet gemästet geschlachtet und das Fleisch darauf zwei bis fünf Wochen lang im Winter aufbewahrt wird, bis es anfängt mit grünem Verwesungsgallert überzogen zu werden, ist eins der feinsten Gerichte, welches sich ein Epikuräer nur wünschen kann. Diese Race ist sehr abgehärtet und lebt von der ungleichartigsten Fütterung frei auf den Heiden. Dabei ist der Körper ziemlich klein, von 56 bis 72 Pfund Durchschnittsgewicht, das Fleisch dunkel in seiner Farbe und überaus zart.

Neuerdings ist diese Schafrace nicht durch Kreuzung, sondern durch sorgfältige Paarung der besten Thiere und ausschließlicher In= zucht unter ihnen erheblich verbessert worden, so daß ein mehr sym=

metrisches und feineres und doch in der Wolle ebenso langes Thier daraus hervorgebildet worden ist.

Die einjährigen Hammel werden entweder auf den Gütern aufgekauft oder mit Turnips gemästet und dann mastreif verkauft, doch beanspruchen diese Thiere mehr Zeit zu ihrer Mastreife, auch dürfen sie nach dem Ausspruche eines erfahrenen Züchters nie in ihrer gleichmäßigen Fütterung eine Unterbrechung erlitten haben.

9) Das Southdownschaf ist für England dasselbe Schaf, was das letztbeschriebene Hochlandschaf in Schottland ist, doch läßt sich kaum eine Schafrace nennen, welche seit den letzten Jahren erheblicher verwandelt wäre, als dieses schöne hornlose Schaf mit seiner kurzen, dichten und in ihrer Textur und Qualität bemerkenswerth feinen Wolle, die sammetartig weich anzufühlen ist, wie denn auch diese Wolle die einzige englische Wolle ist, welche sich zur feinen Tuchwollenfabrikation eignet. Außerdem sind auch die Southdowns verhältnißmäßig abgehärtet, und sie bilden die vorherrschende Schafrace von den Niederungen. Auf dem Londoner Schlachtviehmarkt gilt ihr Fleisch für das vorzüglichste von allen Schafarten und ist daher sehr begehrt und höher bezahlt. Dabei ist ihr Bließgewicht $2\frac{1}{2}$ bis 3 Pfund und ihr Körpergewicht durchschnittlich 72 Pfund, bei Kreuzungen jedoch bis zu 92 Pfund. Alle diese Verbesserungen, welche die Southdowns erfahren haben, sind ferner nicht durch Kreuzungen sondern durch gleiche Inzucht wie bei den letztgenannten Schafracen erlangt worden. Die Thiere erfordern zu ihrem besonderen Gedeihen indessen einen trocknen, wo möglich kreidehaltigen Kalkstein= oder Kiesboden mit feiner, kurzer Gräserei, wo sie dann aber auch sich vorzüglich entwickeln. Sie sind endlich auffallend frei von Krankheiten.

10) Das schottische Cheviotschaf steht den übrigen Fleischschafen wenig nach, und es zeichnet sich durch besonders blendende Weiße seiner Wolle und eine ungewöhnliche Gleichmäßigkeit vor allen einzelnen britischen Schafracen aus. Das Körpergewicht sind 56 bis 60 Pfund. Seine neusten Verbesserungen hat diese Schafgattung hauptsächlich durch eine Mischung des Leicesterbluts, jedoch in sehr vorsichtiger Weise, erfahren. Das Leicesterschaf ist nämlich, wie wir bereits bemerkten, ein sehr zartes und delikates Thier, was für das schottische Klima nicht paßt. Indessen ein einmaliger Einschlag von einem Leicester verbessert die Figur, verlängert die Wolle und vermehrt die Mastungsfähigkeit, nur muß dieser Züchtungserfolg möglichst schnell wieder auf die Cheviotrace wieder zurückübertragen werden.

11) Die Norfolk=Schafrace iſt jetzt in Folge der Kreuzungen mit den Leiceſters in ſchnellem Verſchwinden begriffen und ähnelt vielfach den ſchottiſchen Hochlandsſchafen. Das Fleiſch indeſſen hat jenen feinen und reichen Geſchmack, welcher als Vorzug aller ſolcher wilden oder halbwilden Thiere gilt. Das Körpergewicht beträgt 64 bis 80 Pfund.

12) Das Waliſer Schaf iſt das lohnendſte von allen in London zum Verkauf gebrachten Fleiſchſchafen. Es ſind lebhafte und dabei ſo wilde Thiere wie die letztgenannten, jedoch nur von 32 bis 36 Pfund Körpergewicht. Sie laſſen etwa zwei Pfund von einer ziemlich feinen Wolle ſcheeren.

13) Das Dorſetſhireſchaf iſt dafür berühmt, daß es London mit dem Lammfleiſch verſorgt, da dieſe Schafrace zweimal im Jahre lammt. Es ähnelt dieſelbe auf den erſten Anblick ſehr den Merino's, da ſie auch eine feine Wolle hat, wovon indeß acht bis zehn Pfund vom Bließe geſchoren werden. Die Abſonderlichkeit bei dieſer Race iſt, wie geſagt, daß während ſonſt das Schaf den Stär nur immer zur ſelben Jahreszeit annimmt, dieſe Dorſets ihn das ganze Jahr hindurch zu jeder Zeit zulaſſen. Sie haben ein Körpergewicht dreijährig von 72 bis 80 Pfund.

14) Die Herdwickraec iſt in den Diſtrikten von Cumberland und Weſtmoreland zu Hauſe. Es ſind dies kleine, lebhafte, hörnerloſe und dazu die abgehärtetſten Schafe von allen britiſchen Racen, die ſich im Winter bis an die Bruſt in den Schnee vergraben und von wenig und ärmlichem Futter leben. Doch bringen die Muttern noch bis zum zwanzigſten Jahre Lämmer. Dieſe Schafe ſind nur, die Muttern 24 bis 32 Pfund, die Böcke bis 44 Pfund ſchwer und ihr Bließgewicht beträgt etwa $2\frac{1}{2}$ Pfund.

c. Woll= und Fleiſchſchafe.

Eigentlich können alle engliſchen Schafe, darüber ſind die engliſchen Schriftſteller einig, mehr oder weniger als beides, nämlich ſowohl als Woll= wie als Fleiſchſchafe bezeichnet werden. Die Unterſcheidungen, die hier gemacht ſind, müſſen daher ſo aufgefaßt werden, daß einige Racen überwiegend mehr das Eine wie das Andere produziren. Die jetzt folgenden Schafracen zeichnen ſich aber dadurch vor den übrigen aus, daß ſie in großen Quantitäten ſowohl Fleiſch als auch Wolle für die menſchlichen Bedürfniſſe liefern. Obenan ſteht hier

15) das viel besprochene Leicesterschaf oder neue Leicester=
schaf, wie diese Race seit den Verbesserungen von Robert Bakewell
benannt wird. Wie dieser große Züchter es angefangen hat, um aus
der früheren, dem Teeswater= und Lincolnschlage ganz ähnlichen alten
Leicesterrace dieses vollendete Woll= und Fleischschaf hervorzubilden, das
ist noch heut ein Geheimniß, was mit ihm zu Grabe gegangen ist.
Aber Thatsache ist, daß alle Verbesserer der Teeswater=, der ver=
schiedenen Down= und der Lincolnracen als die Quelle, woraus sie
hierzu geschöpft, das Leicesterschaf bezeichnen. Doch ist man darüber
einig, daß Bakewell, wie dies früher besprochen worden ist, immer die
besten Thiere wählte und mit ihnen so lange die Inzucht fortsetzte, bis
ihre guten Eigenschaften unvertilgbar im Blute steckten, da sie grade
die höchste Reinheit des Blutes zur Schau tragen. So brachte er
diesen Schlag von kompakten, viereckigen, rapide mästenden Thieren
hervor, welche seitdem bis auf den heutigen Tag als die ersten Fleisch=
und Kammwollschafe dastehen. Ihr Gewicht beträgt 100 bis 120 Pfund,
und sie lassen 7½ bis 9 Pfund Wolle scheeren auch sind sie dadurch
unübertroffen, daß sie schon im Alter von einem Jahre mastreif ge=
macht werden können.

16) Endlich das Cotswoldschaf, welches dem Leicester als Woll=
und Fleischschaf am nächsten steht, dabei aber einen noch größeren
Körper wie dieses und ein schwereres Wollvließ hat. Es ist berühmt
wegen seiner schnellen Mastfähigkeit und zugleich als gutes Wollschaf
und übertrifft das Leicesterschaf sogar an Abhärtung, Fruchtbarkeit und
an Milchergiebigkeit der Muttern. Auch ist es das älteste Mastschaf
Englands, während das Leicesterschaf erst seit einem Jahrhundert hervor=
gebildet ist. Meist werden diese Cotswoldschafe mit dem vierzehnten
Monat zur Mast aufgestellt, sie werden jedoch häufig erst zwei Jahre
alt, ehe sie mastreif werden. Sie grade legen das Fett längs dem
Rücken an, wo es sich schnell massenhaft anhäuft. Auch haben sie eine
dickere Haut wie die Leicesters. Sie wiegen einjährig 76 Pfund, zwei=
jährig 120 Pfund und haben 8 bis 9 Pfund Schurgewicht von einer
im Verhältniß zu ihrer Masse sehr feinen und leichten Wolle.

Indeß haben sämmtliche berühmteren Cotswoldheerden heutzutage
ein gelindes und allmäliges Einfließen vom Leicesterblut erfahren
müssen, welches indessen nicht als übergroß bezeichnet werden kann, wie=
wohl die herrschende Zeitrichtung neuerdings dafür ist, noch mehr
Leicesterblut dieser Race zuzuführen.

17) und 18) Die Dartmoor= und die Exmoor=Schafracen sind Unterarten von à deux mains=Schafen, welche nicht sowohl der Menge nach, sondern mehr in der Qualität Wolle und Fleisch vereinigen. Diese Schafe ähneln äußerlich den Dorsets, nur daß sie kleiner sind und besseres Fleisch liefern, während sie andrerseits wieder derartig abgehärtet sind, daß sie auf den ärmsten Haideländern leben. Ihr Gewicht ist 48 Pfund, und ihr Fleisch schmeckt ganz wie Wild. Die Wolle ist weich und kurz aber nicht fein. Bringt man sie dagegen auf bessere Weiden, dann werden sie größer in ihren Figuren und geben eine feinere Wolle.

19) Endlich die Bamboroughshireschafe sind eine wegen ihrer schnellen Mastfähigkeit und werthvollen Wolle geschätzte Race, die indeß in den Büchern sehr selten erwähnt werden, im Südosten von Northumberland und im Norden von Durham heimisch sind und in Rodbury verkauft zu werden pflegen. Die Thiere haben eine merkliche Aehnlichkeit unter einander, sie lassen 6 Pfund Wolle von starker aber dichter Qualität scheeren und wiegen gemästet 88 Pfund, doch sind sie ziemlich gefräßig.*)

Wir haben in dem Vorhergehenden mit gutem Bedacht eine Darstellung von sämmtlichen englischen Schafracen vorgeführt, um für unsre damit vielleicht bisher weniger vertrauten Leser im einzelnen einen ungefähren Begriff von diesen Schafgattungen, ihren besondren Eigenthümlichkeiten und namentlich von der Weise ihrer Kreuzung an die Hand zu geben.

2. Die einzelnen Kreuzungsweisen in England.

Hinsichtlich des Kreuzungsverfahrens in der Schafzucht ist man nun aber, wie schon erwähnt, in England zu dem Resultat gelangt, daß man nur die eine Leicesterschafrace zum Kreuzen geeignet hält und auch nur sie darum hierzu verwendet, so daß danach, was auch immer die Gattung oder die Qualität von einer Schafart sei, so viel als eine ausgemachte Regel unumstößlich feststeht, daß die beste Kreuzung, deren irgend eine von englischen Schafracen überhaupt fähig ist, die Kreuzung mit dem Leicesterschafe ist. Mögen es nun englische Down's aller Gegenden oder schottische Hochländer, mögen es Cheviots oder Cotswolds sein: sie alle werden auf das günstigste verbessert, sobald man sie mit der Leicesterrace kreuzt. Das

---

*) Wir sind hierbei M. Milburn's The practical shepherd S. 47 ff. gefolgt.

ist die ausgemachte englische Erfahrung. Wenn dies nun die allge=
meine Regel für alle Schafgattungen Englands ist, so muß dann
noch der andre englische Grundsatz gleich hier mit angereiht werden,
daß es sich gewöhnlich nicht rathsam erweist Kreuzungs=
produkte unter einander weiter zu züchten, weil die Gleich=
mäßigkeit, die Symmetrie und häufig auch die Mastungsfähigkeit bei
solchem Verfahren verloren gehen. Es gilt ferner das Kreuzen
von irgend welcher Race, sobald sie eben nur in sich selbst rein=
blütig hervorgezüchtet ist, nach englischer Auffassung als ein
Vorzug **nur für die Person**, welche die **nächste Generation**
von den Thieren besitzt, wogegen man an der Ueberzeugung
festhält, daß der Vortheil darauf jedesmal sofort sich in Schaden ver=
kehrt, sobald ein Besitzer solcher Thiere es unternimmt, sie unter
einander weiter fortzuzüchten.

Die gewöhnlichste Kreuzung in England ist nun die des Leicester=
schafes mit dem Southdown. Das reine, d. i. ungekreuzte Lei=
cesterschaf ist nämlich nicht modern beliebt, obwohl es ein gewinn=
bringendes Fleischschaf ist. Es wird nämlich selbst den Engländern
zu frühzeitig mastreif und ist auch zu fett im Vergleich zu der Menge
seines Muskelfleisches. Deshalb kreuzt man es mit dem Southdown,
um die Qualität des Fleisches zu erhöhen, dem Vließe Feinheit zu
geben und die Fettbildungstendenz mit Abhärtung zu vereinen. Wunder=
bar ist hierbei, daß eine besonders große Gleichheit in den Thieren durch
diese Kreuzung erzielt wird, welche ihre Eigenschaften mit großer Zähig=
keit fortbewahren, weshalb denn diese Paarung von Southdown=
müttern mit Leicesterböcken allgemein als die gelungenste Kreu=
zung betrachtet wird, da sie ebenso beliebt für den Schlächter und
Wollkäufer, als gewinnbringend für den Schafhalter ist, der mit
dieser Kreuzung jederzeit sicherer ist einen Markt für die Produkte
daraus zu finden wie bei jeder anderen Schafrace. Zwar hat man
auch umgekehrt aus der Kreuzung von Leicestermüttern und Southdown=
böcken eine gute Nachzucht erzielen wollen, die allgemeine Meinung in
England spricht sich aber für das umgekehrte Kreuzungsverfahren als
den entschieden vortheilhafteren und im Allgemeinen zweckmäßigeren
Weg aus.

Auch das Cotswoldschaf wird mit dem Leicester gekreuzt, und
man hat auch einige sehr aufmunternde Resultate daraus gewonnen.
Es ist nämlich allgemeine Sitte in England, die Leicesters ein Jahr

alt zu mästen, und dazu sind sie dann noch etwas zu klein, weil sie in diesem Alter nur 80 Pfund wiegen.

Die Cotswolds geben nun aber Körpergröße, und so pflegen die Leicesters in Folge dieser Kreuzung um etwa 8 Pfund im Frühjahr zuzunehmen, sofern ihre Mastfähigkeit eben dabei nicht leidet. Man nimmt jedoch an, daß dies nicht der Fall sei. Man paart hierbei Cotswoldstäre mit Leicestermuttern und die Nach= zucht daraus zeigt die Mastungseigenschaften von beiden Eltern mit einer Verbesserung in ihrem ganzen Körperbau und in der Größe.

Die Kreuzung der Leicesters mit den schottischen Hoch= landschafen ergiebt wunderbarer Weise, trotzdem die Racen äußerlich so sehr unähnlich sind, doch ein Schaf mit wohl begründetem Charakter und erweist sich als ebenso gewinnbringend wie gelungen. Denn die Abhärtung und die guten Fleischeigenschaften des Hochländerschafes, gepaart mit der vorzüglichen Mastfähigkeit des Leicesters bringt eine höchst werthvolle Kreuzung zu Stande. Man hat Thiere daraus erzielt von 158 Pfund Gewicht und mit 12 Pfund Wolle, die mit 12¹/₂ Sgr. das Pfund bezahlt wurde und beinahe ebenso fein wie die Leicesterwolle ausfiel. Das beweist aber den vollendeten Erfolg von dieser Kreuzung, die denn jetzt auch in Schottland in ausgedehntem Umfange durchge= führt wird und zahlreiche Heerden von in Wolle und Fleisch gleich werthvollen, abgehärteten Thieren hervorgerufen hat. Man giebt die Zahl auf 15,000 reinblütige Leicestermuttern an, welche zu dieser Kreuzung mit den schottischen Hochländerböcken heutzutage in Schottland verwendet werden.

Auch die Kreuzung zwischen den Leicester= und schottischen Cheviotschafen ist neuerdings beliebt, und sie ist eine Kreuzungsart, die vielleicht länger in der Praxis vorgenommen worden ist, wie kaum eine andere Race. Man bemerkt dabei indeß neuerdings allgemein, daß diese Kreuzungen die reinen Cheviots in Schottland schnell aufräumen, soweit dies die Verkäufe auf den Märkten betrifft, und mehr als zwei Drittel von den Schafen mit Cheviotblut sind jetzt Kreuzungen mit den Leicesters. Die Größe, Mastfähigkeit und Frühreife, welche die Pro= dukte hieraus besitzen, und welche durch die Abhärtung jenes Cheviot= gebirgsschlages in günstigster Weise modifizirt wird, lassen diese Kreuzungsmethode als ausnehmend werthvoll erscheinen, da die Produkte sicher um 20 Sgr. bis 25 Sgr. pro Kopf im Marktpreise steigen.

Dieses glückliche Resultat hat einige schottische Züchter bewogen die Kreuzung noch weiter fortzuführen. Nicht daß sie etwa so unvor=

sichtig gewesen wären die aus der Kreuzung hervorgegangenen Thiere unter sich zu paaren, vielmehr führen sie die gekreuzten Lämmer oder Jährlingsmutterschafe einem Leicesterbocke wieder zu und setzen darauf bis auf die vierte oder fünfte nachfolgende Generation immer wieder einen Leicesterbock auf die daraus hervorgehenden weiblichen Schafe, bis endlich das Cheviotblut vor dem Leicesterblut das Feld räumt. Diese so hervorgezüchteten Thiere werden fünfzehn bis sechzehn Monat alt verkauft und wiegen ca. 70 Pfund.

Schließlich wollen wir hier noch den einzigen Kreuzungsversuch in Schottland anführen, wo man die Leicesterschafrace ausgeschlossen und doch gute Resultate erzielt hat. Das sind die Paarungen von Cheviotböcken mit schottischen Hochländermuttern, eine Kreuzung, die für sterile Weiden und solche Gegenden bestimmt ist, die mehr der schlimmen Witterung ausgesetzt sind, als irgend eine der vorher genannten Kreuzungsracen aushalten kann. Die so erzielten Thiere sind nämlich ausnehmend abgehärtet, während die Fleischqua= lität dieselbe geblieben ist. Indeß verlangt diese Kreuzungsmethode doch große Ausdauer, da namentlich die erste Kreuzung nicht immer vollkommen gelungen ausfällt. Werden aber die daraus hervorgegan= genen Mutterlämmer zu einem reinblütigen Cheviotstär fortgesetzt wieder zugeführt, so verbessert sich diese Race von Generation zu Generation, bis endlich schnelle Mastthiere, gutes Fleisch und bessere Wolle, wie irgend eins der Elternthiere besaß, und ein schwereres Gewicht als sicheres Resultat daraus sich ergeben.

Indeß nicht eine jede Komplikation oder Verwicklung in den Kreuzungen ist geeignet, zu guten Resultaten zu führen, weil sofort damit die Gleichmäßigkeit aufhört, die es nicht möglich wird zu erlangen, sobald man eben die Zuchtarten komplizirt. Daher müssen auch alle derartige Versuche immer nur sich in kleinen Grenzen bewegen, und es müssen namentlich die Resultate daraus auf das sorgfältigste überwacht und aufgezeichnet werden. Wollte man z. B. einen Lei= cesterbock mit einem Kreuzungsprodukt aus solcher letzterwähnten Cheviot= und Hochländerkreuzung paaren, so würde niemand vorauszusagen vermögen, was das Resultat werden würde, und muthmaßlich vielleicht nach den Kämpfen des gegen einander streitenden verschiedenen Blutes zu dem Schlusse kommen, daß es ein schwer zu mästendes Produkt werden würde. Denn wahrscheinlich ist hierbei, daß ein Zweikampf in den vitalen Prozessen sich entwickeln muß, welcher schwerlich im Ganzen darauf hinzielen könnte, die physiologischen Tendenzen, wie fie der englifche Schafmäster wünfcht, zu verbeffern, fondern ziemlich ficher die eine und die andere davon zerftören würde. Ebenfo möchte wohl eine Kreuzung von einem Teeswater= und Leicefterfchafe, fofern folche mit Sorgfalt eine längere Periode hindurch fortgefetzt würde, Größe und Maftfähigkeit der kleinften fchottifchen Cheviotart verleihen, allein immer bleibt es dabei zweifelhaft, ob diefe beiden genannten Racen nicht eine und diefelbe Schafgattuug gewefen find, und eine folche Kreuzung wäre dann freilich nichts weniger als eine gewaltfame zu nennen. Ganz daffelbe würde fich auch von der Lincolnfchafrace fagen laffen. Immer ift und bleibt es doch jedenfalls das Sichrere die eigne Schafrace von vorn herein mit den Cotswolds zu kreuzen, als jenen Umweg zu wählen, weil auf diefem Wege alle erftrebten Eigenfchaften durch bei weitem direktere und gewiffere Wege erlangt werden.*)

Man hat nun aber in allerneufter Zeit auch noch den Verfuch iu England gemacht und mit Erfolg durchgeführt, vornehmlich iu der Abficht gute Maftfchafe dadurch zu erzielen, und weil diefe fogenann= ten Halbblutfchafe befonders günftige Preife auf den englifchen Fleifchmärkten erhalten, daß man durch fachgemäßes Kreuzungsver= fahren und nachheriges gefchicktes Auswählen aus den Produkten folcher Kreuzungen es ermöglicht hat neue Schafabarten vornehmlich zu Maftungs= zwecken hervorzurufen und, zu befeftigen. Zu folchen neueren Schaf= gattungen gehören unter andren die Hampfhire=, die Shropfhire= und die Oxfordfhiredowns, welche letzteren namentlich feit jüngfter Zeit eine ziemlich beliebte, weil fchnell maftreife und gewinnbringende Fleifch= fchafrace geworden find. Die erfte von diefen zuletzt genannten Gattungen, die Hampfhiredowns, find nach der Befchreibung des englifchen Profeffor Wilfon aus einer neueren Kreuzung zwifchen dem reinen Southdown= und dem alten Hampfhire= und Wiltfhirefchafe mit weißem Geficht und Hörnern feit Anfang diefes Jahrhunderts her= vorgegangen, und fie haben durch rationelles Fortkreuzen gegenwärtig die befouderen Charaktereigenfchaften von diefen beiden Racen vereinigt. Man verwendet diefe Hampfhiredowns jetzt ganz allgemein zum Kreuzen mit andren Schafracen wie die Southdowns. Die Shropfhire= downs find zufolge derfelben Autorität aus den „Morfe=Common"= fchafen, die man entweder mit den langwolligen Leicefter= oder Cots= woldfchafen oder mit den kurzwolligen Southdowns dann kreuzte,

---

*) Milburn, Sheep aud shepherding S. 47 ff.

hervorgegangen.   Das Material endlich, woraus die Schafgattung der Oxfordshiredowns hervorgebildet worden ist, war aber in der Weise auserwählt worden, daß man Hampshire= und in einigen Fällen auch Southdown=Mutterschafe, vornehmlich aber die ersteren mit rein= blütigen Cotswold= oder auch Leicesterböcken kreuzte und diese Kreuzungs= produkte wieder unter einander paarte.   Wir wollen bei dieser Kreuzung wegen ihres besonderen Interesses jetzt etwas länger verweilen.

Es zeigten nämlich die aus solcher ersten Kreuzung erzielten Mutterschafe zunächst sichtliche Tendenzen von einer schnellen Mast= fähigkeit.   Man strebte nun aber weiter dahin eine Varietät daraus herauszubilden, welche die kombinirten Vorzüge von dem ursprüng= lichen bestimmt von einander abweichenden Elternpaare in sichrer Weise verewigt und mit unwandelbarer Regelmäßigkeit auf die Nachkom= men übertragen enthalten sollte.   Selbstverständlich traten hierbei in unbestimmten Zwischenräumen die Eigenthümlichkeiten der früheren Vor= eltern in der Gestalt von Rückschlägen als die Folge von der fortgesetzten Untereinanderpaarung von den aus diesen Kreuzungen entstandenen Produkten hervor, wobei die mit entschiedener Bestimmtheit wieder zum Vorschein kommenden Eigenschaften grade immer solche waren, welche die eine oder die andere Race, zu der die ursprünglich gekreuz= ten Thiere gehören, besonders charakteristisch besessen hatte.   Die Produkte von der ersten Paarung erwiesen sich als ganz vortreffliche Thiere, allein es blieb später bei den nachfolgenden Kreuzungen jene oft beobachtete launenhafte Tendenz nicht aus, die Eigenheiten der ursprünglichen Thiergattungen bei dieser Nachzucht auseinanderzuhalten, und die Aufgabe wurde in Folge davon, daß man jene Disposition des alten Racentypus in dem Cotswold= oder Leicester= und dem Hampshire= oder Southdownblut, ihren durchgreifenden Einfluß auf die Nachkommenschaft und zwar gegen die neue Züchtungskombination geltend zu machen energisch zu überwinden suchen mußte.   Wenn nun jene überlegene Vererbungskraft in den alten Racen allgemein einer lange durchgeführten Fixirung ihres Racentypus zugeschrieben wird, so erschien der nächstliegende und plausibelste Weg in Betreff der Mittel, den Unbequemlichkeiten der häufigen Rückschläge entgegenzuarbeiten, ganz einfach der zu sein, daß man eine Nachbildung von jenem Prozeß versuchte, vermittelst dessen eben nach der allgemeinen Annahme jene Festigkeit des Racentypus gewohnheitsmäßig geworden war.   Man vergegenwärtigte sich dabei, daß die ursprünglich zur Kreuzung ver= wendeten Thierracen ihre fest begründeten Eigenthümlichkeiten dem

Prinzipe der natürlichen sorgfältigen Auswählung immer nur der besten Thiere bei der Paarung verdankt hatten, und daß die Vererbungskraft solcher Gestalt die Folge von jener Anhäufung in ihrer Entwicklung durch zahlreiche Geschlechtsfolgen darstellt. Es mußte also, so folgerte man, die Züchtungsaufgabe bei der künstlichen Hervorbildung einer neuen Race aus Kreuzungsmaterial sein, daß Mittel und Wege gefunden würden, um gleichwohl, während zwar die natürlichen Grundsätze immer dabei im Auge behalten würden, doch jene zur Fixirung der Eigenschaften benöthigte längere Zeitdauer überflüssig zu machen, mit andren Worten die erstrebten Resultate in beschleunigter und verstärkter Weise hervorzurufen. Und diesen Weg glaubte man durch wiederholte sorgfältigste Ausmerzung der ungeeigneten Stücke und Auswahl immer nur der allerbesten Thiere zur Paarung während des ganzen Verfahrens gefunden zu haben, während dessen man ausschließlich von der Nachzucht der aus solchen Kreuzungen hervorgegangenen Thieren fortzüchtete. Und wirklich ist so die schöne Abart der Oxfordshiredowns erzielt worden.

In der That, in dieser Methode scheint allerdings ein höchst richtiger und wahrer Grundsatz enthalten zu sein, auf den wir zum Schluß doch noch aufmerksam machen wollen, daß nämlich bei jedem Kreuzungsverfahren, welches auch immer dabei die besondere Schafrace oder die bestimmte erstrebte Kreuzung sein möge, der Züchter stets auf das Allersorgfältigste darauf halten muß, daß er allezeit ein Jahr wie alle Jahre ein jedes Thier aus der neuen Heerde unfehlbar ausmerzt, welches Punkte und Eigenschaften von untergeordneter Art irgendwie verräth, gleichviel ob dieselben einen Mangel in der Konstitution oder sonst eine Verringerung seines Werthes andeuten. Es ist diese Maßnahme gleichsam die negative Seite von der zuletzt geschilderten, immer die besten Thiere unter den Kreuzungsprodukten zur Fortzucht zu benutzen.

Wir beschließen diesen Abschnitt unter dem speziellen Hinweis darauf, daß dieses letztbeschriebene Kreuzungsverfahren grade in England wegen der Fleischproduktion, die dort, wie gesagt als wesentlichstes Bedingniß von aller Schafzüchtung in den Vordergrund tritt, in allgemeinster Verbreitung über das ganze Land gebräuchlich ist, daß man sich aber im Ganzen und Großen der Regel nach doch immer nur auf die erste Kreuzung beschränkt, weil bei dieser durchgängig eine erhöhte Mastungsfähigkeit und größere Frühreife zum Vorschein kommt, und daß man es nicht wohl darauf ankommen läßt die Kreuzungsprodukte, selbst nur zu bloßen Mastungszwecken, noch weiter unter sich zu paaren, da bei

solcher In einander Paarung erfahrungsmäßig die durch die erste Kreu=
zung erzielten günstigen Resultate fast immer in Frage gestellt
werden.

3. Die Fleischschafkreuzungen in Deutschland.

Bekanntlich wird in Deutschland die eigentliche Fleischschafzucht
nirgends etwa von ganzen Gegenden betrieben, sondern es sind viel=
mehr immer nur einzelne hervorragendere Grundbesitzer, welche diese
Art der Schafhaltung zum ausschließlichen Zwecke ihrer Bestrebungen
gemacht haben. Dagegen ist es allgemein gebräuchlich, daß theils aus
den Heerden die jährlich ausgemerzten älteren Stücke für den Schlächter
fett gemacht werden, theils aber auch die Hammel zu gleichem
Zwecke auf den Gütern gehalten werden, doch kann dies selbstver=
ständlich nicht als eine Fleischschafhaltung aufgefaßt werden. Wie wenig
übrigens die eigentliche Fleischschafzucht in den einzelnen Theilen unsres
großen deutschen Vaterlandes heimisch ist, das beweist wohl am deut=
lichsten die Thatsache, daß wir keine eigenthümlich deutsche Schafrace
besitzen, welche man als Fleischschaf im modernen Sinne bezeichnen
könnte. Denn das gewöhnliche Zackelschaf oder Landschaf ist
ein kleines, unbedeutendes Thier, je nachdem von einigen zwanzig bis
zu vierzig Pfund Fleischgewicht, dessen Fleisch zwar schmackhaft, aber
sehr talgreich ist. Das fränkische oder deutsche Schaf hat ferner
schon einen größeren Körper von 40 bis 70 Pfund Fleischgewicht, und es
ist dasselbe grade wegen seiner besondren Mastfähigkeit und seines reich
mit Fett durchwachsenen, schmackhaften Fleisches bevorzugt, es verlangt
aber freilich dafür auch wieder eine reichere und schon gewähltere
Fütterung als die zuerst genannte Race.

Dann wären noch die Marschschafe Holsteins und das friesische
Schaf zu nennen, die allerdings grade als Fettvieh ausnehmend ge=
sucht und geschätzt sind, zumal die ersteren fünf bis sechs, die friesischen
Schafe aber sogar sieben bis zehn Pfund Wolle scheeren lassen und
diese obenein bis zu 120 Pfund Gewicht gemästet zu werden pflegen.

Endlich bleiben dann auch die durch Merinokreuzung mehr oder
minder veredelten Landschafe der verschiedenen Gegenden Deutschlands
zu nennen übrig, welche allerdings durchschnittlich den kräftigen Körper=
bau von diesen verschiedenen Landschafen beibehalten haben und sich
selbst schon bei gewöhnlicher Fütterung befriedigend nähren und Fleisch
ansetzen.

Allein allen diesen aufgeführten deutschen Schafgattungen ist der große Nachtheil eigen, daß sie immer nur spät mastungsreif werden, während doch die frühe Mastreife und die damit gleichzeitige volle frühzeitige Entwicklung zur Zucht gradezu ebenso wichtig sind und unerläßlich für die Fleischschafzucht erheischt werden wie die beste Futterverwerthung der Thiere. Ist es doch ein treffendes Wort des mehrfach bereits genannten Engländers Robert Bakewell, daß man die Schafzucht gradezu zu verdoppeln im Stande wäre, sofern man es dahin bringen würde aus zweijährigen Schafkörpern die gleiche Fleischmenge hervorzubringen, welche früher nur aus Mastthieren im Alter von vier und fünf Jahren produzirt wurde.

So hat es denn wohl die liebe Noth dahin gebracht, daß man in Deutschland sein Auge auf die verschiedenen englischen Fleischschafracen hingelenkt und namentlich zunächst damit den Anfang gemacht hat, diese englischen Schafgattungen rein hervorzuzüchten. Allein bald stellte sich dabei heraus, daß die Leicesterschafe und genau so auch die Cotswolds höchst delikate und verzärtelte Thiere, und darum schwierig zu halten waren, da sie viel zu schwächlich und träge sind, um viel und weit zu gehen und nach dem Futter zu suchen, und überdies auch die Stallluft in unsren Schafställen ihnen nicht zusagen und bekommen wollte, alles wohl ins Gewicht fallende Uebelstände trotz ihrer außerordentlich leichten Ernährung. Dagegen haben sich die Southdownschafe wieder überall in den verschiedenen Theilen Deutschlands vortrefflich bewährt, sie haben sich sehr schnell und leicht akklimatisirt und den bei uns heimischen Sitten eingefügt, bis freilich auf ihre gleiche phlegmatische Natur, welche es ihnen schwer werden läßt, auf ausgedehnteren Weideflächen sich mühsam ihr Futter zu beschaffen.

Sehr bald ist man dann aber weiter auch darauf gekommen, hauptsächlich weil die reine Fortzüchtung dieser englischen Originalracen als zu kostspielig sich erwies, daß man dieselben zur Kreuzung mit unsren vorhin genannten ordinären und halbveredelten Schafracen verwandte. Der Erfolg von diesem Experimente hat sich denn auch sofort als überaus günstig und vortheilhaft ergeben. Nicht nur, daß unsre einheimischen Schafgattungen sofort dadurch die bisher ihnen fehlende Frühreife zu ihrer Mastung erlangt und auch an Körperumfang augenblicklich in auffallender Weise gewonnen haben: es brachte diese Kreuzung mit den englischen Fleischschafracen auch noch den sehr beachtenswerthen Gewinn, daß die Kreuzungsprodukte überdies noch erheblich in ihrer Wolle verbessert worden sind. So ist man denn heutzutage in Folge der mannigfach und in verschiedenartigster Weise gemachten Versuche jeder Art doch schließlich zu der Ueberzeugung und Einsicht gekommen, daß man allgemein nur diejenige Fleischschafzucht als die vortheilhafteste und gewinnbringendste erachtet, welche bei uns die einheimischen Landschafgattungen mit den englischen Fleischschafracen systematisch zu kreuzen sich zum Grundsatze macht.

Wir glauben in dieser Hinsicht unsren Lesern den anschaulichsten Ueberblick über diese verschiedenen Kreuzungsversuche zu geben, wenn wir die auf diesem Gebiete in den verschiedensten Weisen durchgeführten Kreuzungszüchtungsversuche des schon öfters in dieser Darstellung erwähnten Züchters Hermann von Nathusius=Hundisburg hier in ihren Resultaten kurz vorführen. Er hat dazu auf der einen Seite Landschafe, holländische Marschschafe, größere und kleinere Frankenschafe und reine Merino=Muttern und auf der anderen Seite Leicester= und Southdownböcke sowie die zuletzt unter den englischen Schafen von uns ausführlich beschriebenen Oxfordshiredownböcke genommen, und er erhielt von beiden, den Leicesters wie den Southdowns, mit Leichtigkeit Lämmer. Indeß schon nach zwei Jahren ergaben sich die Kreuzungsresultate grade mit den Merinos als so vortrefflich, daß er die Experimente mit den übrigen Schafracen im ausgedehnteren Umfange fortzusetzen für unzweckmäßig erachtete, zumal namentlich jene Marschschafe nicht in ihren ungefälligen Formen sich umgestalten lassen wollten und dazu als bis zur Unersättlichkeit gefräßige Futtervertilger sich darstellten, während die Resultate mit den Landschafen und den Frankenschafen doch schon mehr befriedigten, so daß die Kreuzung von diesen beiden Schafgattungen, und zwar speziell mit den Southdownböcken überall da, wo die Verhältnisse sich hierzu geeignet erwiesen, von ihm dringend anempfohlen wird.

Nathusius lehrt ferner, daß zur Begründung einer Fleischschafzucht die Merinomuttern sich ebenso günstig erweisen wie die besseren deutschen Landschafracen. In Folge der Kreuzung der Merinomutterschafe mit den Leicesterböcken entstehen große Schafe, welche im Durchschnitt mehr nach dem Vater arten als nach der Mutter und im gewöhnlichen Nahrungszustande 120 Pfund Gewicht erreichen, dabei schon mit achtzehn Monaten zur Zucht reif sind. Das Schurgewicht schwankt von 4 Pfund bei den Mutterschafen, bis zu $5\frac{1}{2}$ und $6\frac{1}{2}$ Pfund bei den Böcken, und zwar an rein gewaschener Wolle.

Aus der Kreuzung der Merinoschafe mit Southdownböcken gehen ferner ganz ebenso frühreife und mehr dem Vater gleichende Thiere, jedoch etwas minder groß und schwer und von weniger Wollgewicht, nämlich bei den Muttern 3 Pfund, bei den Stären 4½ Pfund hervor, und es erreichen die gemästeten Hammel bis 140 Pfund Gewicht eines bei weitem schöneren und saftigeren Fleisches wie jene Leicester-Merino's.

Im Allgemeinen verdient wohl keine von den genannten beiden englischen Schafracen den Vorzug vor der andren, nur daß als Regel sich empfiehlt, für die Umbildung von Merino's in Fleischschafe die Leicesterkreuzung und für die Verwandlung von ordinären Landschafen die Southdownkreuzung vorzunehmen, weil im ersteren Falle Thiere von der möglichst größten Stärke und frühzeitiger Mastreife, durch die letztere Kreuzung aber nicht allein gute Fleischschafe hervorgebildet, sondern überdies die Thiere auch wesentlich in der Wolle verbessert werden.

Höchst interessant und lehrreich zugleich ist nun ferner das weitere Verfahren, wie der geniale Nathusius diese Kreuzungszüchtung fortsetzte. Er setzte nämlich anfänglich auf diese ersten Nachkommen von den Southdownböcken abermals Southdownböcke von reinem Blute. Nachher schlug er dann den Weg ein, daß er auch auf die aus der Paarung von starken Merinomuttern mit Leicesterböcken hervorgegangenen Produkte ebenfalls Southdownböcke brachte. Und grade diese letzte Kreuzung fiel derartig zufriedenstellend aus, daß dieser Züchter den weiteren Versuch machte und die Nachzucht von Merinomuttern und Southdownböcken auf dasselbe Blut hinzubringen strebte, in der Absicht, dadurch diese ganze Halbblutzucht einförmig zu gestalten. Und zu diesem Behufe. verwendete Nathusius nun grade jene mehrfach erwähnten Oxfordshiredowns, welche je aus einer durchgeführten Kreuzung vornehmlich der Leicestermutterschafe mit Southdownböcken das vollendete Produkt sind. Der innere Grund von diesem Verfahren leuchtet ein. Denn dadurch erlangten die aus den beiden vorbeschriebenen Kreuzungen erzielten Lämmer genau die gleiche Blutmischung, nämlich ein Halb Southdownblut, ein Viertel Leicesterblut und ein Viertel Merinoblut. In der That versichert Nathusius, daß diese Züchtung nach jeder Richtung hin sich als befriedigend erweise. Zugleich knüpft er daran die sehr beachtenswerthe Bemerkung, daß die Zweckmäßigkeit, Halbblutböcke von solcher Züchtung zu gebrauchen, nicht in Zweifel gezogen werden könne, ja es könne unter Umständen sogar besser sein, einen Halbblutstär zu verwenden als einen rein gezogenen, in dem Falle nämlich, wenn jener erstere irgend welche besonders gewünschte

Eigenschaften in höherem Grade besitze, als dieser letztere, ein Satz, welcher freilich sehr cum grano salis verstanden werden will, und welcher nur auf diese spezielle Fleischschafkreuzung bezogen werden muß, wenn er nicht zu falschen Auffassungen Anlaß geben soll. — In einem kürzlich erschienenen, recht lesenswerthen kleinen Werke von Hage= mann*) finden wir endlich folgende Regeln aus den bisherigen Ver= suchen mit der Kreuzung von deutschen Schafracen und englischem Vieh zusammengestellt:

1. Sollen Merino's, natürlich nicht hochfeine, in Fleischschafe umgewandelt werden, so kreuze man, wenn die Wollerzielung der Fleischproduktion untergeordnet werden soll, mit Leicester= böcken. Legt man aber neben der Fleischproduktion auch ein Gewicht auf die Wollerzielung, so kreuze man mit Southdownböcken.

2. Schwache Merino's von mittlerer Wollfeinheit können durch einmalige Kreuzung mit Southdownböcken ohne wesentliche Beein= trächtigung der Eigenschaften der Wolle zu mehr Körperstärke gebracht, sofern die Bastardmuttern wieder mit geeigneten Me= rinoböcken gepaart werden.

3. Wo die Wolle die untergeordnete, das Fleisch und Fett dagegen die Hauptrolle spielen soll, da wird die Kreuzung der Franken=, Zackel= und Marschschafe mit Southdownböcken anempfohlen.

4. Diese Bastarde, sowohl die Southdown=Merino's als die South= down=Frankenschafe brauchen nicht mehr Futter wie die reinen Racen, Merino's, Frankenschafe ꝛc. Je reichlicher aber gefüttert wird, desto besser machen diese Bastarde das Futter bezahlt.

5. In Bezug auf die Qualität des Futters sind die Bastarde weniger wählerisch als die reinen Merino's, auch nicht zärtlich gegen Witterungs= und andre Einflüsse. Unbedenklich ist es, sie über Nacht im Freien zu lassen und sie zu pferchen.

6. Besonders wird empfohlen, nur einmal zu kreuzen.

7. Am vortheilhaftesten werden die Bastarde bis höchstens zwei Jahre alt an den Schlächter verkauft.

c. **Resumé**.

Wir sind am Schlusse von der Kreuzungslehre, die wir darum mit so besonderer Ausführlichkeit behandelt haben, weil sie in unsrer heutigen Gegenwart und namentlich bei uns in Deutschland fast all= gemein als der beliebteste Züchtungsweg angesehen wird, um eine

---

*) Hagemann, die Fleischviehzucht. Leipzig. 1864. bei Wilfferodt. S. 52 f.

angestrebte Verbesserung oder Umwandlung in den Heerden auf
möglichst schnellem und bequemen Wege zu erreichen. Freilich ist es
ein wahres Wort, von dessen Richtigkeit jeder einsichtsvolle Züchter
aus eigner Erfahrung sich genugsam überzeugt haben wird, daß es
für eine sachgemäße Züchtung von allergrößter Bedeutung
bleibt, immer und immer wieder von Zeit zu Zeit frisches
neues Blut in seine Heerde zu bringen, um dieselbe auf
dem erreichten höheren Stande ihrer Vervollkommnung
fortzuerhalten, wenigstens haben die besten und mit den größten
Erfolgen belohnten Züchter und selbst solche, welche ihre Heerden für
in jeder Beziehung vollkommen halten zu müssen glaubten, es zu allen
Zeiten ausgesprochen, daß sie nicht im Stande wären, ihre Heerden
auf ihrem Höhenpunkte dauernd zu erhalten, ohne die häufige Zu=
führung und Einführung von immer frischem und neuen Blut, und
daß alle die Züchter, welche von dieser Maxime abgewichen seien und
sich nicht daran gekehrt hätten, entschiedene Mißerfolge mit der Zeit
erlebt haben, indem ihre Heerden in ihrer Körperkonstitution und in
den besseren Eigenschaften zurückgiengen. In ähnlichem Sinne sprachen
sich aber auch unsre hervorragenderen Merinozüchter aus, daß selbst
das reine Blut in den Heerden in der allgemeinen Auffassung dieses
Wortes von nur geringem Werthe sei, wenn der Züchter nicht jederzeit
durch eine sorgfältige Auswahl der zu paarenden Thiere die Heerde
vor der Veränderung oder Entartung bewahrt, und daß auf der
andren Seite selbst die edelsten Racen nichts nütze seien, wenn sie
eben nicht dem Züchter jederzeit ein wünschenswerthes Material für neue
Amalgamirungen durch leichtere Abwechselungen zur Verfügung stellen.

So scheint also eine innere Nothwendigkeit die achtsamen Züchter
dazu zu nöthigen, immer auf periodische Zuführung frischen Blutes
Bedacht zu nehmen und nach den erforderlichen Materialien sich sorg=
fältig allezeit umzusehen, um jene Auffrischungen zu bewirken.

Wir lassen jetzt am Ende zur besseren Verdeutlichung und Re=
kapitulirung der bisher in der Kreuzungslehre kennen gelernten und
besprochenen Maximen die Hauptsätze derselben in kurzen Zügen hier
ihren Anschluß finden, wie sie der wiederholt genannte amerikanische
Merinozüchter Randall zusammenstellt.*) Seine Grundzüge von dem
Kreuzungsverfahren sind aber im Einzelnen folgende:

1. Es ist vollständig unpassend die Merinoschafrace mit irgend einer

---

*) Randall, The practical shepherd. S. 136 ff.

andren Schafrace zu dem Zwecke kreuzen zu wollen, um dadurch die Merino's in Bezug auf irgend welche charakteristischen Eigen= schaften zu verbessern, die man bei der heutigen Moderichtung für dieselben anstrebt.

2. Während eine Zuführung von Merinoblut sich in hohem Maße wohlthätig bei den unveredelten groben Schafgattungen erweist, um dadurch die Feinheit und Qualität ihrer Wolle zu erhöhen, so schadet eine solche Beimischung von Merinoblut doch den verbesserten Fleischschafracen erheblicher in Bezug auf ihre Körpergröße, ihre Frühreife, ihre Mastungsfähigkeit und Fruchtbarkeit, als es ihnen in Bezug auf die Veredlung ihrer Vließe oder sonst Nutzen bringt.

3. Noch niemals ist eine irgend werthvolle Schafgattung von per= manent vererbendem Charakter durch Kreuzung von den Merino's mit ordinären und groben Schafen hervorgebildet worden und wird es auch nie werden. Die einzige gelungene ununterbrochen fortgeführte Kreuzung zwischen ihnen ist diejenige, wo der Züch= tungszweck nur darauf gerichtet wird, eine Schafgattung mit ordinärer Wolle vollständig zu einer Merinorace umzubilden, und zugleich dabei die Kreuzung unverrückt immer in der Rich= tung auf die Merinorace hin fortgesetzt, das heißt niemals ein andrer Zuchtstär zur Fortpaarung verwendet wird als ein Voll= blut=Merinobock.

4. Eine Blutzuführung von einer grobwolligen Schafart hat, wie man angenommen, in einigen wenigen Beispielen auf eine andre grobwollige Schafgattung sich als wohlthätig erwiesen. Als allgemeine Regel indessen ist es auf alle Fälle bei weitem sicherer, eine jede Kreuzung zwischen distinkt von einander unter= schiedenen Schafracen zu vermeiden.

5. Kreuzungen dagegen zwischen verschiedenen Familien von einer und derselben Race zu dem Zwecke, um daraus permanente Unterfamilien zu erzielen, haben sowohl für die Merino's wie für die englischen Schafracen in vielfachen Beispielen zu sehr günstigen Resultaten geführt. Gleichwohl ist jedoch die Zahl der Fehlschläge bei weitem überwiegend. Es ist daher nicht zweckmäßig, selbst auch nur verschiedene Familien von derselben Schafrace zu solchem Zwecke zu kreuzen, außer wenn dies in Ausführung eines wohl überlegten und ganz bestimmten Planes geschieht, der sich auf einige experimentale Kenntniß auf diesem

Gebiete gründet. Endlich dürfen derartige Kreuzungen sowie überhaupt alle übrigen Kreuzungen nur vorgenommen werden, wenn die benöthigten Materialien für die angestrebte Racenver=besserung nicht innerhalb einer von denjenigen Familien (in andren Fällen Racen) gefunden werden können, welche man mit einander zu kreuzen beabsichtigt.

6. Das Kreuzungsverfahren dagegen zwischen verschiedenen Familien von derselben Race zu dem Behufe, um die eine Familie in die andere umzubilden, hat noch weit mehr Wahrscheinlichkeit auf Erfolg. Um aber gleichviel sowohl diesen oder den zuletzt er=wähnten Zweck zu erreichen, ist es wünschenswerth, daß man nur solche Familien vereinigt, welche die wenigsten Unterschei=dungen darbieten, und die Kreuzung auf so viele Familien ein=schränkt, als irgend die Umstände es zulassen.

7. Für die Fleischschafzüchtung andrerseits empfiehlt es sich als höchst zweckmäßig, Böcke von den besten Fleischschafracen mit Schafmuttern zusammenzupaaren, welche aus mehr abgehärteten und mit mehr Leichtigkeit zu ernährenden lokalen Familien ent=nommen sind. In solchen Fällen jedoch ist es beinahe überall gleichmäßig rathsam, daß man schon mit der ersten Kreuzung aufhört. Ein System ferner, welches darauf abzielt, frühreife Lämmer für den Schlächter in sterilen und exponirten Gegenden zu erzeugen, oder frühreifere und bessere Fleischschafe da zu pro=duziren, wo diese Produktion nach der herrschenden Richtung der Wollproduktion vorgezogen wird, könnte nur zu großem indivi=duellem Gewinn und zum öffentlichen Nutzen ausschlagen.

8. Für alle Schafracen und Arten gilt aber der Grundsatz mit gleicher Richtigkeit, daß das Kreuzungsverfahren nur um zu kreuzen und ohne einen ganz bestimmten und wohl ver=standenen Züchtungszweck, also bloß unter dem Eindrucke einer unbestimmten Empfindung, daß es an sich selbst für die Gesund=heit und das Gedeihen der Heerden zuträglich sei, oder daß irgend ein unbestimmter Vortheil, von dessen Charakter man keine präzise Anschauung hat, möglicher Weise daraus hervorgehen könnte, für im höchsten Grade ungeeignet und gradezu für ab=surd betrachtet werden muß. Bei dem Gebrauche ferner von Zuchtböcken aus derselben Race und Gattung, welche aus ver=schiedenen und nicht direkt verwandten Heerden entnommen sind, muß die äußerste Sorgfalt angewendet werden, daß man ja

immer nur solche Thiere auswählt, welche sich so nahe, wie dies irgend praktisch möglich ist, einer gleichmäßigen Ausprägung ihrer Eigenschaften konformiren, wie solche der Besitzer einer Heerde von vorn herein als den bestimmten Charakter von seiner Heerde ein für alle Mal fest hingestellt hatte.

6. Die Hervorbringung des seidenartigen Lüftre's in der Wolle.

Noch wollen wir dieser ganzen Betrachtung jetzt eine andere Frage anfügen, welche vielleicht nicht mit Unrecht verdient zum Gegenstande näherer Erwägung gemacht zu werden, und in Betreff deren wir speziell bekennen müssen, daß wir der tieferen Ergründung derselben schon seit längerer Zeit eine besondre Aufmerksamkeit zugewendet haben, deren Lösung aber bis jetzt noch nicht gefunden zu haben scheinen. Es ist dies die Frage, ob es den deutschen Feinwoll-Züchtern wohl möglich sei und ihnen gelingen könne, den Merinoheerden, welche doch in Deutschland es zu einem so hohen Grade der Vervollkommnung ge= bracht haben, daß sie die ursprüngliche spanische Race bei weitem fast in allen Punkten — bis auf die Reinheit des Blutes — heutzutage übertreffen, auch jenen seidenartigen Lüftreglanz wieder zu verschaffen, welchen die Original-Merinorace in Spanien bis zum vorigen Jahrhunderte hin besessen hat und noch heute, wenn auch in Folge vernachläffigter Züchtung in bedeutend gemindertem Maße be= sitzt? Denn davon sind ja grade alle Zeitgenossen in jener Periode der Uebersiedlung der spanischen Originalschafheerden nach Deutschland in der zweiten Hälfte des vorigen Jahrhunderts so besonders erfüllt, daß sie eben von jenem seidenartigen Glanze und jenem unbeschreiblich schönen Lüftre der spanischen Edelwolle nicht Rühmens genug machen können. Allein Thatsache ist, daß dieser Glanz sich doch in Deutsch= land in allen den einzelnen Staaten, wo man die Merinoschafrace fortgezüchtet hat, trotz aller Veredlung des Wollhaars verloren hat, und daß er jetzt nirgends mehr hier anzutreffen ist, daß derselbe aber heutzutage auch gar nicht weiter vorausgesetzt oder etwa hervorzuzüchten versucht wird.*)

---

*) Mehr als Kuriosum wollen wir indeß doch anführen, daß bei der Bres= lauer Schaffchau im Jahre 1867 eine einzige Heerde, nämlich die von Graase und Rautke bei Löwen in Schlesien (Wehowski) sich als Original-Merino's „seidenartig mit Glanz" deklarirt hatte, doch ist dieser seidenartige Glanz nicht be= merkt worden.

Sehen wir uns einmal nach dem Vorkommen von diesem eigen=
thümlichen seidenartigen Glanze unter all' den verschiedenen Wollgattun=
gen unsrer Erde näher um, so ist die Zahl von solchen Wollarten
mit Lüstreglanz allerdings eine sehr geringe. Das schönste in diesem
Genre ist bekanntlich das herrliche Haar von der Angoraziege, ge=
wöhnlich Mohair genannt, obwohl zwischen beiden ein Unterschied im
Weltwollhandel gemacht wird. Dann haben wir von den britischen
Wollen die Lincolnwolle zu nennen, die sich von allen englischen
Wollarten durch ihren schönen Seidenglanz auszeichnet. Und so schwer
ist es in der Mehrzahl der Fälle, das Ziegenhaar vom langen Woll=
haare zu unterscheiden, und so nahe kommt die Lincolnwolle dieses
ihres schönen Lüstreglanzes halber dem Mohair ähnlich, daß wir es
erlebt haben, daß der routinirte Clerk einer großen Londoner Woll=
handelsfirma Beides mit einander verwechseln und eine Lüstrewolle,
welche sich hernach als Lincolnwolle ergab, für Mohair bezeichnen und
ausantworten konnte.

Dann ist es auch noch die isländische Wolle, welche sich durch
ihren schönen Lüstre, wenn auch in minderem Maße hervorthut. Allein
in Betreff dieser Wolle müssen wir uns erinnern, daß hier Merino=
blut mit eingeflossen ist, indem gegen die Mitte des vorigen Jahrhun=
derts, und namentlich seit Beginn des gegenwärtigen eine Verbesserung
dieser Race durch die Einführung von spanischen Merinoschafen vorge=
nommen worden war. Es erscheint daher sehr leicht erklärlich, daß
dieser Lüstreglanz durch die Merinokreuzung hervorgerufen worden ist.

Sehen wir uns aber unter den in unsrer Neuzeit über alle
Theile unsrer Erde verbreiteten Merinogattungen nach diesem Lüstre=
glanze um, so sind es nur die australischen Inseln, Vandiemensland,
(Tasmanien) und Neu=Seeland, welche auf der letzten großen Londoner
Weltausstellung Merinowollproben von so wunderschönem seidenartigem
Lüstre zur Schau gebracht hatten, daß nach dem einstimmigen Urtheile
aller Kenner etwas so Schönes bisher noch nicht erreicht worden ist.
Wir verweisen wegen dieser Wollen auf ihre spezielle Beschreibung in
einem früheren Werke.*) Wir entnehmen aber ferner einer öfters
bereits von uns angezogenen Randall'schen Schrift folgende hierauf ein=
schlägige Notiz. Der Verfasser spricht über die verhältnißmäßige Vor=
theilhaftigkeit von der Haltung der einzelnen Merinovarietäten in Nord=
Amerika und vergleicht die französischen Rambouillets mit den ameri=

---

*) Unser Werk: „Die Wollproduktion der Erde rc. Seite 216 ff.

kanischen Kammwoll-Merino's, wobei er hervorhebt, daß von beiden Wollen ungewaschen das amerikanische Bließ bei weitem das meiste Wollfett von beiden hat und auch nach der Wäsche bei weitem mehr davon in der Wolle zurückbehält als die schweißlose französische Wolle, welches namentlich auch doppelt so schnell nach der Wäsche wieder zum Vorschein kommt, so daß schon in zwei bis drei Wochen nach beendeter Wäsche und Schur der Schafe bei warmer Witterung das amerikanische Merinovließ bereits Ansehen und Gewicht durch ihren Fettschweiß erhält, während das französische Schaf beinahe eben so trocken bleibt wie Baumwolle. Dann fährt Randall fort: „In einer Hinsicht freilich hat das amerikanische Merinovließ aber unbestreitbar einen gerechtfertigten Vorzug aus diesen Verhältnissen. Denn mit der rapiden Wiederkehr des Wollfettes kommt auch gleichzeitig immer wieder jener Lüstre und charakteristische seidenartige Glanz in den Bließen zum Vorschein, welcher von den Käufern in so hohem Ansehen gehalten und von ihnen so hoch bezahlt wird."*) Daraus ersehen wir also, daß es nicht bloß jene australischen Inseln sind, wo dieser Seidenglanz in der Merinowolle wieder hervortritt, sondern daß auch in Nordamerika dieser Glanz sich in den Merinowollen gleichfalls angefunden hat.

Gehen wir jetzt weiter auf den Kernpunkt von dieser Betrachtung ein und fragen uns, ob es denn nicht möglich sei, diesen Lüstre wieder in unsren deutschen Merinowollen hervorzubringen, zumal er sofort bedeutend erhöhte Preise unzweifelhaft herbeiführen würde, so bietet uns, was wir zunächst über das Mohair oder Angoraziegenhaar wissen, freilich nur sehr wenig Anhaltpunkte darüber dar. Wir entnehmen einer hierüber erschienenen englischen Schrift,**) daß die Heimath der so hoch geschätzten Angoraziege die heutige Stadt Angora, das schon im Mittelalter berühmte Anchra ist, und daß dieses feine Angorahaar nur in den dieser Stadt ganz zunächst liegenden Distrikten in der gleichen Schönheit und Feinheit noch vorkommt. Wir erfahren dann weiter, daß der größere Theil dieser Landfläche aus trocknen Kalkhügeln, auf denen mehr Büsche als Bäume zu nennende Pflanzen, vornehmlich die Zwergeichen wachsen, und sonst nur aus weiten baumlosen Flächen und nur dürftig mit Gras bedeckten Strecken besteht.

---

*) Randall. Fine wool sheep husbandry. S. 95.
**) Arthur Conolly. On the white-haired Angora goat. 1840. Man vergl. Die Wollproduktion ꝛc. S. 156 ff.

Die Bewohner jener Gegend sollen den auf den Bergen gehaltenen Heerden den Vorzug in Bezug auf die Schönheit des Bließes geben, weil diese außer der reineren Luft dort mehr Blätter und eine reichlichere Auswahl von nahrhaften Futterkräutern finden, wonach sie freilich ziemlich weit zu streifen haben, was sie indeß wieder in besserem Gesundheitszustande erhalten läßt. Dabei wird das Bließ der weiblichen Ziegen von den Bewohnern für feiner gehalten als das der Böcke. Nur die weißen Ziegen, welche Hörner haben, sollen endlich ihr Bließ in den so viel und allgemein bewunderten langen gekräuselten Locken tragen, die sie sich mit ihren Hörnern selbst zu kämmen gewohnt sind.

So weit die hierauf einschlägigen Notizen aus der Conolly'schen Schrift. Durch Zufall haben wir auch noch eine andre Andeutung über diese seltenen Thiere herausgefunden. Der berühmte Entdecker der Ruinen der alten assyrischen Städte Niniveh und Babylon, der Engländer Layard erzählt in seinem ausführlichen Werke darüber bei der Schilderung seiner Reise vom Schwarzen Meere nach den Ausgrabungsstellen, daß er in Bitlis, einer türkischen Stadt an der südwestlichen Ecke des mitten in Kleinasien liegenden Wansee's Rast gemacht. Er erwähnt darauf die Handelsartikel in diesen Gegenden und führt darunter auch die Wolle auf, indem er hierüber bemerkt: „Die Wolle von den Gebirgsgegenden ist eine grobe und ordinäre, welche kaum für den Export nach Europa hin sich eignen möchte. Auch wird das »teftik«,*) ein feines Unterhaar vom Bließe der Ziegen, so nützlich und werthvoll dasselbe immer ist, doch nicht in ausreichender Quantität für die Zwecke des Handels in diesen Gegenden aufgesammelt. Es giebt nun aber," so fährt Layard fort, „eine Schafrace in Kurdistan, welche eine lange seidenartige Wolle produzirt, genau so wie die von der Angoraziege; indeß ist diese Schafrace nicht allgemein, und die Bließe sind kostspielig, weil sie als Sättel und sonst zur Ausschmückung von den Eingeborenen weit und breit hoch geschätzt und begehrt sind."**) So kurz diese Notiz auch immerhin ist, so erfahren wir doch eine höchst wichtige, bisher noch nicht bekannt gewesene Thatsache daraus, daß nämlich in Kurdistan und der Umgegend des Wansee's außer der Angoraziege mit ihrem seidenartigen Bließe auch noch

---

*) oder »tiftik«, dies ist der türkische Ausdruck für das Ziegenhaar.

**) Layard. Discoveries of Nineveh and Babylon, 2d expedition. Seite 36—37.

eine Angora-Schafrace einheimisch ist, die obwohl sie nicht all= gemein dort verbreitet ist, doch die gleiche bevorzugte Eigenschaft grade mit der Angoraziege theilt, daß sie nämlich dasselbe seidenartige Vließ besitzt wie die Angora's.

Wir wissen somit hiernach vorläufig aus dieser Notiz nur von der wirklichen Existenz auch einer Angora-Schafrace mit seidenarti= gem, lüstre=glänzendem Bließe, welches in seiner Heimathgegend hoch begehrt ist. Mehr lernen wir aber auch nicht kennen und namentlich die Hauptsache nicht, wie grade dieser Lüstreglanz in die Wolle oder in die Haare jener Angoraschaf= und Ziegenrace hineinkommt, und es bleibt schon nichts andres als die Annahme übrig, daß es lediglich der Einfluß des Klima's und der eigenthümlichen, wiewohl an sich höchst dürftigen Weiden ist, welcher diese bevorzugte Eigenthümlichkeit in dem Woll= oder Ziegenhaar sich entwickeln läßt.

Daß letztere Annahme die richtige ist, dafür spricht eine andre Mittheilung, welche wir der englischen landwirthschaftlichen Zei= tung entnehmen. Ein gewisser James Marsh Read erzählt darin von den Cotswold= und Lincolnschafen, welche wir vorher beide einzeln kennen lernten, und von denen die Lincolns sich eben durch diesen Seidenglanz auszeichnen, folgende Begebenheit.

Ein Cotswoldschaf war, absichtlich um dies Experiment mit ihm zu versuchen, nach Lincolnshire gebracht worden, um dort mit jener werthvollen Lincolnschafrace gekreuzt zu werden. Zu jener Zeit war dieses Schaf etwas dicht in dem Stande von seiner Wolle, und natür= lich besaß es jenen besondren Vorzug von der Lincolnwolle, den Lüstre nicht. Nachdem aber dies Schaf etwa zwölf Monate lang in Lincolnshire gewesen war, fand sich in seinem Bließe ganz unvermerkt grade dieser Lüstreglanz an, wegen dessen die Lincolnschafe so sehr be= rühmt sind, und anstatt daß seine Wolle ferner dick und dicht blieb, wurde sie jetzt lang, offen und gekräuselt.

Ein entgegengesetztes Beispiel bietet im Vergleiche damit der Fall, wo ein Gutsbesitzer ein Lincolnschaf wieder auf die Cotswoldhügel hin versetzt hatte, bei Gelegenheit als derselbe von Lincolnshire her, wo er bisher ansässig gewesen, die Bewirthschaftung eines Landgutes in dieser Cotswoldgegend übernahm. Er brachte eine Heerde von vortrefflich gezüchteten Lincolns dorthin mit, welche als solche lange, offene und gekräuselte Wolle voll von herrlichem Lüstre besaßen. Wider Erwarten verlor sich schon nach ziemlich kurzer Zeit dieser Lüstre allmälig und unmerklich aus der Wolle, und die Wolle wurde überdies auch noch

dicht und dick auf diesen Lincolnschafen, mit andren Worten, sie er=
fuhr grade die entgegengesetzte Umbildung von derjenigen Veränderung,
die mit den Cotswoldschafen vorgegangen war, als man sie nach
Lincolnshire gebracht hatte.

In der That, dies sind zwei höchst wunderbare Beispiele davon,
wie leicht sich die Schafe in die verschiedenen klimatischen Verhältnisse
zu fügen wissen, sowie davon, in welcher Weise sich die charakteristischen
Eigenschaften der Schafe unter den Einwirkungen des Bodens und des
Klima's ohne irgend welche Zuführung von fremder Blutmischung
verändern können.*)

Wir müssen diese letzte Notiz als eine für die Entwicklung der
besondren Eigenthümlichkeiten in den Schafracen im hohen Grade
interessante und bedeutsame erachten, ja wir halten diese Beobachtung
für derartig entscheidend für unsre Frage, daß wir uns jedes weiteren
Forschens darüber enthalten zu dürfen glauben. Denn in diesen beiden
Fällen, deren Richtigkeit uns die strenge Wahrheitsliebe des englischen
Nationalcharakters verbürgt, finden wir die Thatsache bis zur Evidenz
nachgewiesen, daß zwei ihren Charaktereigenschaften nach nahe verwandte
Schafgattungen die eine die besonderen aus dem Klima und den Boden=
verhältnissen erworbenen Eigenthümlichkeiten von der andren binnen
nicht zu langer Zeit sich aneignen können und umgekehrt. Wir ent=
nehmen daraus aber in Bezug auf unsre besondere Frage die deutliche
Lehre, daß dieser seidenartige Lüstre der Lincolnschafrace nichts andres
als ein ganz aparter und absonderlicher Ausfluß des Klima's und der
Weiden von dieser Grafschaft Lincolnshire ist, welcher sich sehr bald
verliert, sobald die zu dieser Schafrace gehörigen Thiere die Gegend
auf längere Zeit verlassen, wie dies ja auch mit den spanischen Ori=
ginal=Merino's ganz ebenso war, und welche sich im Gegensatz dazu
wieder bei Thieren von ihnen dem sonstigen Charakter nach verwandten
Schafracen wie von selbst anfindet, sofern solche Thiere auf längere
Zeit in diese bestimmte Gegend übersiedeln. Wir halten damit diese
Frage für erledigt.

Indeß, zur größeren Vollständigkeit wollen wir doch nicht unter=
lassen eine hierauf bezügliche kurze Mittheilung noch anzureihen, welche
wir ebenfalls einem englischen Werke entnehmen. Wir wollen auch
hier den Autor selbst erzählen lassen. Henry Swinburne erwähnt

---

*) James Marsh Read, The Cotswold sheep, in The Agricultural
Gazette, Juli. 1866.

in seinen Reisen im damaligen Königreiche beider Sicilien,*) wie er in der Nähe von Tarent, da wo der Cervarofluß in das mare piccolo einmündet, einen bejahrten Schäfer antraf, der dort seine Heerde weidete und auf Befragen, ob es denn wahr sei, daß keine weißen Schafe in jenen Gegenden zu leben vermöchten, weil sie sich sehr bald an den Blättern des fumolo, einer Spezies von hypericum crispum oder St. Johanniskraut von der Linné'schen polyadelphia polyandria vergifteten, während die andren Schafe ohne Nachtheil davon fressen könnten, ihm lächelnd entgegnete, indem er auf die vielen weißen Schafe in seiner Heerde hindeutete, daß es nicht die Folge von der Farbe der Schafe sondern von ihrer Race sei, daß die Thiere von derartigem schädlichem Kräutig gefährdet würden. Es seien nämlich die pecore gentili oder die zarte Schafrace diesen Einflüssen bei weitem erheblicher ausgesetzt als die pecore mescie oder carfagne, eine wildere und ordinäre Schafrace, daher denn die erstere auch nahezu jetzt ausgestorben sei.

„Um nun diese Sache genügend zu erklären," so fährt Swinburne fort, „erscheint es nothwendig ausführlicher darauf einzugehen und sich zu vergegenwärtigen, was wir von den Heerden von den Tarentinern im Alterthum erfahren. Columella berichtet uns nämlich, daß die Tarentiner ihre zarte Schafrace mit kräftigen ausländischen Zuchtböcken von einer wunderschönen rehfarbenen (tawny) Bließfarbe zu kreuzen pflegten, und daß die Bließe von den aus dieser Kreuzung hervorgehenden Lämmern vom Vaterthiere eine stark glänzende Farbe ererbten, welche sich mit dem flaumenweichen Seidenglanz von der Mutter vereinigte. Um nun diesen Lüstre und diesen Seidenglanz noch zu erhöhen, hatten sie die Sitte, daß sie diese Schafe in eine Art von ledernen Ueberzug einkleideten, welchen sie indeß von Zeit zu Zeit den Thieren wieder abnahmen, damit sie von der übergroßen Hitze nicht allzusehr leiden möchten. Außerdem pflegten sie aber auch die Wolle in Wein und Oel einzutauchen und zu baden, und zwar so lange Zeit, bis die Wolle ganz mit dieser reichen Bähung vollständig durchsättigt war. Vor der Schurzeit ferner wurden dann diese Schafe in dem Flusse Galesus gewaschen, dessen schon Virgil erwähnt,**) und zu allen Jahreszeiten, Winter und Sommer hindurch, in auf das rein-

<hr>

*) Neapolitan wools. Travels in the two Sicilies. By Henry Swinburne.

**) Virg. Eclog. IV. Namque sub Oebaliae memini me turribus altis,
Quâ niger humectat flaventia culta Galesus u. s. w.

lichste gehaltenen Verschlägen geschützt und vor jeder Berührung mit Schmutz aller Art möglichst ferngehalten. Niemals wurden diese Schafe eher des Morgens auf die Weide gelassen, bevor nicht die Sonne den Thau aufgetrocknet hatte*), und zwar deshalb, weil man annahm, daß das Spritzen von den Thautropfen ihnen schlimme Augen mache.

Seitdem ist diese weiße Schafrace, welche heutzutage denn auch eine höchst unbedeutende und untergeordnete Schafgattung darstellt, mit dem Laufe der Zeiten vollständig entartet."

So weit dieser Swineburne'sche Bericht, woraus wir so viel kennen lernen, daß das Material zu einer Schafrace mit seidenartigem Lüstre also auch noch auf der Insel Sicilien, und zwar in der nachfolgenden Generation von jenen im Alterthume in so hoher Berühmtheit gestandenen Tarentiner Schafen allerdings vorhanden ist, so daß es nur der schöpferischen Einwirkung begabter Züchter bedürfte, um aus dieser verkommenen Schafgattung wieder ein berühmtes und schönes Edelschaf hervorzubilden. Was uns aber in diesem Berichte so besonders werthvoll ist, das ist die Notiz, daß also in Sicilien jener Seidenglanz, den die einheimische Race besaß, durch bestimmte Kreuzung mit andren (spanischen?) Zuchtböcken von vorzüglichem Lüstre noch ausdrücklich im Wege des Züchtens verstärkt und wirklich hierdurch in gesteigertem Maße in der Nachzucht hervorgebildet wurde, sowie die weitere Mittheilung davon, welche verschiedenen künstlichen Mittel und welche vorzügliche und ausgesuchte Pflege man auf diese Thiere verwandte, um jenen Lüstre in ihrer Wolle auf den höchsten Grad von Schönheit zu steigern.

Bei alledem würde sonach also die Kunst auch viel vermögen, um diesen seidenartigen Glanz, wenn er nur erst in einer Heerde vorhanden ist, noch auf einen bei weitem höheren Grad von Schönheit und Vollkommenheit zu bringen, als die Natur ursprünglich ihn gegeben. Voraussetzung dürfte aber immer bleiben, daß das Klima und die Weiden eben diesen Lüstre hervorrufen.

Jedenfalls ist diese Frage höchst interessant, und wollen wir sie daher unsern Lesern angelegentlichst anempfehlen, um sich mit ihr näher zu beschäftigen, falls sich ihnen Gelegenheit dazu bietet.

---

*) Dies versteht sich wohl für jede Schafhaltung von selbst!

E. Einige besondere Regeln für die Zuchtschafhaltung.

Wir glauben die uns gestellte Aufgabe nicht besser beschließen zu können, als wenn wir noch einige Regeln und Maximen ihr anschließen, die so selbstverständlich und natürlich geboten sie auch an sich erscheinen mögen, dennoch aber immerhin für die praktische Schafhaltung wichtig genug sind, um in kurzen Zügen sie vorzuführen und darauf aufmerksam zu machen.

1. Die Rücksicht auf die klimatischen und Bodenverhältnisse.

Die erste und wichtigste Betrachtung, welche ein jeder praktische Heerdenbesitzer anzustellen haben wird, ist zunächst die, daß er die Natur seines Gutes, dessen Lokalität und Bodenverhältnisse und speziell die Menge und Qualität seiner jährlichen Futtermittel und der Wiesen und Weiden sich genau vergegenwärtigt und überschlägt, daß er dazu die klimatische Beschaffenheit nicht unberücksichtigt läßt und nach dem hieraus gewonnenen Ueberschlag seine Entscheidung über die Auswahl der von ihm zu haltenden Schafgattung trifft. Namentlich ist die Fruchtbarkeit einer Landfläche ein sehr nöthig in's Gewicht zu nehmender Faktor bei der Auswahl der Schafracen, weil grade von dieser Fruchtbarkeit die günstige Entfaltung und die Weise ihres Gedeihens ebenso sehr abhängt, wie die Natur und Beschaffenheit des Bodens dabei von Bedeutung sind. Denn eine beständige Nässe des Bodens zum Beispiel, aus welchen Ursachen sie immer hervorgehen mag, ist höchst verderblich für die meisten Schafgattungen. Namentlich gedeihen die Merinoschafe darauf nicht, und es kann erfahrungsmäßig insbesondere die Tuchwollerzielung niemals mit Vortheil auf solchen Landflächen durchgeführt werden, während es freilich eine ausgemachte Sache ist, daß die Fleischschafe und die langwolligen Schafracen für solche Gegenden entschieden den Vorzug verdienen. Ueberhaupt ist namentlich für das nördliche Deutschland der Charakter der zu haltenden Schafgattungen ziemlich genau vorgezeichnet. Wir haben so viele Landstrecken mit höchst beschränkten und mageren Weiden, auf denen eben nur das Tuchwollschaf am besten gedeiht und man andrerseits die Wahrnehmung gemacht hat, daß Schafarten mit Kammwollcharakter schon binnen nicht zu langen Jahren diesen Typus unmerklich verlieren und die Vließe einen immer kürzeren Wollstapel bekommen, eine Veränderung, welche eben nur durch die Weiden und die Bodenverhältnisse bewirkt wird. So ist das von Alters her durch seine feine Wollerzeugung berühmte Schlesien so recht eigentlich die Heimath des Tuchwollschafs. Die Einführung der Kammwollschafzucht und so auch der französischen Rambouilletmerino's erscheint deshalb auch nicht geeignet eine dauernde Fortentwicklung zu nehmen, mit Ausnahme vielleicht der wenigen durch besonders schönen Boden ausgezeichneten reicheren Landstriche. Umgekehrt ist aber wieder das von der Nord= und Ostsee begränzte nördliche Deutschland so recht eigentlich für die Kammwollschafhaltung geschaffen, wie denn hier erfahrungsmäßig die Kammwollschafe und so neuerdings die Rambouillets vortrefflich gedeihen und sich in befriedigendster Weise weiter entwickeln, da ähnlich wie in England auch hier der Einfluß des Meeres jene Gegenden von Natur aus in beständiger Feuchtigkeit erhält.

2. Kenntniß der für die spezielle Heerde benöthigten Eigenschaften.

Hat sich in dieser Hauptsache der Schafheerdenbesitzer mit sich in's Klare gebracht, dann ist es, gleichviel ob er Schafe zu dem Zwecke der Neubegründung einer Heerde oder nur zur Fortführung seiner vorhandenen Heerde behufs rationeller Züchtung anzukaufen sich entschlossen hat, eine dringende Nothwendigkeit, daß er eine genaue Kenntniß grade von denjenigen Punkten hat, welche der von ihm auserwählten oder besessenen Varietät eigenthümlich sind. Ist er aber hierüber mit sich im Klaren, dann muß er weiter darauf hinwirken, daß die von ihm zu seinem bestimmten Züchtungszwecke auszusuchenden Thiere wieder ihrerseits so viel wie möglich grade von diesen gleichen Eigenthümlichkeiten besitzen, und immer jenen ausführlich früher besprochenen obersten Züchtungsgrundsatz sich vergegenwärtigen, daß eben Gleiches immer Gleiches hervorbringt, und daß also eine jede Varietät immer nur die ihr besonderen Eigenschaften auf ihre Nachzucht weiterverpflanzt, mithin zur Weiterzüchtung grade die gesuchten Eigenschaften in den zu erwerbenden Thieren vorhanden sein müssen.

3. Die Sprungzeit.

Ist in solcher Weise verfahren worden, dann erscheint wieder die
Frage nach der **Sprungzeit** nicht ohne Interesse. Nach den An=
sichten der amerikanischen Merinozüchter ist der Merinostär schon von
dem Alter von sieben oder acht Monaten ab bis zu seinem achten
oder unter Umständen zehnten Lebensjahre im Stande kräftige und
gesunde Lämmer zu erzeugen, ja bisweilen ist er noch länger zeugungs=
fähig, vorausgesetzt nur, daß er niemals in seinem Leben überangestrengt
worden war. Freilich erreicht ein Zuchtbock seine volle Kraft und
männliche Reife nicht füglich früher als mit dem vollendeten dritten
Jahre, und er beginnt gewöhnlich im Alter von sieben oder acht Jahren
abzunehmen. Es erweist sich deshalb als zweckmäßig, ein Stärlamm
um seines eignen Nutzen willen nicht mehr als höchstens zehn bis
fünfzehn Muttern bespringen zu lassen, eine Anzahl, die zur Genüge
ausreicht, um seine guten Eigenschaften als Sprungbock zu bethätigen,
und wenn es selbst nur zu dieser Anzahl von Sprüngen qualifizirt
sein soll, muß es immer ein großes, kräftiges und fleischiges Thier
sein. Ein Jährlingsbock dagegen kann nach amerikanischen Erfahrun=
gen ohne irgend welchen Nachtheil bequem ein Drittel und ein zwei=
jähriger Bock schon zwei Drittel von dem Deckungspensum eines
reifen Sprungstärs verrichten. Kräftige reife Böcke sind aber wieder
durchschnittlich im Stande, ohne irgend welche Beschwerlichkeit unge=
fähr zweihundert Mutterschafe jährlich zu bedienen, vorausgesetzt bei
allen diesen Angaben immer nur, daß bloß ein einziger Sprung für
jedes Mutterschaf nöthig wird, und daß die Sprungzeit immer vierzig
bis fünfundvierzig Tage dauert. Sehr oft haben aber gute Stäre
auch mehr noch wie diese Anzahl Sprünge geleistet. Erzählt man doch
von einem berühmten Zuchtbocke, daß er nicht weniger als dreitausend
Sprünge während seines freilich vierzehnjährigen Lebens gemacht hatte.

　　Die Merinomutterschafe dagegen bringen von ihrem zweiten bis
zu ihrem zehnten, ja zwölften Jahre und bisweilen noch länger fort
Lämmer, sobald sie im letzteren Falle nur sorgfältig von dem Zeit=
punkt ab gepflegt werden, wo sie hinfällig zu werden anfangen.
Besser für sie ist es aber doch immer, daß sie nicht eher als in ihrem
dritten Jahre erst zum Lammen kommen. Wo man besonders werth=
volle Mutterschafe hat, die man gern schon mit zwei Jahren zum
Lammen bringen möchte, da wird für diesen Fall, jedoch nur hierfür

empfohlen, sie die Lämmer nicht selbst säugen zu lassen sondern solche vielmehr eigens hierzu gehaltenen Mutterschafen, den sogenannten Ammen, unterzulegen. Unerläßlich nöthig ist es aber, ja dafür zu sorgen, daß dann die jungen Mutterschafe auch in ihrer Milch regelrecht trocken werden. Sobald dies eben nur vorgesorgt wird, dann ist kein Nachtheil und kein Verlust in dem Wachsthum der Thiere aus solchem früh= zeitigen Lammen zu befürchten, und die Zunahme im Wachsthume während ihrer Tragezeit ersetzt das geringe Abfallen der Thiere nach dem Lammen vollkommen.

Bei den englischen Schafracen ist das freilich ganz anders. Diese pflegen einerseits bedeutend früher körperlich reif zu werden, dafür aber auf der andren Seite auch wieder beträchtlich zeitiger abzufallen.

4. Das Verfahren bei der Paarung.

Ein besonders wichtiger Theil des Züchtungsverfahrens ist dann auch wieder die Auswahl der bestimmten Mutterschafe und ihre Zuführung zu den eigens für sie auserwählten Stä= ren. Wo die Verhältnisse es zulassen unter mehreren werthvollen Zuchtböcken wählen zu können, da erfordert diese Auswählung der dem einzelnen Stäre zuzuweisenden Muttern nicht nur gutes Urtheil sondern sogar ein sorgsames Studium. Der Züchter sollte die Heerde der Mutterschafe genau und einzeln prüfend durchgehen, die individuel= len Vorzüge und fehlerhaften Eigenschaften so wie jede einzelne ihnen erbliche Prädisposition und aktuelle Eigenheit in der Züchtung, so weit er sich irgend darüber Gewißheit verschaffen kann, auf das um= sichtigste in Rechnung ziehen, und wenn er dies ausgemittelt und fest= gestellt hat, dann sie für denjenigen von den Zuchtböcken auszeichnen, bei dem seiner inneren Natur nach und aus seinen vorhergegangenen Sprüngen im Ganzen sich am füglichsten berechnen läßt, daß er eine Verbesserung in der aus der Paarung mit der einzelnen Mutter hervorgehenden Nachzucht zu Wege bringen wird.

Was dann weiter das Paaren selbst anlangt, so ist man jetzt allgemein darüber einig, daß der sogenannte Serailsprung, also das Verfahren, den Bock oder die mehreren Böcke zur Sprungzeit mitten unter die Mutterheerde zu setzen und dort beliebigem Wirken zu über= lassen, in keiner guten Schafhaltung heutzutage mehr gestattet wird, vielmehr ist wohl durchgängig statt dessen der Sprung aus freier Hand

eingeführt. Wo im ersteren Falle bei diesem Serailsprunge mehrere
Böcke zusammen in der Heerde die Mutterschafe decken, da bietet sich
dann auch häufig der Anlaß zu der Frage dar, ob in dem Fälle, wo
zwei Stäre in der gleichen Periode ein und dasselbe Mutterschaf be=
legt haben, nicht eine sogenannte Superinfötation oder zweite Befruch=
tung eintreten könne, oder ob nicht wenigstens die Nachzucht getheilte
Charaktereigenschaften von beiden Stären überkommen möchte? Diese
Frage erscheint indeß als eine ziemlich müßige. Allerdings sind in
den Fällen, wo zwei oder mehr Lämmer in einem und demselben
Wurfe von Mutterschafen zu Tage gebracht wurden, gelegentlich That=
umstände vorgekommen, welche ganz augenscheinlich und plausibel dafür
zu sprechen schienen, daß solche Muttern von verschiedenen Sprung=
böcken gedeckt worden waren. Allein dergleichen Beispiele sind immer
nur Ausnahmen. Da aber, wo nur ein einzelnes Lamm geboren
wurde, ist noch niemals irgend ein Umstand bis jetzt vorgekommen,
welcher es auch nur entfernt vermuthen lassen könnte, daß solch' Lamm
etwa ein kombinirter Abkömmling von zwei Sprungböcken sein sollte.

In Nordamerika ist es in Bezug auf das Paaren gebräuchlich,
daß man keine Probirböcke mit ihren Schürzen verwendet, um die
stärenden Mutterschafe aus der Heerde herauszusuchen, man läßt viel=
mehr zwei Mal des Tages den besonderen Bock in die ihm zuge=
theilte Anzahl Schafmuttern herein, und hier bleibt er dann jedesmal
sich selbst überlassen, das einzelne Mutterschaf aber wird darauf, sobald
es gedeckt worden ist, bei Seite gebracht und aus dieser kleinen Heerde
jedesmal entfernt. Hat der Zuchtbock so drei bis vier Muttern be=
legt, so wird er wieder aus der Heerde entfernt, die Mutternheerde
wird dagegen auf die Weide ausgetrieben. Ein besonders kräftiger
Stär kann dabei auch zu acht= bis zehnmaligem Springen den Tag
über zugelassen werden. Dies Verfahren soll wenig mehr Zeit und
Umstände beanspruchen, wie das andre, und es ist deshalb dort ganz all=
gemein angenommen und wird auch als durchaus praktisch bewährt gerühmt,
zumal es die Kosten und die Beschwerden eines solchen Probirbocks
erübrigt, mit denen bekanntlich sehr oft deshalb gewechselt werden muß,
weil sie, nachdem sie zwei bis drei Tage hindurch ihre vergeblichen
Anstrengungen fortgesetzt haben, dann fast immer aufhören die stären=
den Mutterschafe zu markiren. Lammböcke und ebenso Jährlingsböcke
sind beiläufig als Probirböcke beinahe ohne jeden Nutzen; auch dürfen
gute Zuchtböcke nicht zu diesem bestimmten Berufszweige benutzt wer=

den, weil dies sie erstaunlich schnell in ihrem guten Stande herab=
bringt.

Ein jeder Weg von diesen verschiedenen Weisen, um den beab=
sichtigten Zweck zu erreichen, muß übrigens selbstverständlich mit streng=
ster Akkuratesse durchgeführt werden, so daß immer das Zeichen, welches
man dem Mutterschafe nach dem Sprunge gemacht hat, in jedem ein=
zelnen Falle stets auch den in Wirklichkeit verwendeten Stär markirt,
da von der korrekten Ausführung dieses Verfahrens ja der ganze Er=
folg des Züchtungsverfahrens so wesentlich abhängt. Und gewiß ist
es, daß ein Irrthum bei diesem Anzeichnen der Sprungböcke unend=
lich verhängnißvoller ist als gar keins. Denn er leitet den Besitzer der
Heerde irre und täuscht den Käufer, welcher doch ausdrücklich mit
Rücksicht auf die Zuverlässigkeit der ihm gegebenen Versicherungen bei
der Angabe der Eltern der betreffenden Thiere hier sie zu kaufen und
je nachdem höher zu bezahlen sich entschließt.

Die belegten Mutterschafe sollen nach der einen Ansicht nach
sechzehn bis achtzehn Tagen von dem Zeitpunkt des ersten Sprunges
an gerechnet*) und nach andrer Meinung in zwei bis drei Wochen**),
sofern sie wieder bocken, abermals zu dem Bocke zum Decken zugelassen
werden. Es empfiehlt sich aber als das sicherere Auskunftsmittel, sie
nach dem dreizehnten Tage vom Sprunge ab dem Bocke
wieder zuzuführen. Erhitzen sie sich danach von Neuem, so geschieht
dies gewöhnlich zwischen dem vierzehnten und siebzehnten Tage***),
doch wird die Zahl der zum zweiten Male bockenden Muttern der
Regel nach immer dann sehr gering sein, wenn ein kräftiger Bock das
Springen besorgt hatte, der eine sorgfältige Behandlung erfuhr. Man
hat hierbei in Betreff solcher Böcke beiläufig bemerkt, daß ein leiden=
der oder überangestrengter Bock ein ganzes Jahr hindurch keine Läm=
mer bringt, daß er hernach aber sich wieder als ein ganz zuverlässiger
Springer erweist. Auch kommt es ferner vor, daß selbst gute Zucht=
böcke im Anfange der Sprungzeit in dieser Beziehung versagen, aber
hernach wieder mit Erfolg springen und umgekehrt. Für viele Stäre
ist bei solchen Vorkommnissen das einfachste und beste Mittel, sie
mehrere Tage hindurch ausschließlich auf Trockenfütterung zu be=
schränken.

---

*) So z. B. Kirschbaum, Populärer Unterricht in der Schafzucht. Stutt=
gart. 1862 S. 18.

**) Körte, Das Merinoschaf. Th. I. S. 298.

***) Dieser Ansicht ist Randall, The practical shepherd S. 207.

In Betreff der Tragezeit der Mutterschafe ferner pflegen dieselben mit Bocklämmern gewöhnlich länger zu gehen, wie mit Mutterlämmern, und die Zeit selbst trifft wohl immer mit dem hundertzweiundfünfzigsten Tage zusammen.

5. Fütterung der Böcke in der Sprungzeit.

Welches Paarungssystem ein Heerdenbesitzer aber auch befolgen mag, immer muß er den Sprungböcken eine besondere Fürsorge und Fütterung während der Sprungzeit angedeihen lassen. Mag der Sprungbock also bloß über Nacht von der Heerde der Mutterschafe entfernt werden oder von ihr ganz entfernt bleiben und nur zum Decken zugelassen werden, sein Verschlag muß jederzeit trocken, reinlich und für ihn behaglich, dabei auch gut ventilirt und mit Licht versehen sein. Frisches Wasser in einem reinen Eimer (denn kein Schaf trinkt gern schmutziges Wasser oder aus einem schmutzigen Gefäße) mindestens drei Mal täglich, das allerbeste Heu, was zu erlangen ist, und Körner des Morgens und des Abends, so muß er in dieser Zeit gehalten werden. In Amerika hat man hierfür eine besondere Fütterung eingeführt, nämlich eine Mischung von Hafer und Erbsen, die dadurch erlangt wird, daß man je zwei Scheffel Hafer auf zwei Drittel Scheffel Erbsen aussäet, und dazu dann noch den vierten Theil von der Quantität an Weizen hinzuthut. Dies soll ein ganz ausgezeichnetes Körnerfutter geben, in dem Falle, wo ein Zuchtbock besonders stark in Anspruch genommen wird. Man verfüttert dort täglich ein Quartmaß von diesem Mengkorn und bisweilen sogar mehr noch auf je einen ausgewachsenen Bock von guter Größe, sofern er zu schweren Diensten bei hoher Fütterung verwendet worden ist. Es würde diese Fütterungsweise indessen den Appetit der Thiere zu schnell sättigen, wenn man mit ihr nicht schon zwei bis drei Wochen vor der Sprungzeit im Voraus den Anfang macht und sie stufenweise bis auf obiges Maß erhöht. Letzteres ist überdies auch schon darum gut, um dem Stär einen gewissen Grad von Vorbereitung für sein Werk zu geben. Doch darf er aber dann ja nicht in seinem Verschlage abgeschlossen für sich und ohne Körperbewegung in dieser vorbereitenden Periode stehen bleiben.

Selbstverständlich ist jedoch diese eben beschriebene Fütterungsweise in der präzisirten Mischung, wie solche empfohlen wird, keine unerläßliche Nothwendigkeit. Indessen enthalten alle die einzelnen Bestandtheile davon ein sehr großes Verhältniß von Stickstoffsubstanzen, welche eben die Muskeln bilden und damit grade die Körperkraft und Energie wie die Lebendigkeit verstärken helfen, während die Mehrzahl der andren Futterungsarten kohlenstoffreicher ist und darum mehr die Fettbildung im Körper befördert. Ein Zuchtbock verlangt aber sowohl im Allgemeinen als namentlich in der Sprungzeit das erstere, während ihm durch das Uebermaß von letzterem nur seine Wirkungskraft behindert und erschwert werden würde.

Als eine Hauptregel wird aber von erfahrenen Heerdenbesitzern vornehmlich anempfohlen, daß ein Sprungbock während der ganzen Sprungzeit nicht mehr bei seinen einzelnen Mahlzeiten vorgelegt erhält, als er frischweg und begierig verzehrt, wobei er jedesmal Alles rein ausfressen muß. Sobald er irgend etwas von der ihm gereichten Portion übrig läßt, muß dies jedesmal aus der Krippe oder Raufe entfernt, und falls dies bei ihm zur Gewohnheit wird, seine Ration verringert werden.

Es kann nun nicht geläugnet werden, daß die verschiedenen Weisen, welche bei diesem Paarungsgeschäfte in Hinsicht auf das Zusammenthun der Schafmuttern und die richtige Behandlung der Städte angewendet werden, nicht ohne ziemlichen Aufwand an Zeit und Mühen sich durchführen lassen. Aber alle diese Bequemlichkeiten können nicht in Betracht kommen im Vergleiche mit dem Gewinne, welchen eine sorgfältige und sachgemäße Durchführung dieses Geschäfts sicher herbeiführen muß.

Nach beendeter Sprungzeit, die fünfunddreißig bis vierzig Tage regelmäßig dauert, ist es im Allgemeinen entschieden das beste, die Städte ganz von der Heerde abzusondern und sie bis zur Wiederkehr der nächsten Sprungzeit getrennt zu behalten, da wenn man dieselben mit den Muttern, gleichviel ob im Winter oder im Sommer, zusammen läßt, man immer gewärtigen muß, daß Lämmer zu ungelegener Zeit fallen. Auch ist das Fressen an derselben Raufe oder Krippe im Winter für die tragenden Mutterschafe wegen der Hörner der Böcke gefährlich, weil dieselben, wenn sie sich zu den Raufen durch die dichte Menge der Muttern hindurchdrängen, ohne es selbst zu wollen und namentlich den in der Tragezeit vorgerückten Muttern leicht Nachtheile bringen können.

6. Das Ausmerzen.

Zum Schlusse möge hier noch das Ausmerzen der einzel=
nen Schafe in einer Heerde kurze Besprechung finden. Um
nämlich eine konstante Verbesserung in einer Heerde herbeizuführen,
ist es vor allen Dingen nothwendig, alljährlich dieses Ausmerzen vor=
zunehmen und dabei immer diejenigen Thiere aus der Heerde zu entfernen,
welche den bestimmten Grad von Vorzüglichkeit nicht erreichen, und
namentlich alle Thiere, welche derartige individuelle Besonderheiten
besitzen, daß es verhältnißmäßig als unvortheilhaft oder unbequem
erscheinen würde sie beizubehalten. Die hauptsächlichsten Defekte aber,
auf welche man bei diesem Ausmerzen der Schafe ein Auge haben
muß, sind zunächst jene allgemeinen Mängel, wegen deren sie den für
die Vollendung in Bezug auf ihre Figuren und Vließe erforderlichen
Höhenpunkt nicht erreichen, der nun einmal für die betreffende Heerde
bisher behauptet wird, und es ist in Bezug hierauf ein sehr beachtens=
werthes Wort, daß der Standpunkt, welcher den Besitzer einer Heerde
in dieser Hinsicht bei der einen Generation seiner Schafe befriedigt,
für das nächstfolgende Geschlecht nicht mehr genügend erachtet werden
darf. Denn wie vollkommen eine Heerde auch immer ist, so muß
dennoch stets eine gewisse Zunahme in ihrer Verbesserung in der Nach=
zucht von jedem neu in die Heerde verwandten Zuchtstär bemerkbar
werden, wenn der betreffende Bock nicht sofort abgeschafft werden und
und einem andren Platz machen soll. Und weil ein jedes Jahr
immer vervollkommnetere jüngere Thiere für die Nachzucht zu Tage
bringt, so wird es dadurch ermöglicht, die mit den meisten Mängeln
behafteten älteren Böcke jedesmal auszurangiren, damit sie diesem
jüngeren Geschlechte Platz machen. Stellt es sich dagegen aber wieder
heraus, daß die Nachzucht von dem Zuchtstär die gehegten Erwar=
tungen nicht befriedigt, oder findet man gar, daß sie eine neue fehler=
hafte Eigenschaft in die Heerde hineinbringt, oder aber, was noch
schlimmer ist, daß sie einen älteren, theilweise durch die Züchtung be=
seitigt gewesenen Defekt wieder zum Vorschein bringt, zu welchem
die Heerde an und für sich eine bestimmte Prädisposition besitzt, oder
endlich auch, daß sie einen Typus darstellt, welcher nicht mit dem
bestehenden Charaktertypus von der Heerde gleichförmig ist, selbst
wenn dieser Typus auch an und für sich ein ebenso guter sein mag,
dann bleibt es in allen diesen Fällen immer das sicherste und gerathenste,

solche ganze Nachkommenschaft von Lämmern aus der Heerde wegzu=
schaffen und es lieber zu verschmerzen, daß dieses eine Jahr, worin
solche Lämmer geboren wurden, einen Stillstand vorübergehend in
dem Fortschritte der Heerde mit sich gebracht hatte.

Die vornehmlichsten speziellen Defekte, die in Heerden ersten
Ranges freilich nur ausnahmsweise hervortreten und zum Ausmerzen
veranlassen, sind nun aber eine gewisse Schwäche in der Köperkon=
stitution, Prädispositionen zu besonderen Krankheiten, schlechte Eigen=
schaften der einzelnen Thiere, sei es als Springer oder als Muttern,
Beschwerlichkeiten irgend welcher Art, die mit dem Lammen in Ver=
bindung stehen, Hinneigung zur Unfruchtbarkeit oder auch irgend welche
sonstige wichtigere Unarten, wie Wollefressen, unzähmbare Wildheit
und dergl. Mutterschafe, wenn sie ein vorgerücktes Alter erreicht
haben, werden gewöhnlich ausrangirt, wenn sie nicht als ausnahms=
weise vorzügliche Zuchtmuttern bewährt sind. Wo man aber sich ent=
schließt, dergleichen alte Mutterschafe wegen ihres besonderen Werthes
als Zuchtschafe beizubehalten, da müssen solche Thiere dann auch eben
mit Rücksicht auf ihre Nützlichkeit sowie auf ihre Lebenstage von der
übrigen Heerde abgesondert gehalten werden und in eignen Verschlägen
ihre besondere Fütterung und Wartung erhalten.

Auch die Auswahl des in die Stelle der ausgemerzten
Schafe tretenden jungen Nachwuchses sollte nicht bloß auf
einer Prüfung, wie sorgfältig und wohl erwogen dieselbe immer ge=
wesen sein mag, sich beschränken. Denn grade dies ist eine von den
allerwichtigsten Operationen von der Schafheerde, und sie kann nur
in der Weise sachgemäß durchgeführt werden, daß die charakteristischen
Eigenschaften von einem jeden einzelnen Thiere in der jungen Heerde
von der Zeit ab, wo sie entwöhnt sind, bis dahin, wo ihre Auswahl
erfolgt, fortgesetzt genau vermerkt werden.

Der beste Zeitpunkt für das Ausmerzen ist bekanntlich
die Zeit der Wollschur, denn es giebt keine andre Periode im ganzen
Jahre, wo alle charakteristischen Eigenschaften von einem jeden indi=
viduellen Thiere so deutlich für das Auge erkennbar oder so frisch in
der Erinnerung sind, wie grade dann. Denn in der That kann kein
Heerdenbesitzer eine so vollkommene Kenntniß von dem Vließe des
einzelnen Schafes auf irgend einem andren Wege erlangen, als wenn
er dasselbe unter den Scheeren der Schafscheerer vom Körper sich ab=
rollen und es dann auf dem Sortirtisch ausgebreitet daliegen und
hernach verpacken sieht. Andrerseits ist aber bei den geschorenen

Schafen jeder noch so kleine Defekt in ihrer Form offen bloß gelegt. Schließlich hat aber in dem Falle, wo es nicht gebräuchlich ist die Schafe parmanent zu numeriren, wenn in diesem Zeitpunkte nicht das Ausmerzen und die Auswahl der neuen Stücke geschieht, dies zur Folge, daß das Abscheeren der Vließe jede Möglichkeit beseitigt, um das einzelne Thier bestimmt zu identifiziren und folgerecht damit also auch seine Vergangenheit festzustellen, ein Nachtheil, der nur bei besonders vorzüglichen oder sonst eigenthümlich ausgezeichneten Thieren nicht hervortreten würde.

Schluß.

Damit hätten wir denn die uns vorgestellte Aufgabe zum Abschluß gebracht. Blicken wir aber jetzt noch einmal auf den Inhalt des auf den früheren Seiten vorgeführten Stoffes in kurzer Uebersicht zurück, so läßt die Darstellung des Entwicklungsganges unsrer deutschen Schafzucht insbesondere seit der neusten Zeit so viel überzeugend erkennen, daß grade dieses allgemeine rege Leben unter allen unsren Heerdenbesitzern und das überall vorherrschende Streben, die Heerden der neusten Wollmassenrichtung anzupassen und darin zu befestigen, es als eine gewiß zeitgemäße Aufgabe rechtfertigte, die Grundsätze einer systematischen und rationellen Züchtung unsren deutschen Züchtern zu deutlicher Anschauung vorzuführen, in der vertrauensvollen Erwartung, daß die Durchführung dieser Aufgabe nicht verfehlen werde dazu beizutragen, daß diese Grundsätze ebenso klar und präzise unsren deutschen Züchtern gleichsam in Fleisch und Blut übergehen und von ihnen fest und konsequent bei ihren Züchtungen ausgeführt werden möchten, wie dies bei den englischen und amerikanischen Züchtern in so hohem Maße der Fall ist. In der That ist das eine Erscheinung, welche wir mannigfach ventilirt, und über welche wir vielfach nach Anhaltpunkten gesucht haben, woher es denn wohl kommen mag, daß die Züchter dieser letztgenannten Nationen durchgängig und gleichsam angeboren so praktisch begabte und intelligente Männer sind, welche ihre vorgesteckten Züchtungspläne immer mit der entschlossensten Energie und Ausdauer verfolgen und dabei regelmäßig auch befriedigende Resultate erzielen, während, wenn man sich bei uns im Lande umsieht, die Zahl der Thierzüchter von wirklicher Begabung, welche es dann auch zu hervorragenden Erfolgen bringen, doch immer verhält=

nißmäßig eine geringere ist, und im Allgemeinen doch eine gewisse
Unkenntniß und Unerfahrenheit in Betreff der tieferen und maßgeben=
den Prinzipien auf diesem speziellen Gebiete des Thierzüchtens in
der großen Zahl unsrer Landwirthe vorherrscht.

Indeß kann es bei näherer Erwägung nicht zweifelhaft erscheinen,
den Grund hiervon einmal in einem natürlichen praktischen Blicke bei
allen englischen Landwirthen in Beziehung auf das Thierzüchten heraus=
zuerkennen, dann aber auch ihn vielleicht darin noch zu finden, daß
das geistige Leben und die gegenseitige Anregung unter den Land=
wirthen in England und Nordamerika im Vergleiche mit den unsrigen
denn doch wohl erheblich lebhafter sich erweisen. Denn wenn wir
uns vergegenwärtigen, wie groß die Anzahl der englischen landwirth=
schaftlichen Zeitschriften und Journale, wie mannigfaltig und immer
nur praktische Fragen berührend und in klar verständiger praktischer
Weise lösend ihr Inhalt ist, und wenn wir dann hören, daß z. B. das
landwirthschaftliche Beiblatt einer großen New=Yorker Zeitung ihre
Abnehmer nach hundert Tausenden zählt, und daß noch mehrere andre
landwirthschaftliche Blätter mit ihm in der Zahl der Abonnenten
wetteifern, so weist schon dieser einzige Umstand auf ein ganz andres,
hundertfach bewegteres Leben hin, als bei uns angetroffen wird. Wirft
man dann aber weiter einen Blick auf das Vereinsleben in jenen
Ländern, wie in zahlreicher Aufeinanderfolge die lebhaft besuchten
Sitzungen dort stattfinden, bei welchen immer nur praktische Tages=
fragen von den anwesenden Landwirthen in durchweg praktischer Weise be=
sprochen, erörtert und zu schließlich befriedigender Lösung, soweit
dies eben möglich, gebracht werden, wie dann zu allen verschiedenen
Jahreszeiten Thierschauen aller Art, Wettleistungen von den neu ein=
geführten landwirthschaftlichen Ackergeräthen und Maschinen und Aus=
stellungen seltener Früchte und ländlicher Erzeugnisse in großer Mannig=
faltigkeit Jahr aus Jahr ein abgehalten werden, welche immer und
jedesmal von einem zahlreichen ländlichen Publikum besucht sind, und
wie dabei Prämien für Leistungen jedweder Art auf dem Gebiete der
Landwirthschaft mit einer Freigebigkeit ausgesetzt und vertheilt werden,
welche nach unsren Begriffen Alles übersteigen, sicherlich aber zur
lebhaften Mitwerbung locken: so wird nach allen diesen Eindrücken
wohl im Vergleiche mit unsren einheimischen Vereinszuständen die
Ueberzeugung Platz greifen dürfen, daß diese den englischen gegenüber
denn doch noch himmelweit zurück sind und ihnen noch ein weiter
Weg offen steht, bis jene regste und eingreifende Theilnahme von

allen betheiligten Landwirthen an den Tagesinteressen der einheimischen Landwirthschaft bei uns erreicht sein und die Regel bilden wird. Und damit hängt auch grade die Thierzüchtungsfrage auf das innigste zusammen. Wer nämlich die englischen landwirthschaftlichen Fachblätter durchsieht, der wird in ihnen zu seinem Erstaunen finden, wie immer dieselbe eine bestimmte Frage, sei dies die Schaf=, die Rindvieh=, die Schweine= oder auch die Pferdezucht, bald hier, bald da und bald in dieser, bald in jener Form zum Gegenstande der Erörterung hingestellt und jederzeit unter neuen Gesichtspunkten behandelt und abgesprochen wird, was in den einzelnen Vereinen stets mit der gleichen regsten Betheiligung der anwesenden Landwirthe geschieht. Das ist aber grade der geeignetste Weg, um dergleichen Fragen auch dem einzelnen Landwirthe geläufig und ihn darin genau vertraut zu machen. Denn durch ein solches immer erneutes und unaufhörliches Erörtern der täglichen Wirthschafts= und Viehhaltungs=Interessen bildet sich eben am Ende jene praktische Durchdrungenheit mit den positiven Wirthschafts= und Züchtungsgrundsätzen aus, welche dann zu ihrer bewußten und richtigen Anwendung in der täglichen Lebenspraxis hinführen, ein praktischer Standpunkt, auf welchem eben unsre deutschen Landwirthe im Ganzen und Großen den englischen Landwirthen noch unläugbar nachstehen.

Hoffen wir indeß, daß dies nicht auf lange mehr sein, und daß sich dieselbe lebhafte Regsamkeit für die Förderung der allgemeinen Tagesinteressen auch unter unsren Landbewohnern heimisch machen und es recht bald zu gleichen Erfolgen bringen werde. Dann wird auch grade auf dem so wichtigen Gebiete der Schafzüchtung eine andre Anschauung durchgreifen, und es werden alsdann namentlich jene wichtigen Züchtungsgrundsätze bald das allgemeine Eigenthum von den Vieh haltenden Landwirthen sein und ihre sachgemäße und konsequente Anwendung wird dann zu generell befriedigenden Resultaten führen, welche schließlich der gesammten deutschen Viehhaltung zu Gute kommen und Gemeingut der ganzen deutschen Nation bleiben werden!

Zum Schlusse noch Eins. Wer dieses vorliegende Werk in einem Zuge schnell hinter einander liest, der wird an verschiedenen Stellen den Eindruck gewinnen, daß er den gleichen Gedanken schon einmal an andrer Stelle in diesem Buche gelesen habe, und daß mannigfach die einzelnen Züchtungsmaximen und Prinzipien in nur verändertem Rahmen und andrer Zusammenstellung wiederholt besprochen und erörtert worden sind. Das läßt sich indessen niemals da vermeiden, wo eine Lehre haupt=

sächlich und vielfach auf englischen Quellen und Erfahrungen be=
gründet ist. Denn die englische Anschauungs= wie Darstellungsweise
ist nun einmal eine durchaus komplizirte und kaum entwirrbar in
einander greifende, und es würde die ganze Darstellung an Verständniß
und Lebhaftigkeit verlieren, wenn wir unsre in Deutschland gewohnte
systematische Zergliederung und Sonderung bei dieser durchweg praktischen
englischen Züchtungslehre hätten durchführen wollen. Wir erinnern uns
freilich dabei auf das regste an eine Aeußerung jenes großen Gelehrten
und Professors, dem wir die systematische Darstellung des englischen
Verfassungs= und Verwaltungslebens in Deutschland verdanken, der, als
wir in Bezug auf dieses sein Buch darauf hinwiesen, daß sich z. B. ja die
Lehre von den Friedensrichtern darin an zwei verschiedenen Stellen
umständlichst ausgeführt finde, uns damit beruhigte, dies sei nun einmal
bei Darstellungen englischer Verhältnisse und Lehren nicht füglich zu
vermeiden, weil es tief in der Verwicklung der englischen Auffassungs=
und Anschauungsweisen seinen Grund habe, und uns damit vertröstete,
daß es uns bei ähnlichen Bestrebungen und Studien auf englischem
Gebiete genau ebenso gehen werde! Und wie wir uns aus diesem vor=
liegenden Werke überzeugt haben, hatte er Recht. Denn dieselben
Schwierigkeiten, mit denen er, wenngleich auf andrem Gebiete zu
kämpfen hatte, haben wir doch auch hier bei der systematischen Vollführung
der englischen Züchtungslehre in ähnlicher Weise zu bewältigen gehabt
und uns dabei überzeugen müssen, daß sich ein verständliches Bild von
jenen englischen Erfahrungen und Grundsätzen doch immer nur dann
am zweckmäßigsten vorführen läßt, wenn man die Eigenthümlichkeit in
der englischen Darstellungsweise ruhig in den Kauf nimmt und bei=
behält. Wir bitten aber am Schlusse deshalb und auch sonst unsre
Leser um Nachsicht, indem wir zu unsrer Entschuldigung auf die uns
gestellte Aufgabe hinweisen, welche eine doch so schwierige und müh=
sam zu bewältigende gewesen war, daß es schon als ein günstiger Er=
folg erschien, die gesammte Lehre in einer abgerundeten Darstellung
vorgeführt zu haben.

Wir schließen unsre Betrachtung mit dem Wunsche, daß die
auf den vorhergehenden Seiten wiedergegebenen Schafzüchtungsgrund=
sätze recht bald und allgemein von unsren deutschen Heerden besitzenden
Landwirthen aufgenommen und praktisch befolgt werden mögen!

Anhang.

———

Preise des Breslauer Juni=Wollmarktes nach den jährlichen
Zusammenstellungen der Breslauer Handelskammer.

	Extra feine	feine	mittel	ord. Wolle.	Schweißwolle.
	Thlr.	Thlr.	Thlr.	Thlr.	Thlr.
1850	110—150	95—105	70— 80	52—60	
1851	95—125	80— 90	60— 70	46—54	
1852	105—140	90—100	72— 80	48—62	
1853	140	112½	91½	60	
1854	112—130	85—110	73— 83	50—62	
1855	115—150	105—112	90—100	85—88	
1856	140	116	98	81½	
1857	112—125	100—108	90— 98	78—88	
1858	105—115	90— 98	82— 88	50—80	
1859	100—110	88— 96	78— 86	50—75	
1860	112—125	102—110	90— 98	62—78	
1861	110—118	98—105	85— 93	60—72	
1862	98—106	88— 95	78— 85	56—67	
1863	102—112	88—100	78— 88	52—72	
1864	106—120	95—105	80— 92	68—80	50—70
1865	92—105	80— 92	70— 80	63—70	50—62
1866	82— 90	68— 78	58— 68	50—56	45—53*)
(Kriegsjahr)				*) Posener Wollen 56—68	

———

Druck von Schröder & Rolcke (O. Schröder) in Berlin, Stallschreiberstr. 30.

Verlag von JULIUS SPRINGER in BERLIN.

Jahresbericht

über die

Fortſchritte auf dem Geſammtgebiete

der

Agrikultur-Chemie.

Begründet

von

Dr. Robert Hoffmann.

Fortgesetzt

von

Dr. Eduard Peters,

Chemiker der agrikultur-chemischen Versuchsstation für die Provinz Posen.

Herr **M. Elsner von Gronow** spricht sich nach Erscheinen des neuesten Bandes dieser Jahresschrift in der Schlesischen landwirthschaftlichen Zeitung über das Unternehmen in nachstehender Weise aus:

Als in neuerer Zeit die Chemie unter Führung des berühmten Liebig einen so bedeutenden Einfluss auf den Ackerbau gewann, dass kein wissenschaftlich gebildeter Landwirth ihrer entrathen konnte, stellte sich das Bedürfniss heraus, die jährlichen Fortschritte der Agrikulturchemie, welche in unzähligen Wochen- und Monatsschriften, sowie einzelnen Abhandlungen niedergelegt waren, zu sammeln und dadurch der Gesammtheit der Landwirthe früher nutzbar zu machen, als dies später in Lehrbüchern der Fall sein kann.

Diesem verdienstvollen Unternehmen unterzog sich der Chemiker Rob. Hoffmann von der agrikultur-chemischen Versuchsstation der k. k. patriotisch-ökonomischen Gesellschaft in Böhmen, und gab 1860 den ersten Jahresbericht der Fortschritte der Agrikulturchemie, den Jahrggang 1858 und 1859 umfassend, bei Julius Springer in Berlin heraus.

Das königl. preuss. Ministerium für Landwirthschaft, die grosse Wichtigkeit des Unternehmens sofort erfassend, unterstützte dasselbe durch Abnahme einer namhaften Anzahl von Exemplaren, und so war es möglich, trotz der verhältnissmässig geringen Theilnahme, welche die Landwirthe Deutschlands diesem hauptsächlich für sie wichtigen Werke widmeten, da Frankreich, England und Schweden sich diese Arbeit fleissig zu Nutze machten, das Begonnene bis zum heutigen Tage fortzuführen.

Wie die Wissenschaft stetig wuchs und sich ausdehnte, so nahm die ihr folgende Arbeit einen immer gösseren Umfang an; 240 Seiten genügten dem ersten Jahrgange, der jetzt vor uns liegende achte Jahrgang umfasst deren 429, und ist uns abermals von Dr. Peters geliefert worden, dem unermüdlich fleissigen Chemiker der Versuchsstation Kuschen bei

Schmiegel, welcher, da Dr. Hoffmann die ausserordentlich mühevolle Arbeit aufgegeben hatte, sie im vorigen Jahrgange aufnahm, sehr bedeutend ausdehnte und jetzt fortsetzte.

Alles, was die Agrikulturchemie in den acht Jahren, von 1858 bis incl. 1865, geleistet hat, finden wir in den bisher erschienenen 7 Bänden niedergelegt, und kein Landwirth, der über die in diesem Zeitraum angesammelten Erfahrungen in Bezug auf die Ernährung und das Leben der Pflanzen, die Bodenbearbeitung, die Düngungs- und Kulturversuche, den Futterwerth der Nahrungsmittel, die neueren Forschungen in der Gährungschemie, die Milch-, Butter- und Käsebereitung, die Zuckerfabrikation, kurz Alles, was in die landwirthschaftliche Chemie einschlägt, unterrichtet sein will, darf dies Werk, welches ihm das mühevolle Nachschlagen in einzelnen Zeitschriften vollständig erspart, an einem Ort Alles konzentrirt, was Neues über eines jener Themata gesagt worden ist, in seiner Bibliothek missen. Vollständige Sach- und Namens-Register dienen zur leichten Orientirung und der billige Preis, welcher trotz des verhältnissmässig geringen Absatzes und bedeutend grösseren Umfanges das Werk von ursprünglich 1 Thlr. 15 Sgr. nur auf 2 Thlr. 27 Sgr. 6 Pf. erhöhte, macht die Anschaffung um so leichter, als dadurch das Halten der Zeitschriften auf einige wenige beschränkt werden kann, weil Dr. Peters mit unermüdlicher Ausdauer nicht allein die Untersuchungen der deutschen, sondern auch diejenigen der fremdländischen Chemiker in seine Zusammenstellungen aufnimmt und die landwirthschaftlichen Gewerbe, welche in den früheren Jahrgängen nicht bearbeitet worden waren, mit berücksichtigt.

Vielen unnützen Brast schafft sich der Landwirth für seine Bibliothek an und versäumt darüber oft das wirklich Nützliche, ihm sofort praktisch Dienende zu kaufen. Ein solch praktisch nützliches Werk sind die Jahresberichte, und die traurige Erscheinung, dass sie in Deutschland weniger Abnehmer finden, wie in der Fremde, mag wohl nur darin ihren Grund haben, dass die meisten Landwirthe in denselben nur wissenschaftlich gelehrte Forschungen, nicht wissenschaftliche, praktisch verwendbare Erfahrungen vermutheten.

Ich bitte meine Fachgenossen, einen Blick in irgend einen der bisher erschienenen Jahrgänge zu werfen und sie werden sich selbst am besten überzeugen, wie sehr ihnen durch das gedachte Werk das Fortgehen mit der Wissenschaft erleichtert wird. Wer aber jetzt nicht im Stande ist, mit vorzugehen, bleibt als Marodeur zurück und geniesst nicht die Früchte des Sieges.

Die bisher erschienenen acht Jahrgänge kosten:

Erster Jahrgang:	das Jahr	1858—1859.	Preis	1	Thlr.	15	Sgr.	
Zweiter	»	»	»	1859—1860.	»	1	»	27¹/₂ »
Dritter	»	»	»	1860—1861.	»	1	»	22¹/₂ »
Vierter	»	»	»	1861—1862.	»	1	»	20 »
Fünfter	»	»	»	1862—1863.	»	1	»	20 »
Sechster	»	»	»	1863 bis Anfang 1864.	»	1	»	15 »
Siebenter	»	»	»	1864.	»	2	»	27¹/₂ »
Achter	»	»	»	1865.	»	2	»	27¹/₂ »

Jeder Jahrgang mit einem vollständigen Sach- und Namen-Register.

Die Jahresschrift ist durch alle Buchhandlungen zu beziehen.

In demselben Verlage ist ferner erschienen:

Düsterberg, Wilh. **Die rationelle Federviehzucht**, oder die vortheilhafteste Züchtung, Mästung und Eierproduktion der Hühner, Truthühner, Enten und Gänse, als höchste Ertragsquelle der Landwirthschaft und als einträgliches, einen großen Gewinn bringendes Unternehmen für Geschäftsleute jeden Standes. Auf eigene langjährige practische Erfahrungen begründet. broch.
Preis 1 Thlr.

— — **Die rationelle Schweinezucht und Mästung** in ihrem wahren Verhältnisse zur Landwirthschaft. Auf eigene langjährige Erfahrung begründet. broch.
Preis 1 Thlr.

Gumprecht, Amtsrath. **Gesammelte Bemerkungen über Trockenlegung der Felder** durch unterirdische Wasserabzüge (Drains). Mit 16 in den Text eingedruckten Holzschnitten. geheftet.
Preis 15 Sgr.

Löffler, Dr. Carl, Mitglied des hühnerologischen Vereins in Görlitz. **Die Zucht der ausländischen Hühner in Deutschland.** Anleitung zur Zucht und Pflege sämmtlicher ausländischer Hühnerracen: der Cochinchina's, Malayen, Dorkings, spanischen und polnischen Hühner, Bantams, Crèvecoeurs ꝛc. Zweite vermehrte Aufl. Mit 27 fein colorirten Abbildungen. broch.
Preis 1 Thlr.

— — **Die in Deutschland vorkommenden verschiedenen Racen des Haushahns.** Mit fein colorirt. Abbild. 1859. 8. 2 Bog. broch. Preis 10 Sgr.

— — **Versuch einer Klassifikation sämmtlicher Hühner-Racen.** broch.
Preis 12 Sgr.

Schmid, A. J. **Die Aufzucht, Wartung, Ernährung und Benutzung der Pferde, des Rindviehes, der Schafe, Ziegen und Schweine,** nebst Angabe der bei denselben am häufigsten vorkommenden Krankheiten, wie und mit welchen Mitteln dieselben gehoben werden können. Ein Handbuch für die kleineren Guts- und Bauerngutsbesitzer. Nach langjähriger Erfahrung zusammengestellt. 2. verb. u. verm. Aufl. geh.
Preis 15 Sgr.

Schmidt, Wilhelm. **Die Krankheiten der Hühner und deren Heilung.** Nach praktischen Erfahrungen. Nebst einer Anzahl von Recepten und einer kurzen Anleitung zur Hühnerzucht. geh.
Preis 10 Sgr.

Schultz-Schultzenstein, Dr. und ordentlicher Professor an der Universität zu Berlin. **Ueber Pflanzenernährung, Bodenerschöpfung und Bodenbereicherung,** mit Beziehung auf Liebig's Ansicht der Bodenausraubung durch die moderne Landwirthschaft. broch.
Preis 15 Sgr.

Schwarz, Joh. Ludw. **Die bäuerlichen Musterwirthschaften.** Herausg. von A. B. Mit einer Taf. Abbild. geh.
Preis 15 Sgr.

Trommer, C., Dr., Docent an der Königl. Akademie des Landbaues zu Möglin. **Das Molkenwesen oder die Benutzung und Verwerthung der Milch zu Butter und Käse,** dem jetzigen Standpunkte der Naturwissenschaften, insbesondere der Chemie gemäß, zunächst für den Landwirth. Mit 2 Tafeln Abbildungen. geh.
Preis 20 Sgr.

Walther. Rationelle Hühnerzucht und Mastung. Mit einer lithographirten Zeichnung. 2. Aufl. 1860. broch.
Preis 1 Thlr.